NF文庫
ノンフィクション

陸軍カ号観測機

幻のオートジャイロ開発物語

玉手榮治

潮書房光人新社

〈カ号〉は砲兵隊観測機として開発されたオートジャイロである。秒速5メートルほどの向かい風があれば、ほとんど滑走せずに離陸できたと言われている。飛行自由度の高さでは、日本軍用機中最高の航空機であった。戦争の進展にともない、観測機としてよりは対潜哨戒機としての適正が認められ、船舶飛行第二中隊に配備された。写真は〈カ号一型〉。後方に〈三式指揮連絡機〉らしき姿が写っているので、撮影場所は雁ノ巣飛行場と考えられる。昭和20年初頭のものだろうか。

〈カ号一型試作機〉。多摩川の読売飛行場における、ごく初期の頃の撮影。〈一型〉の残された写真は非常に少なく、ディティールが観察できるのは現在のところこの1枚だけである。エンジンを星型空冷からV型8気筒に積み替えたので、機首部の外形が原型の〈ケレットKD－1A〉から大幅に変更されている。軍用機ではあるが、陸軍航空行政の枠外にあったため関係者たちは苦労の上に苦労を強いられ、それでも屈することなく遂に飛翔を成功させたのである。機体は萱場製作所、エンジンは神戸製鋼所がそれぞれ試行錯誤の末、作り上げた。

〈カ号〉の原型となった〈ケレットKD－1〉。本機の製造番号はC／n102だが、日本へ渡ったのはC／n103で、小改良が加えられていたため〈KD－1A〉と称された。しかし、外見上はほとんど変わらない。観測機としての評価試験を受けているうちに昭和15年2月、着陸に失敗して大破してしまった。修理の依頼を受けたのが萱場製作所で、これが〈カ号〉製作の発端となる。

〈カ号〉開発に携わった人々。中列左２人目から久保茂技師、塚越賢爾機関士、戸田正鉄勅任技師、西堀善次飛行士、後列左から４人目が小原五郎技師。他は萱場製作所と朝日新聞社のメカニックと思われるが、詳しくは分からない。後方の機体は修理復元された〈ケレットKD－１A〉。昭和18年春、読売飛行場にて。

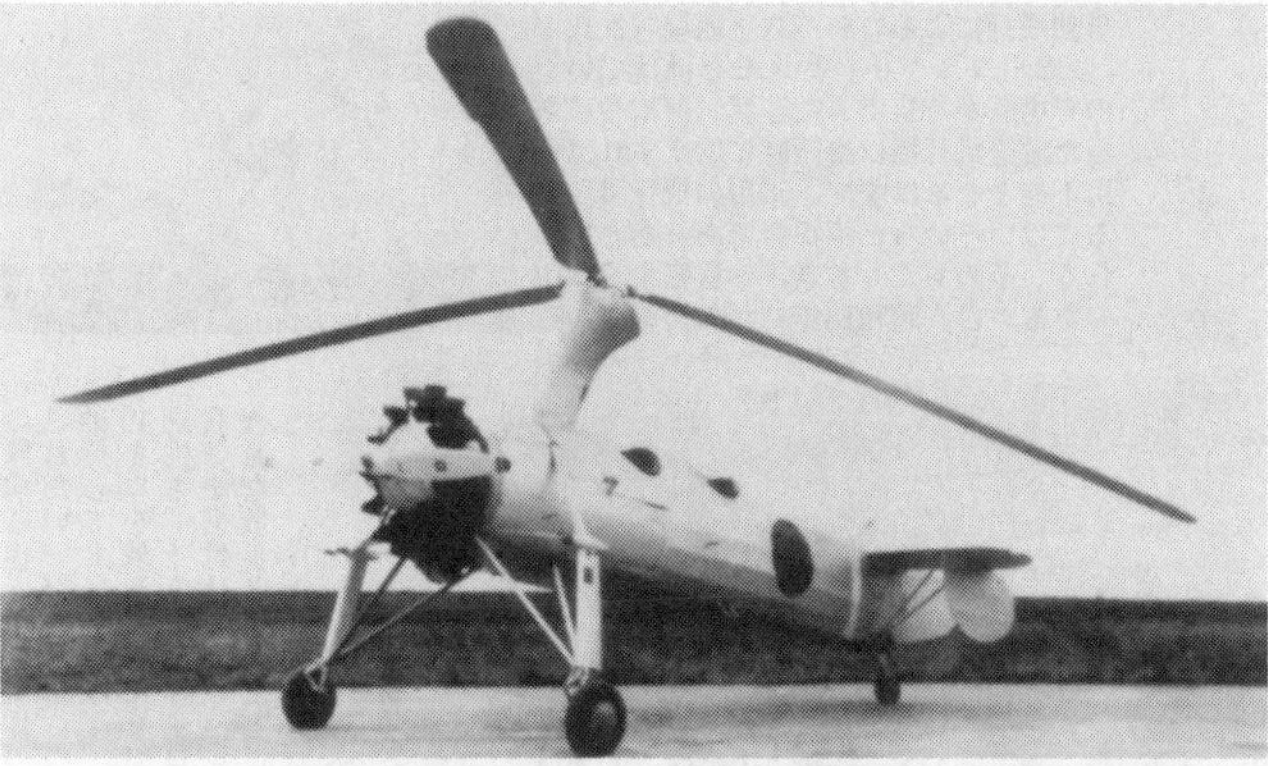

〈ケレットKD－１A〉の復元機。今までこの写真は〈カ号二型〉として紹介されてきた。それは〈二型〉の写真がほとんど存在しないためで、止むを得ないことではあった。純正の〈二型〉は木製プロペラであり、排気管のまとめ方、補機類のための大きな排熱孔、コックピット周りの金属カバー、燃料タンク等の形に差異がある。９ページに〈二型〉の部分写真を掲載してあるので、くらべていただきたい。

読売飛行場付近を低空で飛ぶ復元機。カメラは田園都市線を多摩川上流方向に望んでいる。もう少しアングルを左に振れば、読売の落下傘塔が見えたはずである。一般市民の目を遮るものは何もないから、電車からも堤防からも、飛行風景は誰でも見物できた。

単独飛行によるローパス。西堀善次氏が「多摩川ヨミウリ」とメモを付けていたので場所が特定できた写真。河川敷にあった読売飛行場は梅雨時に増水すれば使用不能となるはずで、軍用の飛行場とするにはいろいろと不都合であったと思われる。そのあたりも老津へ移転する理由であろうか。昭和18年初頭の撮影である。

離陸する復元機。機体の離陸姿勢に注目されたい。だいたいこのぐらいの角度を維持して上昇してゆく。この瞬間で時速40キロを越えたあたりであろう。この低速性も、オートジャイロの飛行自由度の高さを裏付けている。見た目には夏空の優雅な散歩といったところか。

〈カ号一型試作機〉。エンジンのオーバーヒートに悩みながらも、少しずつ飛行が可能になった頃のもの。この光景を、小原技師はどのような思いで見ていたであろうか。複写を繰り返した写真なので背景が分かりにくいが、多摩川の堤防と周辺の木々である。

読売飛行場で整備中の復元機。パイロットは踏み台に登ってスイッチの辺りを見ている。整備員は脚部の航法灯の辺りに手があってカバー脱着中に見え、電球交換と思われる。時期的に夜間飛行実験準備中の頃と考えられなくもない。〈カ号〉試作機が本調子となるまで、復元機は多忙であった。

15秒間のドラマ——昭和18年6月4日、西堀善次飛行士による〈あきつ丸〉甲板への最初の着艦。甲板上の障害物を避けるため無理な操縦となり、機体姿勢が安定せず左脚が浮いたまま舷側ギリギリの位置に降りている。見守る関係者全員がハッとした瞬間であった。停船中の甲板にということを含めて、これが日本に於ける初のオートジャイロの着艦である。下の写真は、そのおよそ15秒後の光景。西堀氏は「着いた瞬間、機首が左のほうへ回り、機体が多少後退して停止した」と書いている。太い溜息が聞こえてくるようで、オートジャイロならではのドラマである。水平尾翼手掛部分を押さえているのは小原技師と思われる。

〈あきつ丸〉から見た復元機。この写真は西堀氏がまとめたアルバムの中で、一連の〈あきつ丸〉における飛行実験光景の中にあった。当時のカメラ器材事情を考えれば機体の近さもカメラアングルも少し不審であり、船橋か甲板上からの撮影と推理すれば納得できる。前席は西堀飛行士で、後席の大柄に見える搭乗者は戸田正鉄技師と考えられる。

〈あきつ丸〉からの発艦シーン。左は停船中の発艦。甲板中央の白線は西堀飛行士の要望により2回目以後の実験のために引かれたものである。おそらく塗料ではなく石灰による臨時のものであろう。中央白線と斜めに交差するラインは着艦進入時「障害物にあまり気を取られないで、白線を目標にして降りられるようになった」という記録に相当するもののようだ。右は航行中の発艦で、正面からの風により機体は早くも浮上している。中央白線上に目盛りのように引かれているのは離艦距離測定ラインである。小原技師と思われる人物が駆け寄ろうとしているのは、今まさに車輪が離れた位置を確定しようとしているのだと見られる。

〈カ号一型〉のローターを収納中の整備員たち。船舶第二飛行中隊が開隊して3ヵ月ほど後の状況かと思われる。軍用機としてテキパキと運用されるために、隊員たちにより合理的な作業手順が作り上げられたと想像できる。実戦場における〈カ号一型〉の写真として確認できるものは現在のところ6枚しかなく、非常に貴重な記録である。

〈カ号一型〉のカウルフラップ形状がわずかに見えている。本格的な格納庫施設を持っていたのは老津と吉島と雁ノ巣飛行場と思われるが、種々の考察からこれらの写真は雁ノ巣と考えている。兵士たちの表情はまったく読み取れないが、機体の取り扱いについては習熟しているらしい雰囲気を感じさせる。

この〈カ号一型〉の機体塗色は、日の丸の写り具合から考えて緑褐色を相当に暗くしたもののようである。シリアルナンバーは〈オ2040〉と読める。やがて壱岐、対馬を基地として、朝鮮海峡、対馬海峡、壱岐水道を繋ぐ警戒線を構築して、ほとんど語られることのない地道な任務に従事することになる。日本に残された最後の生命線となった、満州からの食糧輸送航路を守ったのである。

〈カ号二型〉の姿を写した、貴重な1枚。この機体はおそらく〈オ5040〉号機であり、〈二型〉の第1号機である。性能試験を受け、本格的実用機として認定を受けたのも本機である。爆雷搭載装置もこれが最終決定位置となった。撮影は昭和19年10月初め頃、操縦教官の任を終えた西堀飛行士（前列左）が老津飛行場を去る直前の記念写真である。

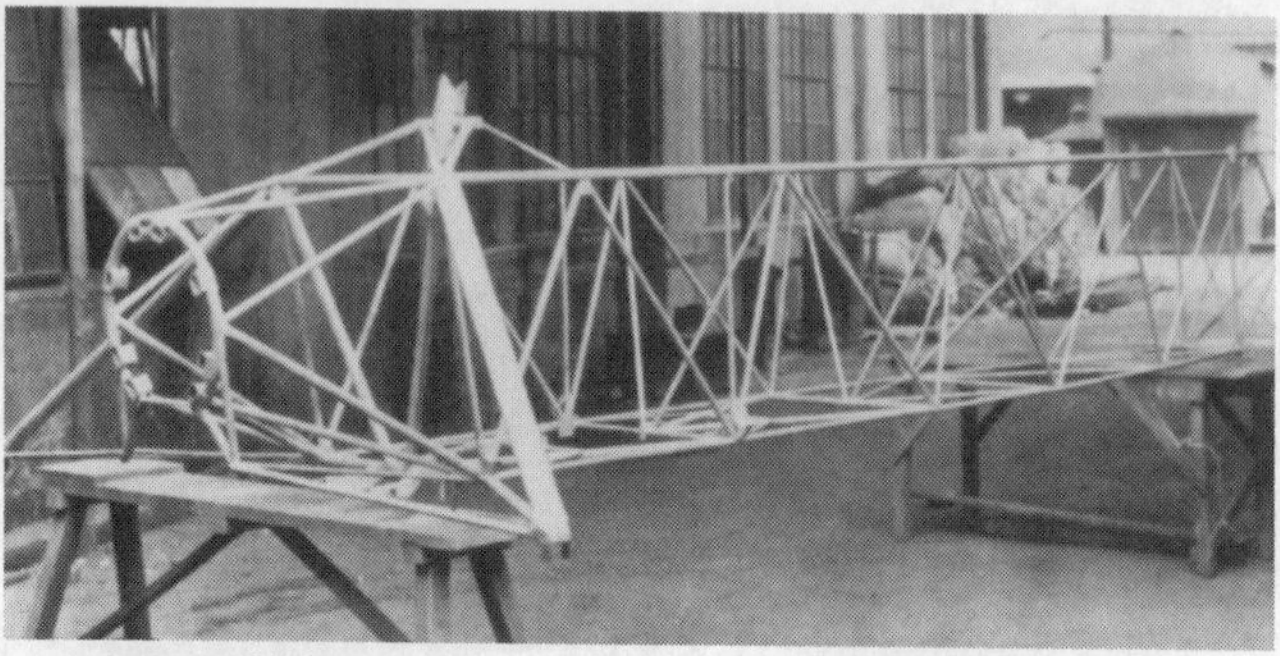

このページから17ページまでの製作記録写真は、萱場製作所仙台工場で撮影された〈カ号観測機二型〉と考えられる。上の写真は斜め前方より見た胴体軸組で、クローム・モリブデン鋼により構成されている。使用部材が後部へ行くほど細くなっていることがお分かりいただけるだろうか。この写真をじっくり見ていると胴体に求められる強度がどの程度のものであったか実感することができる。パイロンの補強は実にシンプルに処理されており、脚構造の由来も納得できる。

胴体軸組を後方より見る。溶接検査が厳しかっただろうと想像させる写真である。見た限りでは正確に組み上がっており、いろいろ苦心があったのではないかと思われる。丸パイプ構造というのは面倒で、治具と溶接工があれば事足りるというものではない。写真は塗装作業終了後、記録撮影のため外部に持ち出された際のものであろう。

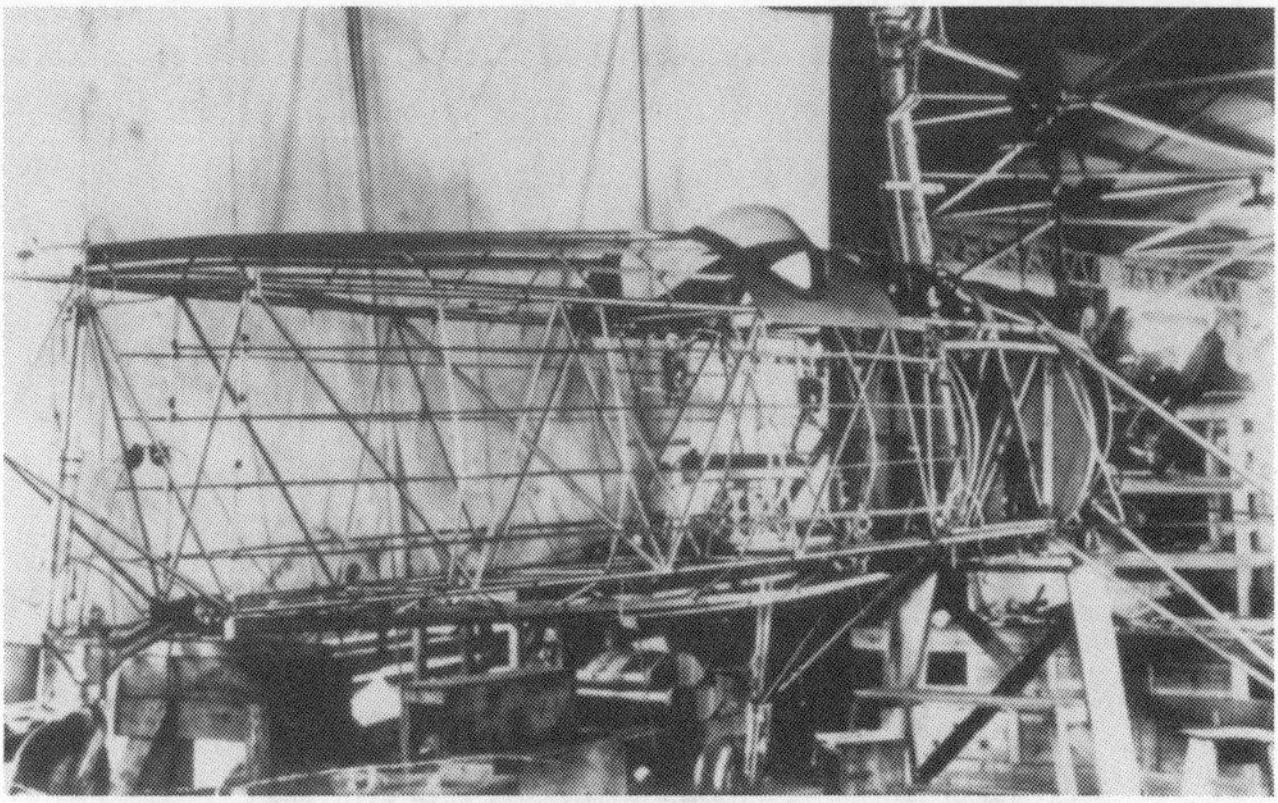

完成間近の胴体後部。何気なく見てしまえば、ただのハリボテの骨組みに見えるかもしれない。しかし、これを形作っている部品のひとつひとつに無駄なものはまったくない。計算し尽くし、考えぬかれた末の造形なのである。材料にしろ、その加工にしろ、今日では考えられないような苦労があったのである。

エンジンが取り付けられようとしている。たとえコピーとはいえ、船舶エンジンしか造ったことのない会社が航空機エンジンに挑戦し、実用化してしまったというのは凄いことである。個人個人の技量だけではどうにもならぬ困難さを、持てる力のすべてを絞り出して完成させたものだと言える。

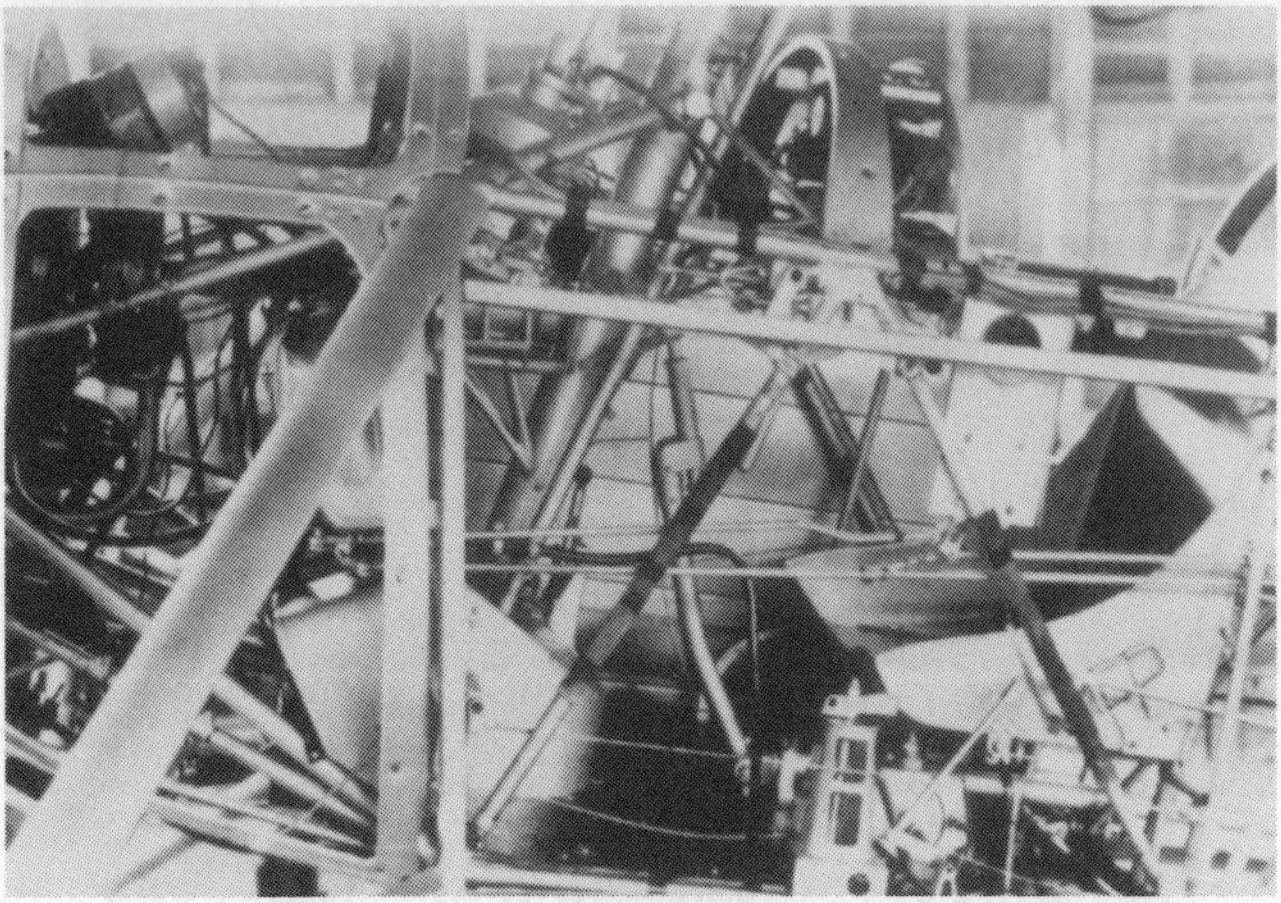

エンジン・防火壁と操縦席。原型機の〈ケレット〉と外形は似ていても内部はあちこち改修されている。エンジンの補機類は配置が違うし、パイロットの足元まわりにも独自の工夫がある。パイロン上のローターを予備回転させるための伝導装置が見えている。

前席計器盤。この機体は練習機仕様と思われる。観測機仕様ならば前席は偵察員席となり、計器類も簡略化されている。写真における配置は〈ケレットKD－1A〉のパイロット用と同じである。スロットル以外の操作機能も複操縦性を持たせてあるようである。縦通材は金属製。

操縦席構造を下から見る。鋼管軸組の胴体としては特別な部分は何もないが、荷重による変形を嫌う部分なので部材の配置に注意を払っている。横方向の操縦系は未完成のため良く分からないが、ワイヤーによるものなので、そのためのプーリーが見えている。

胴体後部。本機は三点着陸が基本で、時として尾輪から先に接地するので、他に例を見ないほどストロークの大きい緩衝装置を持つ。方向舵の簡易さも、ちょっと他に例がない。巡行飛行時でさえフラッターが発生しないだろうかと心配になるほど華奢である。

ローターハブ。初めて目にすると複雑な部品に見えそうだが、ヘリコプターなどに比べればいたってシンプルなものである。回転中のローターを360度いずれの方向にも傾けられるようになっていて、その強度に耐えるため相当に頑丈な作りになっている。ローターのピッチ変更機構などはなく固定である。〈カ号〉は開発初期のころ振動問題に悩まされたが、その根本原因がローターハブにあったとは考えにくい。振動の原因はローターを均一に作る難しさにあったのだろうと思われる。ローターの翼型が木材によって構成されている以上、均一にといっても自ずから限界があり、１分間に180回転ということになれば、振動が複雑に合成されて、ちょっと手に負えない状態であったようである。後期になって問題視されなくなったのは、均一製作の精度が向上したためで、なんとなく日本的なこだわりの職人芸の匂いがする。

下面から見たローター構造。三木教授はリブ固定金具がパイプ内部からもスポット溶接されていることを発見した。「日本にもそのような技術があるのだろうか」と首を傾げたと言われているが、萱場製作所は成し遂げたと山中氏は証言している。すると、リブはどのようにして組み込んだのかという疑問も湧いてくる。見た目には単純だが、技術と経験の集約物である。

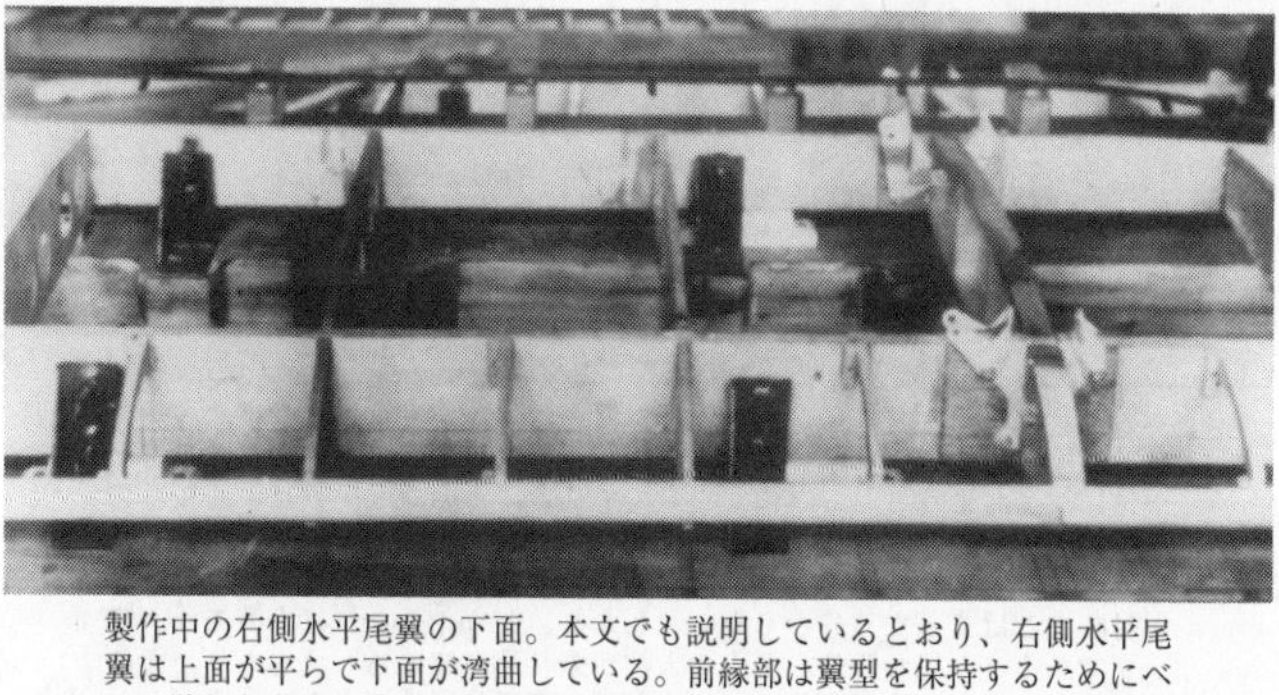

製作中の右側水平尾翼の下面。本文でも説明しているとおり、右側水平尾翼は上面が平らで下面が湾曲している。前縁部は翼型を保持するためにベニヤ貼りとなる。構造は軽量化を第一とした、簡単なものとなっている。右側に垂直尾翼と支柱の受金具が取り付けられている。

木製モックアップ。この２枚の写真は河内國豊氏より提供を受けたヤンクス航空博物館資料（巻末にまとめて掲載）の中にあったもので、キャノピー付に改造しようとして試作したものである。古いコピー機による複写のため不鮮明だが、できるだけ明瞭に見ていただくためここに掲げた。関係者であった方々も、この写真についてはご存知ないとのことであった。撮影日時などはまったく分からない。しかし、どうやらこれは木製モックアップであろうと思われる。２人の人物が乗り込んでいる写真もあり、その写り具合からキャノピーはフレームだけの素通し状態のもののようだし、胴体側面の丸みを付ける骨格材もベニヤ板のように見える。結局キャノピー付きの〈カ号〉が作られることはなかった。この写真のおかげでいろいろ改良を考えていたことが分かり、それなりに貴重なものである。

新たに発見された〈カ号二型〉の写真　初版単行本では〈カ号二型〉の全体像はイラストでしか紹介できなかったが、最近この写真が筆者に寄せられた。垂直尾翼に機体番号が書かれており、不鮮明ながら「オ5051」と読める。番号があるということは軍が受領した証拠なのだから、真新しい姿から撮影場所は仙台の霞ノ目飛行場であろう。背後に格納庫や通信アンテナが写っているので、まず間違いない。これでようやく〈カ号二型〉の真正な姿をご紹介できたことになる。

陸軍カ号観測機――目次

写真提供／西堀和・松田恒久・松野博・河内國豊・佐山二郎・著者
クリエーションファイブ・日本映画新社
広島市交通科学館・雑誌「丸」編集部

陸軍カ号観測機

幻のオートジャイロ開発物語

序 章――〈カ号〉輸送船団上空にあり

陸軍カ号観測機の設計主務者として知られる小原《おばら》五郎氏は、寡黙な人であったと伝えられております。そのためか筆を執ることも稀で、わずかな文章しか残しておりません。「回転翼機開発の頃」とタイトルされた二ページほどの短い文は、おそらく〈カ号〉に関して自ら語った唯一のものではないかと思われます。彼はその中で、次のようなエピソードを紹介しておりました。

老津部隊で聞いた話であるが、遠州灘を哨戒中、海軍に護られることもない輸送船を見る。北に行くのか、爆雷を腹にぶらさげた日の丸回転翼をみて、船上の兵士は盛んに手を振る。孤独の洋上でどれ程心強く感じたことか。燃料の続く限り随伴する。船団と別れるとき無事に行って呉れるよう祈ったという。

この文章を初めて目にした時、その光景の一つ一つが目に浮かんで胸が熱くなり、しばらくはその感情の置き所に困りました。

これはその当時、日本の立たされた状況を象徴しているような出来事であり、〈カ号〉が辿った運命の一情景でもあります。小原氏には立場上数多くの〈カ号〉の思い出があったはずですが、短い文章の中にこのエピソードを取り上げているのは、〈カ号〉の縮図として氏の脳裏に刻まれていたことによるのではないでしょうか。

本文は「カヤバ工業創立五十周年記念協賛誌」として、退職した社員たちによって昭和六十一年三月に発刊された小冊子に収められております。いわば仲間内の文集というもので、その気軽さが小原氏の重い筆を進ませたものでしょう。そのためか仲間なら分かるだろうという切り詰めた文章で、余分な解説がありません。

もし、今これを読まれているのが若い読者であるとしたら、その時そこに居合わせた人々の切実さを、同質で実感しようとしてもいささか困難ではないかと思われます。とても一言や二言の解説でこと足りるような内容ではありません。

しかしこれは、〈カ号〉がどのような航空機であったかを語るには、絶好のシチュエーションであるようにも思われ、その情景の克明な描写が〈カ号〉の特性を説明するに相応しいと感じました。

あまり日のあたる場所には恵まれなかった〈カ号〉ですが、この時だけは雲間から洩れた光を一身に浴びているような印象が残ります。

もちろんそれは筆者の想像によって作り出された映像であっても、小原氏のエピソードと当時の状況を重ね合わせてみると、意外なほど鮮明な像を結ぶことができるのです。

年配の方々からは余計なことをとお叱りを受けそうな気配を感じつつ、筆者の映像をノンフィクションノベル風に書き綴ることから〈カ号〉のお話を始めることといたします。

＊

昭和十九年、北風の吹きはじめる頃、遠州灘を東進する一団の輸送船の列があった。周囲に船影は無く、左舷方向遠くに富士山を載せた本州陸地が見えるほかは、茫々とした太平洋の拡がりがあるばかりである。

輸送船は黒潮に乗って進んでいる。黒潮は日本列島の形に沿って流れ、やがてその向きをゆるやかに北上させる。普段ならば何事も無い北方航路なのだが、この当時の日本が置かれた軍事情勢を知る者が見れば、風前の灯より儚《はかな》げなものであったろう。歴史は、数週間後にこの上空がB－29大編隊の進入コースになったことを教えている。

アメリカ軍潜水艦による輸送船攻撃は、日本軍部の予想を遥かに越え、日本の喉元に手が届きつつあった頃である。輸送船に護衛を付けようにも、焦眉の急である南方航路にさえ満足な手当てができず、無残な損害をただ重ねるだけの日々であった。

したがって、日本の太平洋沿岸は実質的に戦場と化しており、護衛艦もつかぬ無防備に等しい航海とは、これ見よがしに死地に身を晒《さら》しているようなものであった。

それぞれの輸送船には、甲板上に至るまで荷物が積み上げられ、その荷物の隙間は兵士の姿で満ちていた。北の守りに就くのであろう、防寒外套に身を固めていても初冬の風は相当に冷たい。船内ならば寒からずとも、そこはやはり密度高く兵士が詰め込まれていて、寒さよりも蒸し暑さと息苦しさに責め苛まれていた。

船腹の不足は、詰め込めるだけ詰め込む以外に解決の方法はなく、兵士たちにとって快適な船旅など最初から望み得ることではなかった。この場における彼等は荷物と同等のものであり、黙って肩を押し合って窮屈に座り込むか、立ち上がって不安げに海を見渡しているばかりである。

船団は、ほぼ一列になって進み、最後尾には船団将兵の長が座乗していて、これが全体を統率することになっている。この司令官は老成した軍人の表情を持った人で、乗船の際、船長に「よろしくお願いする」と挨拶しただけで、あとは船橋に指定された椅子に座ったまま終始無言であった。付き従う将官も、緊張感を漲《みなぎ》らせ言葉を発する気配さえ見せていない。

船にあっては船長が最高の命令者である。船長にとってこの船団の航海は、肩に負える責任の大きさを遥かに越えているように思われた。それでも彼は、彼なりに精一杯責任を果たそうとして船員たちを可能なかぎり見張り役に付かせていた。

海の上で陸兵は何の役にも立たない。いくら大勢の目があっても、魚群の移動と潜望鏡の航跡を判別できるか疑わしい。かえって水鳥の羽音に怯えた平氏のように混乱を引き起こしかねない。船長は兵士たちが見張りの妨げとならぬよう引率の将校に強く申し入れをしてあった。

船員たちに若者の姿はない。実戦場には送りようもない四十前後の者ばかりで、船長を始めとする上級員も頭に白髪の混じる年齢で構成されていた。

景気のよい大本営発表とは裏腹に、彼等の船は確実にその数を減らしていて、そのただならぬ喪失から自分たちの置かれている立場を理解していた。たった一発の魚雷により、無線の電鍵を叩く暇もなく沈没していった多くの仲間たちのことは、誰いうともなく伝わってきていて、見張り役ではない者まで目は真剣に海面に向けられていた。

船長には彼等がこの苛酷な運命を必死に耐えていることがよく分かっていた。彼等の多くは家庭を持っており、いまさら軍人のような死生観に身を預けることはできなかったのである。

船団は、この広い大海を一〇ノットにも満たぬ速度で進んでいる。人間が走って追いかけられそうな、見た目にはのんびりとした穏やかな航海でありながら、甲板上には私語する者もない緊張感があった。

もし、敵潜の攻撃を受ければ、鉄板一枚で身を包んでいるような船ではひとたまりもなく、彼等の死など一顧だにされないであろう。一隻の護衛艦も同伴していないということが、いかにも心細く、言いようもない孤立感が彼等を無言にさせていた。ここには墓標を立てる場所さえないのである。

「七時の方向、飛行機一機、本船方向に進行中」

監視鏡の見張り員がそれまでの沈黙を破った。左舷の目が一斉に同一方向に集まり、息を殺してその正体を見定めようと目を凝らした。

船長も双眼鏡でその飛行機を視野に捕らえた。まだ遠い。

二〇〇メートルほどの高度で緩やかにこちらへ近づいて来ているように見える。

もどかしい静寂が流れる中、見張り員がもう一度沈黙を破った。

「日の丸だ！　胴体に日の丸が見えます。日本機です！」

船全体から歓声が湧き起こり気の早い者は手を振り始めた。船長もやがてそれを確認し、ほッと息をついた。

しばらくして飛行機が、肉眼でも充分に視認できる距離まで近づいて来たとき、船上には驚きの声が上がった、それは今までに見たこともない異様な姿をしていたからである。

通常の機体ならば必ず有るべきはずの主翼がまったく見当たらない上に、胴体前方の上部に太いマストがあり、その頭頂部には大きな翼が回転しているらしく、エンジン音とは別にプルルル……と言う風切音を響かせている。

だが、迷彩色を施された機体には、白線で囲まれた日の丸がくっきり見え、胴体下には小さなドラム缶のような形の爆雷を一発吊り下げており、それが対潜哨戒任務の日本軍機であることは船上の誰もが了解した。

異様な飛行機は、接近するにつれ信じられぬような深い降下を見せ、海面五〇メートルほどで再び水平飛行に移り、そのまま輸送船の左舷後方五〇メートル辺りまで近づいて来たとき、彼等はさらに信じられぬものを見た。

やや機体を後傾させながら速度を落とし、この劣速の輸送船よりは速いものの、普通の航空機では真似のできようもない並行低速飛行をしたのである。船の左舷をゆっくりと進み、人々を励ますようにパイロットが手を振っていた。

船上では兵士も船員も帽を振り、手を振って何度も万歳の声を発し、感極まって涙する者さえいた。彼等は奇跡を見る思いだったに違いない。

パイロットは飛行帽とゴーグルを付けており、表情を判別することはできなかったが、彼が笑ったことは口許が白く見えたのでそれと察した。

船長は船橋の外側に出て直立不動の姿勢をとって、最大の謝意を込めて敬礼をすると、パイロットは、やや間があってキリリとした陸軍式の答礼を送ってきた。彼には操縦桿を持ち替える時間が必要だったのであろう。船長は目が合ったことを感じて手をおろした。

敬礼を終えると、機体はそのまま増進しスルスルと木に登るような急上昇を続け、船団の前方二〇〇メートル上空に占位した。やがて大きな輪を描くような旋回をしつつ、少しずつ前方へ先導するような飛行へと移っていった。

船長は走り書きを傍らの信号員に渡した。ややあって前方の船団に向かい信号灯が点滅した。

——日本哨戒機、船団上空にあり——

船長は一瞬「味方哨戒機」とすべきではなかったかと考えたが、怯えきった船団には最も分かりやすい表現だろうと思いなおした。船の中にはわずかな砲門を備えたものもあり、不測の事態を避ける必要があったのである。

最先頭の船からも途中の船を中継して「了解」と返信を送ってきた。

異様な雰囲気に振り返ると司令官は横を向いていた。明らかに嗚咽に耐えようとして体の震えているのが見え、将官たちも必死に身の内から起こってくるものを押さえつけようとこらえていた。立場は違っても船長には彼等の苦悩の深さだけは理解することができた。

船上では安堵感から緊張の糸がほぐれ、自然と会話が生まれていた。

「すごい新兵器じゃ。日本軍も素晴らしい飛行機を作ったもんじゃのう」

「あんなにゆっくり飛べる飛行機は初めて見たわい」

「あれはオートジャイロというもんじゃ。朝日新聞も飛ばしておったろうが」

「それはわしもニュース映画で見た」

「しかし、あれには翼があったぞ。今の飛行機にそんなもんはない」

「それにしても不思議な飛行機じゃ」

たった一機の護衛機ではあっても、輸送船の人々にとってはかぎりなく頼もしいものであったに違いない。もし、アメリカ潜水艦の艦長が海中に潜みつつこの光景を見ていたとすれば、攻撃すべきか否か一応ためらったはずである。眩しく見上げる人々の目には深い感謝の念が宿っていた。

しかし、一時間もたった頃、護衛機は船団真上の上空に戻って来た。人びとはどうやら燃料が限界まで消費しつつあるらしいことを悟った。

護衛機は空の一点にまるで停止しているように浮かんでいた。それは輸送船上から離れ難く宙に止まっているようであった。そして船上には護衛機を見守る人々の無言の目があった。

やがて意を決したかのように、機体はゆっくりと向きを変え始めた。ほとんど停止したまま一八〇度転針したのである。そして西方へ引き返して行く。船上ではその不思議な飛行のことよりも、もはや無事帰還してくれることだけを念じた。

遠目にもパイロットが手を振っているのが見え、人々も声を限りに別れを叫び、手を振って見送った。それ以外に感謝の述べようがなかったのである。

輸送船団は再び孤独な航海に戻った。船員もそれぞれの部署に付き、監視の目を周囲に走らせている。以前と変わらぬ緊張感が船上に流れ始めていた。

船長にとっても気の重い前途を考えれば、沈みがちになる心をどうすることもできない。しかし、短い時間ではあったが、あの飛行機が護衛の位置に付いてくれた時の、明るくなった気分の余光のようなものが、わずかばかり彼には残っていた。

彼は思った。多少捨て鉢かもしれないが、なるようにしかならぬと思い定めてしまえば、惨めな気持で不運と出合うより少しはましだろう、と。それは、船上の誰にも共通した気持かも知れなかった。

「それにしても」と船長は双眼鏡を取り上げながら呟いた。「あれはオカシナ飛行機だったな」

その後、この輸送船団や兵士たちがどのような運命を辿ったのか、記録はない。パイロットも、陸軍老津飛行場の部隊に所属していたという以外、階級も姓名も不明としかいいようがない。ただ、何かの折りに、パイロットと小原氏が語りあう機会があったことで、〈カ号〉の数少ないエピソードとしてこの物語は残っている。

＊

以上が小原氏の文章から想起された光景です。輸送船の置かれた状況について殊更悲惨に書いたつもりはありません。良くも悪くも当時の輸送事情というものはそのようなものでした。

また、パイロットと船長が敬礼するシーンなどはまったくの想像ですが、同じ日本軍とはいえ、見ず知らずの船に護衛を買って出るわけですから、簡単な挨拶ぐらいはしたでしょうし、だとすれば、サラリと近づいて敬礼するぐらいのことが最も自然な方法ではないかと思い、そのように書いてみました。

つまり、当時の状況や人々の行動様式を重ね合わせて小原氏の文章を読めば、だいたいこのような成り行きだったといえそうです。あわせて〈カ号〉の、いかにもオートジャイロらしい飛行ぶりもご紹介できたのではないでしょうか。

第1章――ルーツを探る

〈カ号〉はどのように伝えられてきたか

〈カ号観測機〉は日本で最初に作られたオートジャイロとして知られております。その割りには、およその概要しか伝えられておらず、誤伝なども紛れこんでいて、実相の明確さを欠く機体でした。

もともと日本陸軍の軍用機ですから、記録という配慮がされにくかった事に加え、終戦時の書類焼却でその大部分を失い、さらに半世紀以上の時が経って語るべき人も少なくなってしまいました。

第二次世界大戦中に日本が作った軍用機は、五万機ぐらいだったでしょうか。六万機近く作られたというデータもありますが、当時の航空機関係者のお話を伺うと、厳しい数字をあげる方もおられます。戦闘機や爆撃機、あるいは輸送機や練習機が、戦力構成にどれほど寄与したかという視点に立てば、五万機と言っても頷きません。

〈カ号〉は九八機製作されたという記録もあります。これは機体を製作した萱場製作所（現ＫＹＢ株式会社）の数字をあげたもので、完成機のことではありません。残されたエンジンの生産記録と生産事情から見れば、あり得ない事です。信頼出来そうな数字として、五〇機とも記されているのですが、記録の読み方によっては、これも確実とは言えません。戦力構成という点から考えてゆくと、予備機を含めてせいぜい二〇機から三〇機というところではなかったでしょうか。これは仮に、日本軍用機の総生産機数を五万とすると〇・〇四～〇・〇六パーセントに過ぎず、戦力としては無視されても差し支えない程度の数量であります。したがって〈カ号〉は、その製作から活躍の場まで関わりを持った人々の数は限られており、それ等の記録は断片的に細々と伝えられただけで、その実態がおぼろげにしか知られていないのは一面やむを得ないことでした。

筆者は何という理由もなく〈カ号〉に興味がありました。おそらく中学生ぐらいの頃に雑誌などで目にしたのがきっかけだったように思います。それ以後、神田の古本街あたりを巡った祈りや新刊本などで関連する本を見かけたりすると、できるだけ手に入れるように努めてはおりましたが、他の航空史関連の本と比べればあまり増えませんでした。いずれも簡単な解説や同じ写真ばかりで内容が似通っており、買わねばならぬ理由がなかったからです。

近年になって航空史にも幅広く光が当たるようになり、華々しい活躍をした有名機だけではなく、練習機のような地味な存在も詳しく紹介されるようになりました。それぞれの設計意図や開発過程、さらにイラスト、写真、三面図などが手際よく編集されていて、航空機の面白さを楽しんでおりました。

当然、〈カ号〉もいつの日かそのラインに列して詳しい姿を見せてくれるのだろうと期待しておりましたが、今日に至るまでまったくその気配がありません。つまり〈カ号〉は、日本軍用機集や航空機集などにときどき紹介されることはあっても、中学の頃に読んだ記事の内容とほとんど変わりなく、繰り返し伝えられてきたままであったということができます。解説を読めば一通りの概要は書かれておりますので、製作の動機、機体構造、オートジャイロとしての特徴、性能などの他に、どのように運用されたのかについてもわずかに説明されております。写真や簡単な三面図が掲載されていることも多いので、じっくりと見てゆけばおよそどのような機体であったのかは理解できるのです。

しかし、オートジャイロを特徴付けているローターハブの部分や、操縦システムについてはまったく不明ですし、プロペラも少し不思議な形をしておりまして操縦特性なども一般固定翼とはいろいろな面で違ったと思うのですが、やはり不明としか言いようがありません。妙な譬えであることを承知で言いますと、今まで書かれてきた〈カ号〉の解説は言わば履歴書のようなものと言うべきでしょうか。それをポンと提出しただけで、あとは遠い場所に隠れてしまって半世紀を越えても沈黙を守り続けているような印象があります。

たしかに写真なども添えられ、経歴も書かれ、特技の項も短距離離着陸性とかホバリングまがい一八〇度転回などと書かれていれば、書式としては十分で、立派な履歴書とはなっております。しかし、もし自分が日本航空史の人事部長だったらこのまま採用のハンコを押すわけには行きません。必ず面接をして「健康状態はどうだろうか」とか「何か悪い癖は無いか」とか「役に立つだろうか」など細々と審査をしなければ本当の実体を見極めた事にはならず、人事部長の能力を疑われます。

ところが肝心の〈カ号〉は気配さえ殺して闇に潜んでしまっているようで、その実体を知る人すらも何処におられるものやら皆目見当も付きませんでした。

〈カ号〉そのものが、いかに知られることが少なかったかという例を、いくつか挙げることができます。

後になって、筆者の元へ〈カ号〉の情報が寄せられるようになった頃、元陸上自衛隊高官だった方から電話をいただきました。戦時中はフィリピン方面の作戦参謀で、たしか九十一歳と伺っておりましたが、電話の声は実にキビキビとしておられました。

「自分がその職にあった頃、〈カ号〉という航空機のことは一度も聞いた事がない。念のため、当時下志津で指導教官をやっておった砲兵大尉にも聞いてみたが、まったく記憶にないという返事であった」

偉い人というのは違うもので、当方は軍隊経験もないのに思わず直立不動の姿勢になってしまい、シドロモドロになりながら謝意を述べつつ電話を切ったのであります。

元軍人であった人々のお話を伺う機会の多い者としては、その記憶力の素晴らしさは常々驚かされる所です。まして〈カ号〉は一度見たら忘れることのできない特徴あるスタイルを持っております。本来統率する立場にあった方々の記憶にないというのはどういうことなのでしょう。

さらに知人から手紙をいただいた時にも〈カ号〉の存在感の無さに驚かされました。内容は、「戦史叢書《そうしょ》を調べてみたが、どうも〈カ号〉については何も書かれていないようだ」というものです。戦史叢書とは「防衛庁防衛研究所の戦史部が著した、今時大戦に関する書物です。——中略——何分、専門的であり、一巻が五〇〇〜七〇〇ページにわたる上、全部で一〇二巻と大部なため（優に大型の本棚一つを占領します）、余程の専門家でない限り購入しないようです」と説明していただき、ようやくその全容を理解いたしました。戦史を扱う者は必ずお世話になる本であるとは聞いておりましたが、知人の膨大なご協力には、ただただ感謝の他はありません。

手紙には日本軍用機の人気投票という面白い資料が同封されておりました。モデルマニアの間のパソコンによる遊びと思われ、陸軍機部門で〈カ号〉は一〇位にランクされておりました。群あまたある陸軍機中一〇位というのは知名度として大したものであります。しかし、その有名機が戦史叢書一〇二巻中なんの記述もないというのは不可思議という他はなく、この奇妙なアンバランスが〈カ号〉の存在を象徴的に表わしているかのように思われます。

萱場製作所が〈カ号〉の開発に参加した時から、社内では秘密兵器として取り扱われました。その存在を知る者は限られた上層部と少数の関係者だけで、たとえ重要な部品を作っていても直接その目的を知らされる事はなかったと言います。そのため萱場の社員であった人でも〈カ号〉について語る事が出来る人は少なく、これが〈カ号〉の影を薄くしている原因の一つかと思われます。

では〈カ号〉が全く人目に触れる事はなかったのかというと、全然そんな事はなくておおっぴらに東京の上空を飛んでおりますし、量産計画が実行に移されると、組立工場のあった仙台では試験飛行でしょっちゅう飛びまわり、地元では「今日もぐるぐるカヤバのジャイロー」と歌にうたわれる程であったと言います。特に日本陸軍における極秘重要兵器というようなものでも無く、今日に至るまで、その実像が日本航空史上にも航空マニアの間にも伝えられていないというのは何故だったのか、疑問はつのるばかりであります。

航空史家や航空マニアの方々の熱意や好奇心が足りなかったのかと言えば、いえいえ絶対にそんな事はありません。その調査能力の高さは、ＦＢＩやどこやらの国の情報部員と比べても十分に肩を並べられる程のものであることは十二分に承知しております。

つまりは〈カ号〉の沈黙がいかに深いものであったかの証左でありましょう。

〈カ号〉の父親は誰?

〈カ号観測機〉について詳しく知りたいと思い、ついにはその物語を書かねばならぬと決心するに至ったには、いろいろの理由があります。

筆者の本業は模型製作です。文筆については、昔パイロットだった人の聞き書きを書いたりすることはあっても、あくまでも余技であります。精密古典航空機製作というものを専門に、ささやかな工房を開き、やや浮世離れした毎日を送っております。

つまるところ、木と布と針金だけでできているような飛行機が大好きで、そのうえ巳年、乙女座の生まれで血液はB型というしつこい性格なので、天職というべきなのでしょう、微細な工作もまったく苦にならず喜々として仕事に打ち込めるのです。

日本は終戦により、戦闘機はおろか古典機からプライマリーの果てまで壊してしまい、等身大の航空史を語ることが難しくなってしまいました。したがって実機が残されている外国とは違い、日本の模型は実機の代役も務めなければならず、厳密な正確さを求められます。だから外国のマイスターなどには絶対負けないという過剰なプライドも育つことになります。〈カ号〉の物語を書くことになる直接のきっかけは、その製作発注を受けたことによります。資料の少ない機種であることは良くわかっておりましたが、もともと興味を持ち続けてきた機体であり、まずは有り難くお受けいたしました。

今までにも様々な難問機の製作があって、新資料を発掘して乗り越えてきた経験もありましたし、それなりの自信もありました。まさかこれほどの苦労を強いられるとは知るよしもなく、まずは興味津々で資料探しを始めることになったのです。この時の苦労が〈カ号〉の重い口を開かせる出発点となりました。

当工房における古典機模型製作は骨組みから忠実に作って行くことです。完成後には見えなくなってしまう部分まで、延々と作ってしまうという愚行も多いのですが、この方法により微妙な機体ラインやコックピットまわりなどがきちんと再現できますし、実機に皺のある所は模型にも自然に皺ができるというスーパーリアリズムに命を懸けております。誤解を恐れずに言うならば、二四分の一の実機を作っているようなもので、いわばレプリカ（複製機）製作に限りなく近い作業なのです。近眼でパイロットの夢破れ、理数系は天才的オチコボレで航空産業への道を断たれてしまった身としては、模型製作こそ最後に残された自己実現への道であり快感なのであります。

本人としては実機を作っているつもりですから、オタクと言われようとマニアックと言われようと、目に見える限りの物は精密に作り込もうとしますので、二ヵ月や三ヵ月の作業は普通のことです。完成機が作業台の上で暁の光を浴びて鎮まっている姿など、実機と対面しているようで長い感激の時間を噛みしめることができるのです。

こういう模型製作ですから通常の三面図ぐらいでは用が足りず、必要とする資料とは実機の製作図に他なりません。実機の代役が務まりそうな機体を作ろうというのであれば、それぐらいの物が必要であり、〈カ号〉の資料もそのレベルのものが欲しかったのです。

しかし、この資料探しは最初からイヤな予感がありまして、どういう訳かこういう時の予感は良く当たるのです。

およそ三週間、思いつく限りの所を巡り、最後には防衛庁の戦史図書館にも数日通いましたが、めぼしい戦果はほとんどありませんでした。普通のビジネスなら中止命令が出るところでしょう。

ここで諦めてしまってはプロの資格はありません。これからが本当の勝負なのです。こんなときにこそ巳年、乙女座、B型の血は燃えるのです。

〈カ号〉は航空史の流れの中で見れば風変わりな存在ですが、いやしくも日本陸軍航空機として認められているのですから、通り一遍のカタログ程度しか話が残されていないなどという事は、まず考えられません。当方に足りないものは何かキーワードのようなものなのです。

犯罪捜査に行き詰まった時は、よく原点に戻れなどと言いますが、この場合は手元にある資料がそれに当たります。以前から集めていた雑誌の切り抜きとか、軍用機集の類いで、あとは知人が貸してくれた英文の本一冊があるばかりでした。

こういう時は焦っても無駄で、まずはロンドンはベーカー街二二一番地、ハドソン婦人宅の下宿人にでもなったように構えるのです。紫煙に包まれて沈思黙考を重ねるうちに突然ひらめいたりすることが一再ならずありましたので、結構御利益がある方法と信じております。日本文のものは暗記出来そうなほどに読んでおり、いまさらと思いつつ読み返しているうちに一つの疑問が湧きました。

日本陸軍が〈カ号〉を製作するに当たり、参考にした機体があったことはどの資料も一致しております。ただ、その機体については〈ケレットＫ－３〉を研究発展させたものであるとか、それと〈シェルバＣ・19〉の長所を取り入れて作ったのだとか、〈ケレットＫＤ－1〉を改造したものであるなどの説が入り乱れていて、どれと特定できる根拠もないため、深く考えることもしないでおりました。

しかし、ある本の中に編集協力者として萱場《かやば》達郎《たつろう》と名前があり、もう故人となられた方で面識はないものの、〈カ号〉を作った萱場製作所社長のたしかご子息であったとお聞きしていた方であります。その本には〈ケレットKD－1〉を改造したとありました。

萱場達郎氏がどのような編集協力をしたかは分かりませんが、少なくとも解説原稿に目を通すぐらいはしたでしょうから、かなり正確な記事と信じても良さそうです。

当工房が受注した〈カ号〉は、正式に書けば〈カ号観測機一型〉であります。この点に油断がありました。〈一型〉は空冷V型八気筒という日本機の中では珍しいエンジンを積んでいて、その外形も一目で分かる特徴があります。〈カ号二型〉は星型空冷七気筒なのでチラリと見ただけでは別種の機体であるような印象を受けます。

機体機首部は人間でいえば顔にあたり、識別には大切なポイントなのですが、資料を捜すにしてもそのイメージが強すぎて少し近視的になっていたようです。〈カ号〉という、やや特殊な機体であっても、その総体を知るためには大きな視野を持たねばなりません。

どんな航空機にも必ずルーツがあります。ある機体が前後の関係を持たずに単独で存在するなどということは絶対にありません。たとえば、数ある日本機の中で名機中の名機として知られる〈零戦〉にもご先祖様はおられます。お父さんは〈九六式艦上戦闘機〉ですし、お祖父さんは〈七試艦戦〉で、さらにひいおじいさんである〈隼型戦闘機〉の血もわずかに受け継いでおります。もし〈九六艦戦〉が生まれなければ〈零戦〉の誕生もあり得なかったのです。

ということは〈カ号〉の父親らしい〈ケレットKD－1〉を調べれば何か手掛かりがあるかもしれないことになります。わが工房の資料室を漁ってみたところ、小さな写真とその解説を見つけました。さらに洋書の中に三枚、いずれも小さなものですが隠れるようにして収まっておりました。

それは〈カ号二型〉によく似ているようにも見え、細部が良く見えないので違うような印象もあって即断はできません。しかし、ローターマスト、脚構造、尾翼形態などをよくよく見れば、親子のように見えなくもないのです。紫煙をくゆらせつつ一日を過ごし、さまざまな推理を重ねた結果、これが原型機であったと判断いたしました。

それがどのような推理であったかは読者諸氏の想像におまかせするとして、これが結果として間違っておらず、〈カ号〉の実像を知るためのキーワードでありました。

すなわち、「アリババと四十人の盗賊」の物語のように、秘密の洞窟の前に立って「〈ケレットＫＤ－１〉と〈カ号〉は親子である」と呪文をとなえると、重々しく扉が開いたという図になりましょうか。

オートジャイロとは何か

航空機ファンだと自称するほどの人でも、オートジャイロというと口ごもってしまうのは珍しいことではないようです。そういえばオートジャイロのための独立した解説書というものが、そもそも日本で刊行されたことがあるのでしょうか。

オートジャイロは、現代の航空界で、その存在を実感する事はほとんどありません。航空機としての使命は終了したのだと思っている人が大部分なのではないでしょうか。スポーツ航空などで、わずかに愛好者がいるようですが、それすらも私たちの日常の耳目に届くことはめったにない状態が長く続いています。

筆者自身、オートジャイロの実際の飛行を見たことがありません。映像の世界で何度か見たという程度であります。それにも関わらず、何故かオートジャイロは私の好奇心の対象であり続け、その飛行を見たいがために、数えきれぬほどのゴム動力模型を作ってきました。最近ようやく、実機もこのように飛んだに違いないと思われるような飛行が可能となり、そのフワフワとした姿を楽しんでおります。ここに至るまで二〇年近い歳月を浪費したはずでありますが、その実験飛行中、大人から子供まで様々な質問を受けました。

それは要約すると「どのような飛行原理か？」「何故回転翼なのか」という二点に尽きます。これが実機として存在したなどということは信じ難いという人も多くて、ある高校生などは最後まで筆者に不信の目を向け続けていたほどであります。

難問は飛行原理の説明でした。直径三〇センチ未満の模型ローターでは、理論書で解説しているような回転の再現は出来ないのです。

理論書の解説図などを参考にして、いろいろなサンプルを作って実験を重ねたのですが、まったく回らないか反対方向に回転してしまい、揚力発生の原理を小さな模型によって説明するのは無理があることがわかります。

ローターが五〇センチ以上なら、なんとか回すことはできます。興味を持たれるかもしれない方のために、一応図示いたしましょう。【図1】

【図1】 簡易オートローテーション実験装置

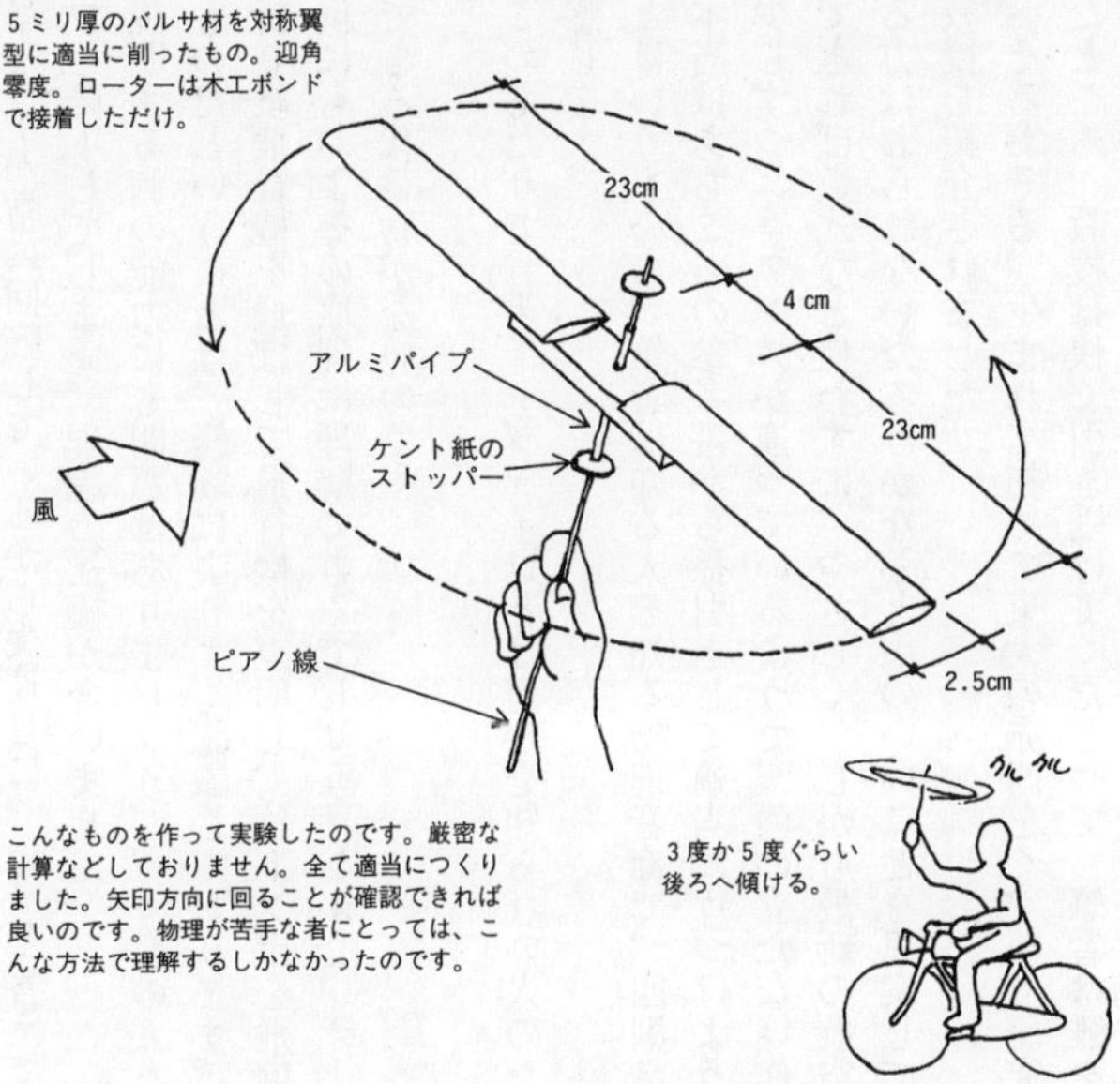

5ミリ厚のバルサ材を対称翼型に適当に削ったもの。迎角零度。ローターは木工ボンドで接着しただけ。

こんなものを作って実験したのです。厳密な計算などしておりません。全て適当につくりました。矢印方向に回ることが確認できれば良いのです。物理が苦手な者にとっては、こんな方法で理解するしかなかったのです。

これを片手に持って自転車にうちまたがり、時速二〇キロぐらいのスピードで、三度から五度ぐらいの角度をつけて風に向けるのです。笑ってはいけません。これぞ簡易風洞実験装置と言えるもので、ライト兄弟だってこの方法を翼型試験に使っております。

最初のうちは回らなかったりするかもしれませんが、うまく風をつかむと正方向に回りはじめます。ただ、必要回転数は得られませんので、このまま模型のローターには使えません。

「何故回転翼なのか」というのも答えにくい質問でした。

「ローターが常に回転しているから失速しにくい」と答えても、模型は動力停止するとフワフワと降下してしまい、理論の辻褄が合いません。

説明する側の能力にも問題はありましょうが、一般の人々にオートジャイロは分かりにくいものだということは、経験によりよく認識しております。

折り紙飛行機を飛ばして飛行機を説明し、竹トンボを飛ばしてヘリコプターを説明すれば、子供にもおよその原理は理解できるでしょう。しかし、オートジャイロには手近にそれを説明できる代替物がないのです。


このあたりで、オートジャイロとは何かを知らない人のために、飛行原理の解説の必要性を感じます。

とはいうものの、筆者は知る人ぞ知る物理音痴で、四則計算さえ自信がありません。

本当はあちこちの参考書から孫引きして適当に片づけようとも考えたのですが、それぞれに少しずつニュアンスが違っているようで、歯の立たない作業であることが分りました。

できれば数式など使わずに、やさしく、しかも最新の航空理論によって解説をしていただける方はおられないだろうかなどと虫のいいことを思案していたら、某氏より東大の鈴木真二教授を紹介されました。

おそるおそる、生まれて初めて東大の赤門をくぐって研究室へ伺い、厚かましいお願いをしたところ、教授は快く引き受けてくださって、筆者は難を逃れることができたのであります。

この先の開発物語は、この原理を知らないと理解できないところがあると思われますので、ここは意識を集中して読んでください。

特別講座

オートジャイロの原理

東京大学大学院工学系研究科教授
鈴木真二

オートジャイロは、軸を回転させる動力も無いのに、風の力でブレードを回転させて揚力を得ている。この仕組みを理解するには、二つのことを押さえておかねばならない。一つは、翼が揚力を発生する原理を理解することであり、もう一つは、翼に作用する相対風という概念を理解することである。

翼が揚力を発生する原理を説明することは、実は簡単ではない。【図A】のような翼に空気の流れが当たる場合を考えてみよう。次のような説明がよくなされる。

――翼の断面は少し反っているので、翼に当たった流れが上下に分かれる場合、後縁に到達するまで、上の流れは下の流れよりも長い距離を移動する。上下に分かれた流れが後縁で合流するためには上の流れが速

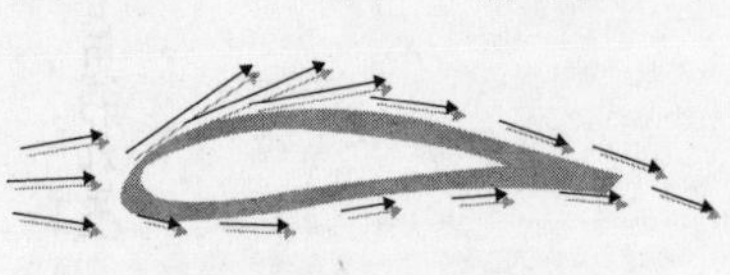

【図A】 翼のまわりの流れ

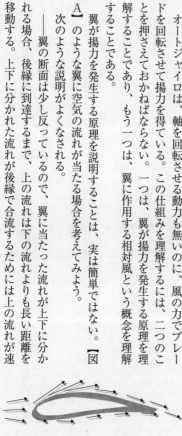

くなければならない。流れの速度が増すと空気の圧力が低下する（ベルヌーイの定理と呼ばれる）。上面と下面の圧力差が揚力となる。

もっともらしい説明であるが、この説明では、反りの無い対称な翼には揚力は出ないことになるし、背面飛行時に反りが逆になった場合にも揚力が作れない。どこに矛盾があるかといえば、後縁で同時に合流するところが実際と異なっている。

【図B】　翼の渦が作る流れ場

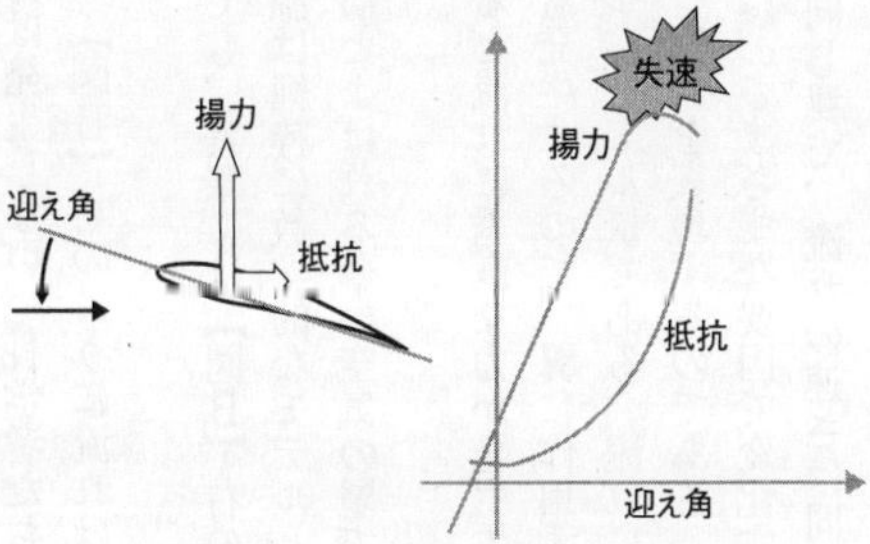

【図C】　翼に作用する揚力と抵抗

風洞のなかで煙を流せば、上下の流れは同時に合流するわけではないことが確認できる。

では、何が揚力を作るのか。歴史的には、翼が渦を作るという考えによって揚力が説明された。ライト兄弟が初飛行を行なったのが一九〇三年であるが、ほぼ同時期にドイツとロシアの二人の科学者（クッタとジュコーフスキー）によってこの理論が作られた。渦が無い場合、翼に流れが当たっても、

【図B】左のように揚力は発生しない。科学者たちは、翼が渦を作り、流れを図の時計回りに回転させることで、【図B】右のように流れは後縁から流れ去るようになって、揚力が作られると説明した。

翼が渦を作るといっても、実際には【図B】右のように翼の内部に回転する部分があるわけではない。最初、渦は純粋に数学的なモデルとして考えられたが、その後の研究によって、翼の表面の境界層とよばれる薄い空気の層で渦が生成されていることが明らかになった。

流れのなかに渦があると流れに垂直な力が発生する。これが揚力である。実際の翼には揚力以外に、空気抵抗も発生するので、翼に作用する空気力を【図C】のように表現する。力は向きと大きさを持つベクトル量である。流れに垂直な成分を揚力、平行な部分を抵抗として、ベクトル的な空気力を表現するのである。

揚力や抵抗の大きさは、さまざまな要因で変化する。翼の大きさや流れの速さが変わればもちろんであるが、同じ翼で、流れの速さは同じであっても、流れに対する翼の傾き（迎え角）によって変化する。

【図C】には迎え角と揚力と抵抗の変化の様子も図示している。揚力は直線的に増加するが、抵抗は放物線的に増加することが分かる。また、ある迎え角で揚力が頭打ちになる。これは、失速のためである。翼が大きな角度を持つと、流れは激しく乱れ揚力は低下する。

以上が、翼に作用する空気力（揚力と抵抗）の説明である。

翼が固定された飛行機の場合は、これで終わりであるが、オートジャイロやヘリコプターの場合には、翼が回転するので、もう少し検討が必要である。相対的な流れという概念を持ち込まねばならない。

飛行中の翼は、流れは静止し、翼が運動するわけであるが、これまでの説明は、翼を静止させて、流れが速度をもつと考えた。相対的には同じなので、考えやすいように翼を止めたのである。

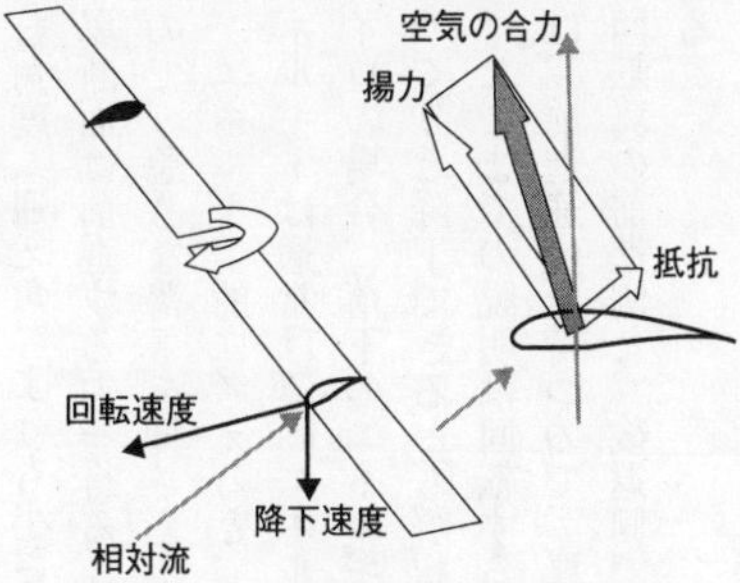

【図D】　回転ブレードに作用する空気力

これは単なる思考上の便宜ではなく、風洞実験で翼の空気力を計測する場合に同じ事をする。ダクトの内部で流れを作り、固定した翼に作用させるのである。

ここからが、本題のオートジャイロである。いま、ブレード（回転翼をこう呼ぶ）が回転し、まっすぐに降下する場合を考える。回転によって翼は前に進み、さらに降下速度を持つので、相対的には、翼には下から流れがあたることになる【図D】。これは、ブレードの一断面を固定して考えたことになっている。流れに垂直に揚力、平行に抵抗が発生するのであるから、ブレードの断面には【図D】のような空気力が作用する。揚力と合力のなす角度が、相対流の流れ込む角度（迎え角）よりも小さければ空気力はブレード回転軸よりも前に傾く。この結果、翼断面は前進する力を得ることになり、回転は持続する。回転する翼は揚力を発生できるので、急激な落下を押さえることができるのである。

エネルギー的に考えると、落下することは位置エネルギーを失うことになる。失ったエネルギーは通常は運動エネルギーに変換されるので、落下速度が加速される。オートジャイロの場合、落下のエネルギーの一部が翼を回転させるエネルギーに変換されるので、ゆっくりと降下できるとも解釈できる。

ここまでの説明は回転するオートジャイロがまっすぐに降下する場合であった。実際には、前進速度を持つので、翼には、前進速度により発生する流れも当たる。この効果は、回転翼の前進側と、後退側で向きが変わるので、左右の翼で空気力に差が生ずることになる。

オートジャイロの発明者シェルバは、この力の差を逃がすためにブレードの固定部にヒンジ機構を考案した。この画期的な発明こそオートジャイロの成功の秘訣であった。さらに、この機構は、停滞していたヘリコプターの実用化も促進させる機動力となった。その意味でもシェルバの功績は偉大であった。

〈特別講座終了〉

オートジャイロは、実用性という立場から見ればヘリコプターに先駆けて飛行に成功した回転翼機です。航空史の流れの中で、オートジャイロの占める場所などはわずかなものにすぎませんが、詳細に辿ってゆくと、いくつかの偶然の重なりがあって出現したもので、こういうことを奇跡というのではないかという思いにとらわれてしまいます。奇跡という言葉は軽々しく口にできるものではありません。しかし、奇跡としか言いようのない幸運と偶然がオートジャイロを誕生させたのだと言わざるを得ません。

一般の固定翼機もヘリコプターも、誰にでも実感できる飛行原理によって成り立っております。イカロスやダ・ビンチの例をひくまでもなく、人類はそれを長い間夢想し、実現の努力を重ねて来ました。その努力の跡を見れば、人類の航空史はライト兄弟やシコルスキーという存在がなかったとしても他の誰かによってなし遂げられ、いずれはジャンボジェットも牛小屋の様な巨大なヘリコプターも出現させたでしょう。その視点に立てば変種ともいえるオートジャイロが航空史上に登場しなかったとしても、十分にあり得る事でした。

オートジャイロは、専門家以外にはなじみ難い飛行原理であったために、ヘリコプターの登場とすれ違うようにして退場していった感があります。一般にはヘリコプターにくらべてその実用性が中途半端であったためと説明されているようですが、構造はヘリコプターほど複雑ではありませんし、その分安価であり、固定翼機には真似の出来ない飛行や、運用の利便性など利点も多く、現代の航空界にわずかな場所を占めていたとしても、それなりの役割を担うことができたのではないかと思えるのです。

それができなかったのは、やはり実感しがたい飛行原理に、少なくとも原因の一端があったような気がします。

私を悩ませたオートジャイロの飛行原理は、ある人々にとっては昔から良く知られた周知の原理でありました。その人々とは、帆船乗りと風車小屋の親方であります。ヨットは風上に直角には進めませんが、斜め方向には進むことができます。風車の場合はその構造にもよりますが、ヨットの前進と同じ力学原理により横風によっても回すことができるのです。

私たちはドン・キホーテの物語によって、風車はスペインの風物詩的存在である事を知っています。スペインは国の周囲を除けば大体が広野の広がりであり、あまり山がありません。したがって流れの早い河川を持つ条件が少なく、また肥沃とは言えぬ広野は雨が降っても保水力が小さいので水車は限られた場所にしかありません。粉挽きの親方にとって風は貴重な動力源でした。

また、風は女ごころの代名詞になる程ですから、いつも都合のいい方向から吹いてくれるとは限りません。生活がかかっている以上、風車を常に回すための工夫が必要で、代を重ねるにつれ、どのような風とも折り合いを付ける技術を体得していったものと思われます。ヨーロッパには、オランダをはじめ地中海沿岸などにもそれぞれ独自の風車文化がある事を知りつつ言うのですが、スペインの風車は、地味が豊かでなかったという地理的事情の分だけ切実な生産基盤の一つでありました。

風車軸を直立させ少し傾けて立て、風車の斜め下側から風を受ければ、オートローテーション、つまり風車は前進方向に回転し、しかも揚力を発生するという発想は粉挽の親方なら理解したでしょう。しかし、これを飛行機の翼として使うのだと知れば「どうしてそんな必要があるのかね?」と質問するのではないでしょうか。

オートローテーションという原理に着目した人はシェルバ以前にもおりました。イギリスでは論文発表され、フランスでは特許申請までなされたようです。しかし、その内容は伝わっておりませんし、後にそれが形になったという話も聞きません。

オートジャイロの発明者ファン・デ・フ・シェルバはスペイン人でした。彼が粉挽きの親方と同じ知識を共有していたかどうかは定かでありません。

オートジャイロに熱中するようになった理由は明確で、「安全な低速飛行のできる、つまり、失速しにくい飛行機を作りたい」というものでした。そう思うようになった経緯については彼の生い立ちにふれてみなければなりません。

〈カ号〉のルーツを逆上ると〈シェルバ〉というところでピタリと止まります。つまり、この間にオートジャイロが発明された理由や、技術的困難さや〈カ号〉に受け継がれた問題が最も端的に示されているということでもあります。〈カ号〉をよりよく理解していただくためには、シェルバの業績、さらにはオートジャイロの歴史を駆け足で知っておく必要があるのです。

発明者・シェルバ伝

オートジャイロ一族のルーツ、つまり日本風に言えば系譜のことですが、航空機としての利便、性能、効率といった実利的な面を外して見てゆくと、人類がずっと持ち続けたある種の夢が強く反映されているような印象が残ります。

オートジャイロとはシェルバの造語です。空を安全にゆったりと人間本来の行動感覚で飛んでみたいと思い、その実現に重なる失敗にもめげず努力をかたむけた人で、その裏付けとして、等量のきらきらした夢やそれを支える強固な意思を持ち合わせた人でした。

航空機とは設計者の、あるいは製作に参加した人々の個性の総和と考えられます。同じ目的で設計されても、人が違えば必ずその個性が反映されて、違った形の航空機が生まれるのです。現代はコンピューターが設計する時代で、目的が同じなら誰が作っても同じ形になると言われておりますが、それを操作する人が違えばやっぱりどこか、たとえ微妙にでも違ってくるのではないでしょうか。

オートジャイロの系譜の中には製作に携わった人々の飛行の夢があちこちにちりばめられております。その最初の形が当時航空先進国であったフランスではなく、ほとんど必然性を持たないスペインで誕生したというのは、考えてみれば不思議なことです。歴史というものを予断を持って見るべきではないという教訓でしょうか。

ファン・デ・ラ・シェルバ（Juan de la Cierva 一八九五～一九三六）が生まれたのは、

スペイン南東部の地中海に面したムルシアという地方都市でした。父は有力者で大地主でもありましたから、裕福な家庭の長男として何不自由なく育てられました。伝統ある上流階級は家を保つために子弟の教育には厳しいのです。詳しくはないのですが、彼の名前に「デ」や「ラ」が入っているのは貴族階級だからでしょう。そうであればこそ躾けの厳しい幼児期を送ったものと思われます。

家庭教師がつけられ、礼儀作法、外国語、基礎教養、さらにはスポーツまで、きちんと身につくように繰り返し教え込まれるのです。

貴族というと毎日遊び暮らしていたように書かれることもあります。そういう人もいなかったわけではありませんが、産業革命以後、市民階級の力が大きくなってくると彼等はその存在意義を問われることになり、真剣にアイデンティティーを模索するようになります。

二十世紀初頭、スペイン貴族として育ったシェルバには「国民の模範であり、常に国民の先頭に立って国の尊厳を守り、彼等を導かねばならない」という気分のようなものが肉体化していたのではないでしょうか。

オートジャイロを発明したファン・シェルバ。

またさらに、近代科学の基礎は貴族という良い意味での有閑階級が作ったようなものですから、その気分も併せ持っていたのかもしれません。彼はのちにオートジャイロ製作という実業の世界を歩きますが、会話に不自由したようすもなく、開発に関して精魂をかたむけ損得など度外視しているところなど、この生まれ合わせを考えれば、彼にとってごく自然な成りゆきだったことがわかります。

一九〇八年にライト機がフランスの空を飛んでみせたことから、ヨーロッパに飛行機熱が急速にひろがり、シェルバ少年もそれらのニュースに胸を熱くしたようで航空に興味を持つようになりました。

一九一〇年、フランス人パイロットがブレリオ機でバルセロナ上空を飛び、このスペインにおける初飛行を十四歳のシェルバ少年は目撃したのであります。この時少年の胸に宿ったものが、その後の人生を決定づけました。とは言っても少年のことですから、まず模型作りから始まりました。

以外に知られていない事実として当時の模型事情があります。航空史の表舞台にはほとんど顔を出しませんが、飛行機熱の底流には模型ブームがありまして、組み立てキットや解説書付図面などが売られていたのです。

たとえばその頃の日本でも熱病患者はちゃんと存在しております。明治四十三年（一九一〇年）、徳川大尉が初飛行を果たした頃には、研究などと称しつつ模型飛行機にうち興じていた御仁もいたのであります。

そんな飛行機熱の時代ですから、シェルバ少年の生活環境を考えれば子供にとってはかなり高価であろうとも、欲しいと言えば模型キットなど何の問題もなく手に入ったでしょうし、受験勉強など無縁の時代ですから、好奇心のおもむくまま、思う存分模型三昧の日々を過ごしたにちがいありません。

ここで面白いのは、シェルバ少年が一人仕事をしなかったことです。彼は弟や友人たちと手分け作業で仕事を進めました。天才といえども手足は二本ずつしかありませんから、それで出来る作業にはかぎりがあります。良質でオープンな気質を持っていないと大業は成しえないということでしょうか。

最初のうちはゴム動力の飛行機やヘリコプターの模型で、少年らしく飛んだり飛ばなかったりするのを楽しんでいたようであります。そのうちに何を思うようになったのか、彼等は熱心に航空理論や工学の勉強をはじめるようになり、ついには実際に人間が乗れるグライダーを作りたいという欲求にブレーキがかからなくなり、とうとう作ってしまうのです。仲間の一人を乗せて皆で引いたところ、数フィート浮き上がったと言いますから、若者たちの実力はあなどれません。

この時代の仲間はよほど気の合った友人らしく、この関係はずっと続き、後にシェルバを世に送りだす大きな支えとなります。

やがて彼等はマドリード技術大学に相前後して入学します。この時のシェルバは弱冠十六歳で、ここが彼の飛行機人生の出発点となるのです。

彼等は授業などほとんど放り出して飛行機の製作に取りかかります。今度は模型ではなくノーム五〇馬力エンジンを装備した立派な実機です。機体はフランスのソマー（SOMMER）複葉機でR型のコピーと思われます。

この時夢中になって取り組んだ仲間はPepe BarcaldとPadlo Diazといい、三人の姓をアルファベット順にならべて機体名をBCD－1型と命名しました。ただ誰がつけたのかアダ名があり、スペイン人一般には〝EL Cangrejo〟として記憶されているそうです。蟹とかザリガニのことを言うらしく、子供の水遊びを連想すればいかにもそれらしく思え、言いえて妙なネーミングであります。スペイン語におけるjはhの発音に近いのだと教えていただきましたが、全く自信がありませんので原語のカタカナ変換はいたしません。

〝ザリガニ〟は一九一二年の夏に完成し、フランス人パイロットによって見事に進空しました。最高速度時速九〇キロというのも当時としては立派なものであり、これがスペイン人によって製作された機体の初飛行でもありました。

ことはこれだけに止まらず、さらに続きます。一九一三年、シェルバはBCD－2型の製作に熱中しております。いかにも若者らしくスピードに興味をそそられたようです。しかしながらBCD－2型はさほどの成績をあげることなく、たぶん離着陸時のトラブルだと思うのですが機体を壊し、開発を中止してしまいました。

BCD－2型は高速に目標を絞って設計されていたために低速性能は悪かったはずで、この失敗はシェルバの心に深く残るものがあり、後の成功へのワンステップとなるものですから、十九歳三ヵ月目の幸運な体験とも言えるでしょう。

それにしても二十歳前の青年が、これだけ濃密な航空機体験を習得出来たという例は、他に見当たらないのではないでしょうか。

けれども、ここで彼らは心躍る青春との別れの時を迎えねばなりませんでした。なにしろ入学以来二年以上、学業そっちのけで飛行機製作に没頭していたのですから、さすがに周囲も黙っていなかったのでしょう。学生本来の学業に身を入れる時が来たというわけでした。

第一次世界大戦は航空機の相貌を一変させました。そんなニュースは学業中のシェルバの耳にも届いていたことでしょう。しかし、スペインは中立国であり得たために何事もなく、シェルバは四年間の大学生活の後、一九一七年に卒業いたしました。

シェルバの家系を解説出来る能力は全くありませんが、余程有力で裕福であったことは間違いないようです。また、スペインの政治制度など全然知りませんから、彼が二十四歳の時から五年間マルシア選出のスペイン議会議員であったことの意味も理解出来ません。一つだけ言えることは彼が何事かに興味を持ち実行しようと思えば、資金的裏付けがあり社会的信用もあったわけですから大抵のことは可能性の範囲の中にありました。

彼の人となりについても、せっかちなラテン系であったぐらいの記事しか見当たりませんが、即断実行の行動派と言い換えることも出来そうで、むしろ美質と考えても良いように思います。

彼を個人として最も際立たせているのは彼の肖像でしょう。彼だけはどんな写真の中からでも容易に識別することが出来ます。畢相とも言える福助頭の持ち主で、頭脳容積は常人の二倍ぐらいはありそうです。医学的根拠は別にしても並外れた能力を秘めていたに違いありません。顔全体の印象は童顔に属し、人を威圧するような表情や険しさはうかがえなく、充分な家柄の良さを感じさせます。なんとなく日当たりの良い近親感のある人柄であったと想像します。

大学を卒業しても就職など考えなくともよい身の上ですが、旧家の長男という立場上、航空への道には進みにくかったものと思われます。しかし、飛行機熱は彼の身中深く潜伏していたようで、一九一八年五月、スペイン政府が爆撃機の競争試作を企画した事により、またたく間に再発してしまいました。このような時に歯止めのかかる性格ではなかったと見え、また、国家的事業への参画ですから身内に反対する人もなかったらしく、彼は設計に熱中したのであります。

大型爆撃機（当時としては）の設計でありますから、その頃の機体構造がかなりシンプルであったとしても一人でこなせる作業ではないはずで、おそらく設計チームを作ったのだろうと思います。しかし、機体名称は〈C－3〉とありますから〈BCD－2〉に続く機体であり、BとDが抜けている事で完全にシェルバ主導で設計されている事がわかります。

製作が開始されました。翼長二五メートルの複葉機でイスパノスイザ二二五馬力エンジン三発搭載の堂々たる爆撃機であります。この時のシェルバは二十四歳という若さで、彼の才能はもちろんですが、生活の苦労などに一切煩わされる事なく、ひたすらに没頭出来る出自を持てた彼の幸運を思わないではいられません。

ただし〈C－3〉そのものが運の良い機体であったかどうかは判断の難しい話です。なにしろ天才が設計したのですから性能的には充分期待に応えられる能力を持っていたと想定出来そうですが、パイロットに人を得なかった事はこの機の不運でした。たぶんどこにでもこんな人は居ると思いますけれど、とんでもない人選をしたものであります。一九一九年八月、飛行場に引き出された〈C－3〉のパイロットは多発機操縦の経験もない鼻もちならぬ自惚れ屋の男でした。シェルバが事前に失速速度や旋回時の注意点などレクチャーしておいたにもかかわらず、聞いた側はそれを理解できる知能を持っておりませんでした。このパイロットは大型機の場合急激な操作はご法度である事すら知らなかったのです。

離陸後間もなく大舵を切って、機体は地面に叩きつけられてしまいます。修理のしようもない程に大破したために、この計画は中止となってしまいました。

シェルバはもちろんがっかりはしたでしょうが、この事故をきっかけに低速時の安定という研究に彼の才能をふり向ける事になり、奇跡の翼が創り出される道が拓かれたのでありますす。いやみなパイロットですが、この点に関しては「世の中に無駄な人間はいない」という格言に頷かざるを得ないのです。

基本原理の発見

シェルバがオートローテーションの原理を発見した経緯については数説あり、そのどれも賛成出来るだけの資料がありません。これが徹底的に解明されたことはいまだにないようです。

その数説の中で共通しているのは模型を使った実験を繰り返したようだとあるのですが、

にわかには信じがたい気がしております。模型を手にしたシェルバの写真が残されていて、それを見るかぎりはついつい信じてしまったとしても無理はないと思います。もしそうだとしたら最初の実験機〈C・1〉のような形をシェルバは絶対に採用しなかったはずです。この機は一本の軸に四翅のローターが二組上下に取り付けられていて、互いに反対に回転するように設計されておりました。

これを模型で作って実際に飛ばしてみると、上下どちらかのローターが早く回ってしまい、どんなに工夫しても均等に回転させることは出来ませんでした。上下のローターが互いに干渉し合って邪魔するからです。これでは揚力の片寄りを防ごうとする目的は果たせません。一〇年以上昔の苦い思い出であります。

鳥の羽を使ったヘリコプターの壊れた玩具からその発想を得たのだとも、いや、それは鳩の羽であったとかいう話も読んだ記憶はありますが、いずれも再現性に乏しく検証出来ません。不確かと思われる資料からの情報でも、いちいちそのようなローターを作っては実験してみましたが、成功したことはありません。

要は模型による実験で原理を発見したという話は、割り引いて考える必要があるということであり、むしろ模型は原理発見後の諸問題を考えるために使われたのではないかと考えております。

写真のシェルバが持っているゴム動力模型は、直径六〇センチぐらいの五翅ローターで機長が七五センチぐらいでしょうか。見た目にも飛びそうな感じがし、解説にも静かに水平飛行をしたと書いてあります。ローターはラタン製とあって、通常籐椅子の材料などに使われるもので、これを薄く削れば竹よりも軟らかくしなやかなものとなり、ローターには適当な素材だと思われます。

実験機〈C・2〉も五翅ローターですから、この模型は実物の不具合を観察するために作られたのではないでしょうか。

では、シェルバはどのようにしてオートローテーションの原理を発見し、なぜそれを実機に応用しようとしたのかという問題は残ります。彼が風車の国スペインの人だったからというのは、話としては面白くとも（たとえ頭の片隅にちらりとあったとしても）答えとしては正当性を欠くもので、彼は天才の才能を持った思索の人であったとしか他に答案の書きようがありません。つまりは天才であったということであります。

「ローターが風の一定の条件下で自動回転しているかぎり失速しない」という信念からシェルバが出発しているのは確かです。しかし、のちにオートジャイロの特徴とされる低速度安定性、短距離離着陸性、ホバリングまがいの飛行、そしてエンジン停止時のオートローテーションによる安全性などどれほどの見通しを持っていたのでしょう。おそらく天才の勘として、かなりの可能性を読み取っていたのではないかと思いつつ、シェルバなりの「自由な飛行」への夢が込められていたのだろうと想像いたします。

天才の頭脳構造を凡人が理解出来るなどと思うのは、それこそ思い上がりと言うべきものかもしれず、ここは二、三歩下がって、そのようなものであろうと敬意の視点を持つことも歴史を見るときの一つのあり方なのかもしれません。

さらに試作機を作って実験しようというのも相当に勇気が要ります。珍妙な機体があちこちで作り続けられていた時代とはいえ、名門の御曹司であり国会議員でもありますから、普通ならブレーキがかかって当然です。それを乗り越えて実行に移すことが出来たのは、シェルバ個人の信念とラテン系の明るい情熱に他なりません。

これでようやくオートジャイロ誕生の条件が揃いました。長々と綴ってきたのは奇跡の条件を説明したかったからで、この時代、ここまで恵まれた環境を持った設計者は他におりません。たとえシェルバをうわまわる才能を持った設計者がいたとしても、この幸運を併せ持たなければ航空史にオートジャイロの名を残すことは絶対に出来なかったでしょう。オートジャイロはやはり奇跡の翼なのです。そしてこの奇跡のルーツが〈カ号〉に届くまで二〇年の歳月が流れることになります。

あまり知られていないこととして、シェルバが一時期垂直上昇機の研究をしていたことを挙げておくべきでしょう。今で言うヘリコプターのようなものではなかったかと思うのですが、詳細は分かりません。

論理的にのみ集中して考えれば、彼がオートローテーションという原理に気がつくのは、この研究の過程から派生したのではないかと考えることも出来ます。現代のヘリコプターの場合も飛行中エンジンが停止すれば、下方からの風によってローターを回し、つまりオートローテーションにより機体重量を推進力に変換させ降下滑空して、ともかくも着陸させるということになっており、シェルバも同じような発想を得たのではないでしょうか。

これだけのことならば同時代に同じことを考えた人も他にいたでしょうが、シェルバはこの降下滑空中、機体にプロペラによるより大きな推進力を与えればそれは別種の航空機になると考えたのではないかと推理することも出来そうです。これこそがシェルバの独創であり、オートジャイロの原点であると理詰めでは言えるかもしれません。

しかし、これを裏付ける証拠や資料はありません。ただ、知っておいていただきたいのは、彼がオートジャイロの開発を進める中で、遠い将来の姿としてヘリコプターに似たような機能を考えていたのは間違いなく、彼の研究は常に自由度の高い航空機に向けられていたということです。

もう一つ付け加えれば、彼は技術者であり航空機に対しては厳しいリアリズムに裏打ちされた目を持っておりました。ロマンはロマンとして技術をないがしろにするような人ではありませんでした。たしかに夢の多い人であったことは認めなければなりませんが、そのために少年時代は工場に入り浸って材料を加工し、油まみれになることを厭わず、さらには学問にも励んでおります。なまなかな設計者よりもよく現場を知っていたのです。

一九二〇年のはじめ頃にはオートジャイロの基本構想がまとまったようで、その年の十月、実験機〈C・1〉としてマドリード郊外の飛行場に姿をあらわしました。六〇馬力ル・ローンエンジンを搭載し、胴体や脚の設計などは面倒だったのか〈デペルデュサン〉単葉機のものをそのまま使ったようであります。

本命であるところのローターは前述したように四翅二段重ねとなっていて、このような構造を選択したのは彼が最初から回転翼における揚力の片寄りを知っており、互いに反対に回転させることで打ち消そうとしたことと、もう一つは機体を小型化出来るという利点があったからでしょう。

シェルバが見守る中、タキシングをはじめてみるとローターは上が一一〇回転/分、下が五〇回転/分という不本意な回り方で、どうしても同調してくれません。下のローターを短くするなどして手をつくしましたが、アンバランスな回転は最後まで解決出来ず、飛行実験まで進めませんでした。この時シェルバが得たものはただ一つ、オートローテーション効果により飛行は可能であるという確信であります。

その後〈C・2〉〈C・3〉と続き、正味で三年ほどの歳月をかけて〈C・4〉に至り最初の成功を勝ち取ることになります。おそらくシェルバがもっとも張りきった時期にあたります。

現代の航空機開発は目を剥くようなお金がかかりますが、当時は当時なりに大変だったようでシェルバといえども資金難に苦しみました。彼のせっかちさや行き違いから〈C・3〉の方が〈C・2〉より先に実験されてしまうなどのチグハグさには、この間の事情がうかがえます。

それぞれのローターを作り変えたり、いろいろなアイディアを付け加えたり、詳細は分かりませんが〈C・3〉にはコレクティブピッチコントロールまで試験したと記述されております。ローターも回ったり回らなかったりで反対に回ることさえありました。実験機のふるまいは実に意地悪とも気まぐれとも見え、シェルバを悩ませただけでなく、当然のように破損事故を繰り返し、資金に痛手を加えたのです。

実験結果は一進一退で〈C・3〉などは高度二メートルほどのジャンプ飛行を見せてくれたりはしますが、揚力のアンバランスという問題は解決の糸口がなかなか見つからず手こずらせておりました。

こんな事が一九二三年の四月まで続きます。

話は前後して一九二〇年のたぶんクリスマス休暇の頃、ムルシアの屋敷に戻ったシェルバは弟や甥に手伝わせてゴム動力の模型を作りました。たぶん少年の頃を懐かしみながらの楽しい作業だっただろうと思われます。模型は設計中の〈C・2〉をベースに五枚ローターで作られ、翌一九二一年三月、マドリードでデモンストレーション飛行をいたしました。どの程度に飛んだのかはわからないのですが、ともかくも安定して良く飛んだらしいのです。

実機の〈C・2〉はヨタヨタと少しは飛行したものの、全くコントロールがきかず飛行場外に飛び出してしまうなど、安定とは程遠い状態で手を焼かせ続けました。

シェルバの功績

シェルバとしては当然、模型は良く飛ぶのに実機はなぜ駄目なのだろうかと疑問を持ち、やがてそれは模型ローターのしなやかさにあることに気付きます。しかし、それを実機に置き換えようとしても事はそう簡単ではなく、該当する素材はなかなか見当たりません。

一九二二年の年の始めにシェルバはロイヤル劇場で上演されるオペラを見に行きました。別の資料によると演目は「アイーダ」であったとされており、どのような趣向であったのかエジプトと設定された舞台上には風車が背景としておかれていたそうです。何やらハテナと思わぬでもありませんが、その風車はありありとヒンジ付きとして描かれていたとのことで、これが問題解決のヒントになったと後にシェルバが語ったことになっております。

たいていはそれがフラッピングヒンジだと思い込んでだまされてしまうのです。実際の風車にその必要はなく、強いて言うならそのように見えた、つまりは錯誤でありましょう。現実のシェルバはオートローテーションの原理を実証しておりましたし、この話は問題解決のインスピレーションとして聞くべきでしょう。

発明発見物語というのはこの種の話が多く、リンゴが落ちても引力発見の原因とされてしまうほどですから、まぁそんなものでしょうと、とりあえず納得することにいたします。

ともかくもこれでラタンによるしなやかさを、ヒンジを使用する代案で解決出来る目処がついたわけです。このアイディアは〈C・4〉に活かされました。

スペイン政府機関である航空研究所から資金援助を受けられることになり、〈C・4〉の製作は着々と進み、機体完成後も改良を加えながら試験がくりかえされました。

これまでの失敗の数々をシェルバはよく見ており、回転翼に関しては確かな目が育っていたのです。彼にとって多少不本意であったろうと思われますが、操縦性の不足を補うために

マドリード郊外ヘタフェ飛行場で公開された〈シェルバC・4〉。撮影月日は不明だが、1923年1月頃と思われる。シェルバは大勢の人々に見せることで、オートジャイロの飛行が成功したことを証明しようとした。本機のローターは左右にだけ傾くようになっていたが、それだけでは機体をコントロールできず、エルロン翼を追加することで操縦性を確保していた。

新たにエルロン翼を取り付けることになりました。とりあえずは、まず回転翼機を飛行させてみるのが第一です。

一九二三年一月十日、スペイン陸軍パイロット、ゴメス・スペンサーにより〈C・4〉はヘタフェ飛行場を飛び立ちました。これがオートジャイロの初飛行とされて、たいていはそう書かれております。しかし、この時は片寄りの癖が抜けきっておらず、着陸時に機体を小破いたしました。

超特急の修理と再調整により、一週間後の一月十七日に再飛行したのが実質的な初飛行というべきで、〈C・4〉はオートジャイロとして飛行し、無事着陸したのです。

シェルバを悩ませた回転翼の揚力の片寄りは、フラッピングヒンジとラグヒンジ機能を持たせることで無事解決しました。ただし、それはヒンジではなくてローターの

【図 2】 回転翼の揚力アンバランス

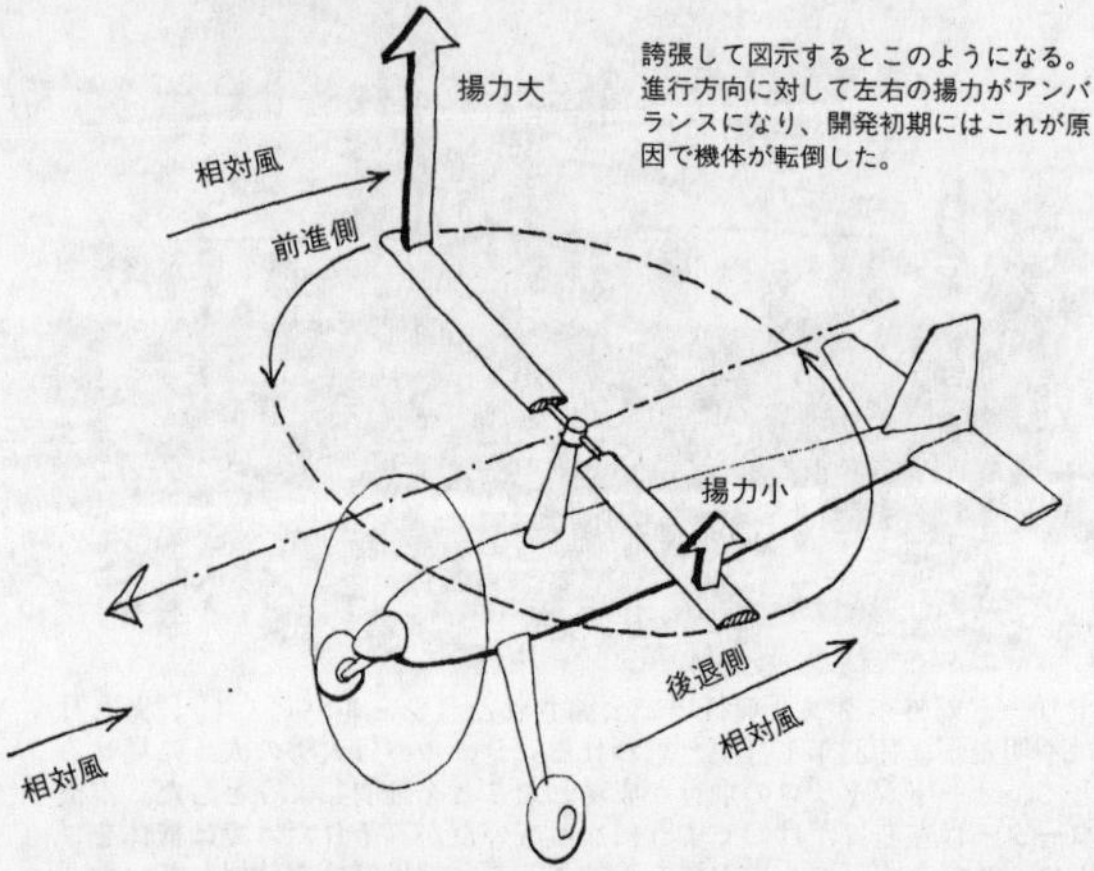

誇張して図示するとこのようになる。進行方向に対して左右の揚力がアンバランスになり、開発初期にはこれが原因で機体が転倒した。

【図 3】 フラッピングヒンジの効用

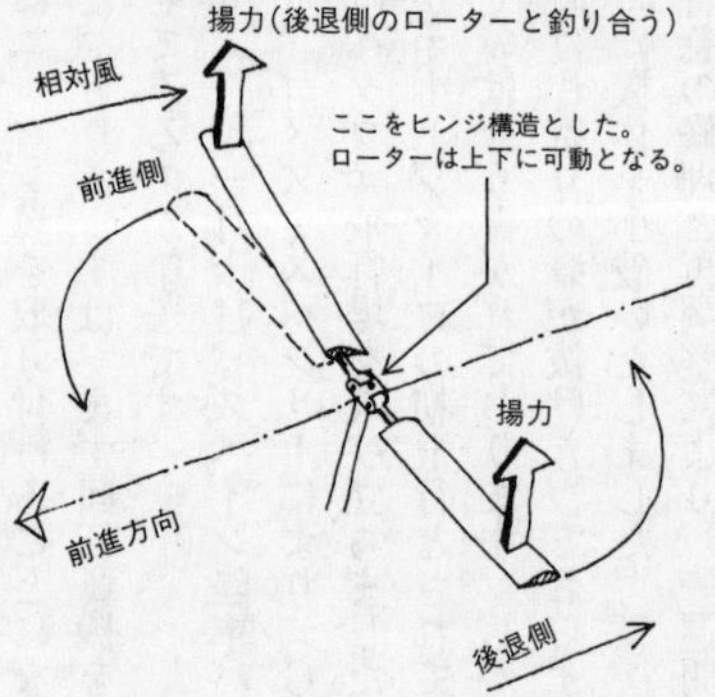

【図 4】

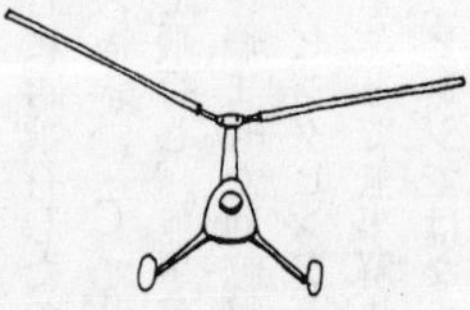

機体正面から見るとローターは非対称のオチョコ状になる。このフラッピングヒンジ機構により自動的に揚力バランスがとれるようになり、転倒事故を防止できるようになった。

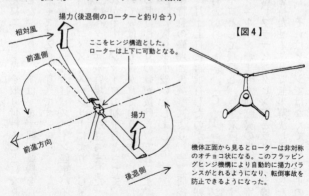

根元からハブに至るまでを鋼管パイプをR形に曲げて連結したものです。いわば鋼管の弾力性を利用したもので、耐久性を考えれば金属疲労により長時間の使用には耐えぬ構造でしたが、シェルバはそんなことは先刻承知であり、〈C・6〉に至って完全なヒンジ構造とし、オートジャイロの基本原理はここに完成いたしました。

そして、シェルバ最大の功績はここにあります。

回転翼と風の関係は、発生した揚力をどうコントロールするかに係わる問題で、変化量の大きさ、バランスの微妙さ、さらには遠心力やジャイロ効果などの多元的な要素により構成されております。

その複雑な諸要素を統合し、シンプルな構造で対処するためには、現象を理解する幅広い洞察力が必要で、その時そこにシェルバがいたという人類の航空史の奇跡を思わないわけには行きません。

今我々が、すでに解かれてしまった論理で説明されれば、なるほどそんなものかと納得してしまいますが、暴れ馬のような回転翼を冷静に見極めながら押さえ込んでいった二十七歳のシェルバを思う時、名状しがたい感動を覚えます。

ローターに予備回転を与える機構はまだありませんから、短距離離陸は出来なかったのですが、それ以外は安定した低速性能をもち、さらに操縦技術中最大の難関である着陸も、広大な滑走路を必要とせず、固定翼機にくらべてずっと短くなり、シェルバの所期の目的は達成されたのであります。

〈C・6〉の飛行性能は世界の耳目を集め、さらなる実用性を持った機体の開発をめざして、シェルバはその根拠地をイギリスに移し、シェルバ・オートジャイロ・カンパニーを設立します。彼の幸運はここでも続き、ジェイムズ・ウェイアーという後援者を得てオートジャイロの熟成に努力を注ぎ、一九二八年頃から設計を開始した〈C・19〉は改良に改良を重ね実用機として世界に知られるようになりました。

この〈C・19MK・Ⅳ〉最終型は一九三二年大倉商事を通して三機輸入され、日本の空をはじめて回転翼機が飛ぶことになりました。イギリスにおける登録記号は〈G－ABXD〉〈G－ABXE〉〈G－ABXF〉となっていて、前から二機は日本海軍が評価試験のため買い入れ、あとの一機は朝日新聞社が購入しました。

海軍がこれらを買い入れた理由はアメリカからのニュースに刺激されたのではないかとも思われます。一九三一年九月二十三日、アメリカ海軍空母ラングレイに、ピットカーン社のオートジャイロ〈PCA－2〉海軍名〈XOP－1〉が初の着艦に成功しました。それを知った日本海軍が興味を持ち、とりあえず評価の必要を感じたようです。

買い入れて飛行はしてみたものの利用価値は認められず、そのうちに一機壊してしまい、その機を部品供給用として使いながら細々と実験を続けましたが、それもいつの日か中止となって、これ以後日本海軍はまったくオートジャイロに手を伸ばしておりません。

一方、朝日新聞社が買った〈G－ABXF〉は日本登録記号が〈J－BAYA〉となり、めずらしい航空機として話題になりました。朝日としては飛行場のないような場所でも運用できそうな性能を期待して、ニュースの速報に利用しようとしたのですが、思っていたほどのことはなく、もっぱらイベントなどにおけるデモンストレーション用に使われました。朝日は一種の広告用としてその価値を認め、操縦から整備まできちんとマスターし、オートジャイロの特性を理解していたために、やがて〈カ号〉誕生の際に育ての親のような役割を果たすことになります。

〈カ号〉の中に〈C・19〉の血が流れているのは確かです。しかし〈C・19〉は機体のコントロールを固定翼機と同じように三舵に負うところが大きく、回転翼の他にエルロンをつけた固定翼も備えておりました。シェルバの次の目標は、このエルロン翼を廃してしまうことで、そのためにはローターのダイレクトコントロールという技術課題がありました。ですから〈カ号〉にとって〈C・19〉は、遠い親戚ぐらいの関係でしかありません。

さらにシェルバにはジャンプテイクオフという課題があり、彼にはヘリコプターに近いイメージが構想されていたのであります。

エルロン翼を取り払った〈C・19〉のテストベースに、ダイレクトコントロールの実験が開始されるのは一九三一年からで、その後各型を経て〈C・30〉に至りオートジャイロとして一つの到達点を極め、一九三六年にはジャンプテイクオフのデモンストレーション飛行を成功させるまでになります。

ジャンプテイクオフとは、日本語では跳躍飛行と訳されます。すなわち滑走をしないでその場から垂直に飛びあがり、そのまま前進飛行に移るという技術をいいます。

ヘリコプターの飛行とよく似ておりますが、メカニズムは全く違います。ヘリコプターはローターを軸駆動によって回転させますので、そのトルクを打ち消すために尾部ローターを必要とします。尾部ローターを持たないオートジャイロのために考えられたのがジャンプテイクオフなのです。

プロペラ動力をクラッチを介してローターを回転させるところまではヘリコプターと同じです。この時ローターの迎角は零として最も抵抗の少ない状態となっており、これを最高速度で回します。抵抗分だけのトルクは発生しますが、機体を動かすほどのものではありません。

ローターの軸駆動を切ると同時に迎角を通常のプラスに戻すと、ローターに残されている回転エネルギーと地面効果により、機体は軸トルクをまったく受けないままフワリと五〜六メートルあるいはそれ以上ジャンプするのです。あとはプロペラの前進力によりオートジャイロの飛行に移すという実に巧妙な技術なのであります。

これには自動式と手動式があり、シェルバは難しい自動式を選択いたしました。実現するには軸駆動で回っている時は零で、切れた時には迎角が与えられるというふうにローターブレードのヒンジを改良しなければなりません。

彼が作ったヒンジの試作品は記録されているだけでも一五種に及び、それに数倍する思索があったと思わなければなりません。彼を成功させたものは天性の才能だけではなく、この持続力があったればこそで、後世の者としてはこの点だけでも見習いたいものであります。

〈C・30〉はシェルバによって洗練された最後の機体となりました。

一九三六年十二月九日、ロンドン南方のクロイドン飛行場は濃い霧につつまれておりました。オランダ、アムステルダム空港へ向けて飛び立とうとしていたKLM〈DC－2〉旅客機は、離陸距離限度を示した白線を見落とし、それをかなり越えてから離陸したために高度

上は米海軍初のオートジャイロ〈ピットカーンXOP－1〉、中は朝日新聞社の〈シェルバC・19Mk・Ⅳ〉、下はイタリア重巡フューメ上の〈シェルバC・30A〉。

がとれず民家に接触し、墜落大破してしまいました。それまでの英国民間航空史上、最悪の惨事となり、その乗客に一人のスペイン人が含まれておりました。

ファン・デ・ラ・シェルバは四十一歳の生涯を閉じたのであります。航空機事故そのものは不運としか言いようがありませんが、それでも彼を幸運な天才と呼ぶ理由に事欠きません。彼はオートジャイロの発明者として航空史に名を刻んだだけでなく、回転翼の研究はヘリコプターに受け継がれ、その実用化に多大な貢献をなし遂げております。

また、彼の祖国スペイン国内では、その年の七月から大規模な軍事闘争がはじまっておりました。世に言う「スペイン市民戦争」であります。貴族としての立場上、彼が無縁でいられたはずがなく、骨肉相争う悲劇を見ずにすんだということを幸運の数に数えてよいものかどうか、時々歴史は難しい質問をするもののようであります。

アメリカ生まれの先祖たち

〈カ号〉のルーツを知るためには、一九二八年（昭和三年）頃にさかのぼる必要があります。シェルバが最初にライセンス契約を結んだのは、アメリカ人のハロルド・ピットカーンでした。

フィラデルフィアのピットカーン飛行場で、シェルバ〈C・8〉がアメリカにおける初飛行をしました。

オートジャイロが初めてアメリカに紹介された時、新聞は〈ウィンドミルプレーン〉と書きました。そこにスペイン人による発明であるというニュアンスがあるのかどうかは分かりません。ただ大部分の人が「風変わりな飛行機」と受け止めたらしく、そんなものに乗りたがる人は変わり者扱いされる風潮があったようです。

その時の雰囲気を伝えている「或る夜の出来事」という古いハリウッド映画があります。一九三四年に封切られたもので、映画史に残る佳作ですからビデオ化されており今も見ることができます。ヒロインのわがままな金持ち娘と結婚すべく、すでに式場が調えられた庭にフィアンセがオートジャイロで降りてくるシーンがあります。いかにも〝イカレポンチ〟がやって来たという感じで、オートジャイロはそれを証明するがごとき小道具として使われておりました。

今思い出しても、ゆったりとした見事な着陸シーンで、たった一カットか二カットほどですが、これが最初に見たオートジャイロの飛行だったと記憶しております。ドラマは航空機ファンの心情などはまったく無視して進行し、オートジャイロは単なる道化役として画面に少しだけ花を添えたようなものでした。つまりは、その時代の人々の評価が短い時間の中に表現されていたと言えそうです。

第一次大戦を経て、普通の固定翼機に関しては一般大衆の理解も進み、ボーイングやロッキードなどの航空会社も、続々と名乗りを上げる競合各社に混じって熾烈な開発競争に明け暮れた時代であります。

しかし、新奇なものには目のないアメリカ人もオートジャイロにはそれほどの関心を示さず、メーカーとして確立されたのはピットカーン（Pitcairn）とケレット（Kellet）の二社だけでした。何事にもシンプル指向な国民性は、理解に手間のかかる回転翼と相性が良くなかったということでしょうか。それよりもアメリカは広大な国ですから、小回りのきくオートジャイロの特性を活かす機会がなかったということかもしれません。

ピットカーン社はシェルバ社と縁が深かったせいかオーソドックスな機体製作で発展して行きます。ケレット社はやや後発で、安易な模倣を嫌うプライドの高い会社でした。いわゆる「我が道を行く」という社風を持っておりました。

ただし第一号機〈K－1X〉は、独創的というべきか、勇み足というべきか、とにかく凄い機体でした。ローターは主翼がつとまりそうな面積で、ゲッチンゲン449翼断面を採用し、二翅を一体に作り上げた他に例を見ない不思議なものです。最終テストでこのローターは毎分一五〇回転したとありますから立派なものですが、ついに地面を離れることはなく、一九三〇年十二月三日、実験は中止されました。

ケレット社は現実的側面も持ち合わせ、〈K－2〉はシェルバのライセンスを導入したオーソドックスなスタイルで、並列座席とし、ケレット社なりの洗練を加えた機体です。一九三一年四月に問題なく初飛行に成功し、会社の基礎を造りました。

〈K－3〉は〈K－2〉をさらに洗練し、改良を加えたもので、スピード性能も向上していました。全部で七機造られたうち、一機はバード提督と共に南極探検に同行し、二機は日本に渡り、残りはアメリカで広告宣伝用に使われたようです。一九三三年（昭和八年）四月、大倉商事によって日本に輸入された二機は、代々木練兵場で献納機愛国81、82号として盛大な命名式と共に陸軍に引き渡されましたが、二ヵ月後のテスト飛行中に墜落大破、以後消滅してしまうのです。

学芸技術奨励寄付金によって献納された〈ケレットK－3〉。〈愛国81号〉〈愛国82号〉と命名の上、研究機として試用された。

この時のテスト飛行は偵察機要員を養成する下志津飛行学校の研究機として実施したもので、六月二十八日、国府台練兵場において82号機が修理の施しようもないほどに壊れてしまったようです。81号機についてはその後の記録がありません。

〈K－3〉については、取り扱いが面倒で操縦も難しかったという伝聞のようなものが残されております。アメリカ国内でも初心者の横転事故は少なからずあったようです。ただ特に操縦が難しかったというようなクレームは無かったようなので、オートジャイロ特性の理解がないままに、固定翼機に慣れたパイロットが操縦した結果ではないかとも考えられるのですが、評価らしい評価が残されぬまま忘れ去られてしまい、陸軍航空関係者にあまり良い印象は与えなかったようです。〈K－3〉は〈K－4〉へと続き、ケレット社らしい特徴が確立されようとしておりました。しかし、マーケットが確立していたかというと、これはもう寂しいかぎりの状態としか言えません。

一九三五年当時、ピットカーン社とケレット社を合わせても、それまでに売れた機体は一〇〇機に満たず、おそらく八〇機前後だと思われます。もっとも、先輩のシェルバ社でさえも五〇機ぐらいですから、世界中のオートジャイロを集めても一二〇～一三〇機という状態で、大雑把に一機七〇〇〇ドル（当時）程度と計算しますと、まだ八〇～九〇万ドルしか売れていなかったことになり、いかに小さなマーケットであったかをご理解いただけると思います。

時代の風向きも良くありませんでした。一九二九年十二月にはじまった世界恐慌は治まっておらず、航空業界そのものが不景気でしたから、新顔のオートジャイロに目を向ける人はさらに少なかったのです。

このような状況の中でオートジャイログループは頑張っていたわけで、当時の広告を見ると、いかに安全であり便利であるかを訴えていて、いかに市場開拓に心を砕いていたかが分かります。

最初のうちは「エンジンが故障しても安全に着陸できます」というのがセールスポイントだったのが、エンジンの信頼性が高くなってくると「安全で簡単なスローモーションのような着陸」とか「低速でも失速しません」というふうに重点が移り、「飛行場は必要ありません」とか「街中からでも飛び立てます」など、短距離離着陸性能を前面に出し、連邦議会議事堂前の道路でデモンストレーション飛行を公開してみせて、オートジャイロの普及を訴えました。

ケレット社の〈Kシリーズ〉が全て並列座席で複式操縦装置なのは空力的不利には目をつぶって一人でも多くのパイロットを養成するという販売促進に努めた結果です。当然性能向上も競いあったのであります。

〈K－4〉の製作が始まった頃、ケレット社設計主任ディック・プレヴィットはイギリスでシェルバ〈C・30〉の飛行を目撃し、衝撃を受けました。エルロン翼を取り払いダイレクトコントロールとなった〈C・30〉は、動きがずっと敏捷になり、明らかに新世代のオートジャイロである事を示しておりました。

彼の帰国後、ケレット社は心機一転して機体の開発にとりかかります。それまでの開発経験はもちろん、思いつくかぎりの新機軸を取り入れ徹底的にリファインされた、あるべきオートジャイロの姿を世間に問うつもりでした。

一九三四年、新設計の〈KD－1〉は初飛行に成功しました。それは見違えるほどの変貌を遂げたというより、完全に別種の機体の誕生であります。

Dはダイレクトドライブの意味です。ローターを完全に前後左右に傾けられるようになったため、その装置がローターハブに集中し大型になりました。その分ローターパイロンも太くなるので駆動軸や操作ロッド等はパイロンに沿わせ、それまでの支柱を廃して一本化し、カバー整形してすっきりした造形となりました。

この点は手本とした〈C・30〉より外形が整理された感じですが、シェルバは振動問題が頭にあって、この手法をとらなかったのだろうと思います。この構造では剛性は確保出来ても弾性を排除出来ませんので、たしかに疑問です。

たぶんケレット社の設計陣は、技術力でカバーするつもりだったのであろうと想像します。ローターも新設計で、リブやカバー材となるベニヤ板はマホガニーやカバを使った特注品で、一切妥協せず完璧を期しております。ローターとハブを繋ぐラグヒンジも、シェルバ型の真似などせず独自に合理的な解決を模索し完成度の高い部品となりました。さらにローターを折りたたみ式とした事によりコンパクトにガレージ収容を可能にしております。〈KD−1〉試作機はエアメール仕様のため単座ですが、基本的には複座タンデム式なので、胴体はすらりとした伸びやかなものとなり、尾翼もすっきりとシンプルになりました。もちろんエルロン翼は廃されております。

降着装置はKシリーズの痕跡を残しながらも無駄のない構造となりました。ブレーキ機能も有し、地上における操作性も良好でありました。

この頃のものと思われるケレット社の、社員勢揃いの記念写真が残されております。タイピストとおぼしき女性を含めても、わずか二七名でありました。この人数で設計から製作までをこなしたのかと思うと驚きますが、かえって少人数ゆえのまとまりの良さがあったのでしょうか。

〈ＫＤ－１〉はトラブルもなく初飛行出来ただけでなく、見事な飛行性能を発揮し、アメリカ陸軍航空隊の認めるところとなり〈ＹＧ－１〉として採用され一機の発注を受けました。評価試験のためと思われます。

一九三七年（昭和十二年）九月、〈ＫＤ－１Ａ〉一機がロールアウトされました。これは試作機に小改良を加えたもので、外形に〈ＫＤ－１〉と異なるところはほとんどありません。この機体が日本に渡ったものだろうと思われております。（口絵参照）

最初の登録番号はＮＸ１５６８４で、後にＮＣ１５６８４と改称されました。前後の事情からＮＸは実験機であり、陸軍に納入が予定されている後続の〈ＹＧ－１Ｂ〉を補完するためにケレット社が手元においた機体であろうと考えられます。

つまり、この〈ＫＤ－１Ａ〉は七機製作され、さらにその後改修され〈ＹＧ－１Ｂ〉となり、五機はメキシコ国境警備の任務で活躍します。初号機の〈ＹＧ－１〉は納入一年後に墜落して壊してしまったために、オリジナル〈ＫＤ－１Ａ〉は一機だけとなってしまいました。

〈ＹＧ－１Ｂ〉を送りだしてお役御免となった〈ＫＤ－１Ａ〉はＮＣ１５６８４と民間機に再登録され、中古品として売りに出されます。ここから大倉商事が買いつけるまで記録はありませんが、日本に輸出するにはケレット社側に問題がありました。

シエルバ社とのライセンス契約により、アメリカ大陸内で販売するぶんには自由であっても、アジア地域に売るには市場分割されており、別契約が必要だったのです。

前回の〈K−3〉二機も今回の〈KD−1A〉の場合も大倉商事がケレット社から直接買いつけた形跡がありません。どちらの発案であったかは不明ながら機体は複数回転売されたはずです。会社間の契約も個人の所有物になってしまったものにまでは及びませんから、あとはどこへ売ろうと勝手であるということになります。〈KD−1A〉の発注者は日本陸軍技術本部で第三部第三班長大島中佐の指示によるものでした。もちろんそれは極秘事項であり、大倉商事はそんなことは知らないふりをして輸出申請事務を進めました。時期としては遅くとも一九三九年（昭和十四年）四月頃ではなかったかと想像します。

この頃の日米関係は悪くなる一方で、アメリカ側では航空機などの兵器転換されそうなものには厳しい制限を設けておりました。前年に悪癖の多い〈ロッキード14スーパーエレクトラ〉を三〇機輸出許可して以来、軽飛行機複数機がなんとか輸出された程度にまで落ち込んでおり、〈KD−1A〉はきわめて微妙な状況に置かれていたと考えるべきでしょう。

陸軍技術本部が〈KD−1A〉について、どれほどの情報を持っていたのかは判然としません。強いて挙げればアメリカ陸軍が一九三八年（昭和十三年）、オハイオ州デイトンのパターソン基地にオートジャイロ専門の飛行学校を作ったことで、アメリカも実用化の道を進みはじめたと考えられるニュースがあったことぐらいでしょうか。しかし、それも確かなことではありません。

アメリカ政府による輸出審査は簡単であったとは思われません。アメリカ陸軍が採用しはじめた機体ではありますが、航空機として評価が定まっていなかったためか、あるいは中古品であったために審査がゆるくなったという可能性はあります。ともかく時間はかかりながらも輸出許可が下りました。

もう一つ問題が持ち上がりました。中国における自国の権益に危機感を覚えたアメリカ政府は七月二十六日、「日米通商条約」の破棄（失効は昭和十五年一月二十六日）を通告してきたのです。輸入機〈ＫＤ－１Ａ〉が日本に到着したのは日付は不明ながら八月です。いうまでもなく船便で運ばれるわけですが、当時の日米間太平洋航路はたしか三週間ほどの日数を要したはずです。

失効に間があるとはいえ、審査を必要とするような品目はその日から許可されにくくなります。ましてや航空機など論外でありましょう。〈ＫＤ－１Ａ〉は通告の遅くともぎりぎり前日には太平洋上にあったことになります。

なにやらスパイ映画もどきのきわどさで脱出に成功した感があります。意外な偶然というのは何もドラマの世界の専売特許ではなく、世の中には時々こういうことが起こるから楽しいのです。

ケレット社がオートジャイロ部門を閉じるまでに製作した機体は試作機を除けば三九機ほどであります。ピットカーン社にしても七六機と大差のある生産量ではありません。では一九二四年から一九四四年までの世界全体での総生産機数はというと、概算や再改装した数字を目一杯に積み上げても四五四機にしかなりません。実際に存在した事を基準に、この後も作られた機数を加えても実数は四〇〇機をはるかに下回るものであったことは確実です。オートジャイロをくだけた表現で言えば「とっつきが悪い」というのでしょうか。正当な評価を受ける機会がないままに退場していったように思います。この頃にはヘリコプターがともかくも飛びはじめていて、航空史は新しい局面を迎えつつありました。スペインからイギリス、アメリカを経由して日本に辿りつき、やがて〈カ号〉を誕生させた細い道すじは運命の神が気まぐれに小指の先で引き寄せたとさえ言いたくなってしまいます。

ことさらにドラマチックな言い方は避けたいのですが、〈カ号〉は数奇な運命の星の下に生まれたのだと言っても違和感はありません。実際に日本でも奇跡の系譜は綴られて行き、意外な所から〈カ号〉が誕生することになるのです。

さてその日本ですが、オートジャイロ製作の気運が全く無かったわけでもなく、シェルバ〈C・4〉初飛行から四年後の昭和二年、日本航空界の先駆者奈良原三次男爵が二重反転タイプを考案し製作しようとしたことがあります。結局は資金が続かず完成には至りませんでしたが、完成したとしてもシェルバ同様の苦難の道が待っていたはずで、平木國夫氏の著作「イカロスたちの夜明け」（グリーンアロー出版社刊）を読めば、先覚者の「見果てぬ夢」の一つとでも思うより他ありません。

第2章——スタートライン

技術本部第三部第三班

〈カ号観測機〉が、日本陸軍において開発されるようになった直接の原因は、ノモンハン事件の戦訓によるものであると一般には説明されております。

日本軍砲兵隊は量的劣勢の中で戦い、加えて地形的に不利な状況を強いられて弾着観測もできず、やむなく上げた観測気球がソ連軍戦闘機により十数個立て続けに落とされて、効果的反撃ができないまま壊滅的打撃を被ってしまったということを指しています。

そのまま素直に聞いて、そのように理解しても間違いとは言えませんが、事実はもう少しちがう進行があり、ノモンハン事件と重なってしまったために生じた結果でありましょう。

こんなことが日本航空史の中で何程の意味があるのかと思いつつも、そのため急遽〈カ号〉の開発が始まり、日本陸軍が場当たり的に対応しようとしたような印象を持たれるのも関係者にお気の毒ですから、やはり書き残しておく必要を感じます。

今日の歴史的観点から見れば、この頃の日本軍の政治論的評価は高くありませんが、世界情勢が暗転しつつある中にあって組織の中のそれぞれに冷静な目があったことも知っておかなければ公平を欠くというものです。

たとえば、この時期になっても砲兵隊が観測気球を使用していたことは、いかにも思考が古かったための結果であると思われがちです。偵察や弾着観測に気球が活躍したのは第一次世界大戦（一九一四〜一九一八）の頃で日本軍も青島作戦で使用した実績があります。日本軍はこれを二十年後のノモンハン事件の時にも使い、さらにその後、昭和十七年のシンガポール攻略戦にまで活躍の場を与えております。

しかしこれは、とりあえずの敵が近代装備とは言いがたい中国軍であったことと、砲兵隊だけで運用できるという利便性のためで、自軍に制空権がある限りはそれなりに有効な観測器材だったのです。

ノモンハン事件より遡ること三年前の昭和十一年十月、日本陸軍内の組織替えにより、それまで航空本部所管であった気球の審査研究を技術本部に移管し、第三部第三班として人事異動がありました。

技術本部とは陸軍省に属し、航空機を除く兵器、資材、器材を評価審査、あるいは開発研究を統括する組織です。

通常、第三部第三班は測器班と呼ばれ、その中の気球グループが通称気球班と呼ばれたようです。この研究部門は明治四十二年（一九〇九年）に臨時軍用気球研究会として官制発布、つまり国の航空研究機関として認定告知され、日本航空史初期のバックボーンの役目を果たした伝統ある組織の末裔と言っていいのですが、この頃の航空は航空本部として独立していて、もはや気球の時代ではなく、わずかに砲兵に付属する研究部署として残されました。研究課題としては偵察気球、砲兵小気球、防空気球、水素発生装置などを実戦対応のための改良を重ねることでした。主として砲兵任務に絞ったために砲兵用小気球などはテキパキと運用できるようになり、繋留車と組み合わせて使えば敵砲に照準の時を与えず移動し、高度五〇〇メートルの視点を得ることができるようになりました。大きさも三〇〇立方メートルぐらいだったといいますから、小さくて敵からも見つかりにくく、砲兵隊としては満足すべき性能であったと思います。ただし、制空権のある戦場ならばということですが。

〈砲兵小気球〉。砲兵隊の弾着観測用に目的を絞って開発された。

しかし、世界の大勢を見れば気球の時代は終わっていて、もっと機動性の高い器材が必要なことは気球班の誰もが感じておりました。スタッフはそれぞれの立場から情報を集めたりしていたようであります。

昭和十三年七月十一日、朝鮮東北部、ソ連との国境付近で日本軍とソ連軍の武力衝突が起こりました。いわゆる張鼓峰事件です。八月十一日には停戦協定が成立しましたので、一般国民にはどのような戦いだったのかあまり知られることもなく忘れられて行きましたが、日本軍は完全な負け戦でした。

この時のようすは陸軍内部でも表立ってあまり話題にしたがらなかったようですが、秘かに眉をひそめる人々は少なくありませんでした。ソ連相手の近代戦とはどのようにあるべきか、いやでも答えを出さざるを得なかったからです。気球班がオートジャイロや軽飛行機について真剣に考えはじめたのはこの頃からです。

とは言っても、それは航空機であり航空本部の専管事項であります。砲兵隊近代化の問題として気球班が意見を言うことはできたとしても、判断は航空本部側にあり、気球班は身動きがとれません。

この時の測器班長は大島卓《たかし》中佐でした。オートジャイロについてはまず大島中佐が興味を持ち、スタッフの中にも熱心に研究する者が現われたことにより、話が少しずつ具体性をおびていきました。

オートジャイロについて当時の人々にどれほどの理解があったのか興味のあるところです。昭和七年（一九三二年）、シェルバの著作『明日の航空機・オートジャイロの原理と其の作り方』が翻訳発行されました。これは彼の自伝でもあり、オートジャイロ発展の考察、構造の解説を述べたもので、いわゆる専門書ではなく、広く一般の人々に知識を普及しようとしたものです。

ダイレクトドライブやジャンプテイクオフは研究の段階で、今日の視点から見れば発展途上の内容ではありますが、失速のない安全な低速性、STOL（短距離離着陸）性、簡易な操縦性等、実際の成果に裏打ちされた自信にあふれる紹介となっております。

これを当時の大島中佐になったつもりで目を通してみると、将来の観測器材のあるべき姿を指し示しているように読むことも出来ます。技術者である中佐は当然多くの専門書にも通じていたはずで、この本だけに影響されたわけではありません。しかし、非常に説得性のある内容となっており、大きなバックボーンとなったことは間違いないでしょう。

近代における砲兵とは、きわめて精緻な理論によりシステマティックに構成されており、地上軍にあっては歩兵部隊と双璧を成す重要な位置を占めております。その能力を世界列強国と比べて劣らないように保たしめることは、技術本部の任務であります。

砲兵の基本はアウトレンジ攻撃です。このころの重砲は一〇キロあるいは一五キロ離れた地点から発砲するようになっておりました。一〇キロというと九段坂上から大井競馬場ぐらいで、一五キロといえばJR川崎駅にそろそろ届きそうな長大な距離なのであります。

発砲してもそれが目標に命中しているのか、あるいはどのくらい外れているのか大砲位置からの確認は困難であります。観測気球により高度五〇〇メートルの視点を得たとしても正確さにおいてどの程度のものか疑問でありましょう。やはり敵陣五キロほどまで近づいて空中から観察しなければ確実な照準修正は不可能であり、そのための効果的器材と言えば航空機しかありません。

大砲照準の主役は観測兵という兵種であり、彼らは前線近くに観測所を設け、三角測量の要領で照準情報を送るというシステムが確立しておりました。しかし、気球班の目から見れば、続々と機械化されつつある外国軍に対応するにはいつまで続けられるシステムか、疑問が生じていたとしても当然のことでありましょう。

技術本部（航空本部とかその他の研究機関も含みますが）とは陸軍の組織ではありますが、一般の軍人とはちがい研究や技術をもって軍務とする、いわば技術者集団と言ったほうが分かりやすく、名のある大学の物理、工学系の科目を優秀な成績を修め入所してきた人々が多くて、言い換えれば頭脳集団として組織された官衙《かんが》（役所の事）であります。

戦後、その中から大学教授や各界の指導的役割を務めた人を数多く輩出しておりますので、砲兵における照準問題は彼らの幅広い考究の結果であり、それが杞憂《きゆう》でなかったことは後日いろいろな所で証明されてゆきます。

気球班は元々航空本部から別れた部署だったために、話が繋がりやすかったと思われ、昭和十三年の末頃には両者間で観測任務に目標を定めた機種の開発に関する会合があったと考えられます。このあたりはもはや証言をしていただく方がおられず、わずかな記録をたよりに書いております。

お互いに技術者ですからそれぞれの考えを理解するには時間がかかることはなかったでしょう。問題となったのはオートジャイロの評価については両者ともカタログデータ以外の具体的なデータをあまり持っていないことでした。

結局、技術本部がサンプル機を購入し、航空本部が評価実験を実施するということで、とりあえずの合意が成立し、前章「アメリカ生まれの先祖たち」で説明したように〈ケレットKD-1A〉が日本へ渡ることとなります。〈カ号観測機〉の開発物語は、ようやくそのスタートラインに就きつつありました。

戸田技師について

航空本部から気球関係のスタッフが技術本部へ移された時、その一員として戸田《とだ》正鉄《まさかね》技師がおりました。

オートジャイロという航空界の異端児のごときものが日本に誕生するには、秀才たちの議論だけから生まれるとは考えにくく、そこにはちょっと浮世離れした存在を差し挟んでみないとなかなか納得しにくいものがあります。〈カ号〉開発の最初の原動力となったひとは戸田技師であると証言も記録も一致しておりますので、その人となりについては少し触れておくべきでしょう。

戸田家は古い名門で、徳川家康の家臣団となったことにより、三代将軍家光治世の寛永十二年、戸田氏鉄《うじかね》の時に美濃大垣一〇万石に封ぜられました、美濃というのは治めにくい国だったようで幕末頃には財政難に苦しみ、人名とは言いながら気配りの欠かせぬ家系が続きました。明治維新により東京へ移り、伯爵として華族に列せられます。

これで美濃との縁が切れた訳ではなく、昭和の代になっても人脈が続いていたために〈カ号〉開発の難問のひとつが解決されることになるのですから、世の中というのは面白く出来ております。

戸田技師は氏鋏から数えてたぶん十一代目の近い血筋に生まれた人でしょう、伯爵家とは言っても実態はご連枝（お世継ぎ以外の男子の事）として大名家の家風の中で育ったのだと思います。大名家というのは、血脈を絶やすなどは絶対にあってはならぬことで、長子に数人の子が出来て世継ぎの不安がなくなるまで、次男、三男、あるいは血縁の近い者は長子に準ずるものとして家格に従った教育を受けます。

殿様教育の中で成人した戸田技師が、東京帝国大学第一工学部造兵科に入学したのは、もはや家系の心配がなくなったからでしょう。本人としては中途半端な立場から解放され、華族とはいうものの一般市民に交われるようになった事をなんとなく喜んでいたふうに見えます。

こういう家系からは時々不思議な人格が出現します。本人は威張りかえっている訳でもなく、威圧している訳でもないのに、周囲としては訳もなく恐れ入りかしこまりつついつの間にか言われるままに動かされてしまうというふうなことと言えましょうか。

しかも殿様教育の中には、一度会った人の名前と顔は忘れてはならないという一項があり、幼児期から厳しく躾けられております。二度目に会った時に一〇年来の知己のように遇されれば、たいていの人はその瞬間から家の子郎党にでもなったような気分になり、大いなる人脈を形成してしまうという才能を有しているのです。

さらに言えば、他者に対して公平であらねばならぬということで自分を律し、そのための心配りも躾けのうちで、その分だけ身内に厳しいというのも人格の一部であります。

筆者にも二〇数年昔、仕事の関係で徳川家一門末裔の方とお会いした経験がありました。名刺にあった徳川という苗字を意識したつもりは全くないのですが、結果として必要以上に丁寧な仕事をしてしまい、訳がわからず何度も首を捻った記憶があります。

その時、四方山話の中で、交通博物館に展示してある〈アンリ・ファルマン〉機の真贋をチラリと話題にしたところ、数日後、それを調べるための道筋をサッと付けていただいて、人の話をいい加減に聞いていないことと、その人脈の堅固さに驚かされました。

戸田技師は相当に飛行機好きな人であったようです。ついでながらお酒好きも相当なもので、そのため卒論が間に合わず東大を三ヵ月遅れて大正十年七月に卒業するなどして、陸軍航空本部に入りました。それも正式部員ではなく日給の雇員として一年間務めております。

「僕は雇員からはじめたんだよ」

と、うれしそうに言うのが自慢であったと言いますから、一般の人なら我慢しつつ耐えるところを、見るもの触るものが面白くて仕方がないというようなふうで、この後もこの風韻《ふういん》で事態に対処してゆきます。

正式部員となってから気球研究の方へ配属されてしまうのは、華族の子弟であることへの配慮でありましょう。あまり責任の大きな部署には付けにくく、伝統がありながらも不要不急となってしまった気球班なら穏当であろうという人事的判断と思われます。

本当は航空機の方に進みたいと希望しながらもニコニコと配置に従い、さらには技術本部へと移されていったのは殿様教育を受けた人の人徳であって、やがて彼が〈カ号〉の開発責任者となり、軍政上のバックアップを果たし、実現への道を開いたことを思えば、この時この人を埋み火のように一時埋めてしまった運命の妙を思わずにはいられません。

なにやらシェルバと重なるような部分が多くて書きながら戸惑っております。しかし、こんなことは恣《し》意《い》的に書けるものではありません。オートジャイロは特別な電磁波を発信しているようであり、それを受信できるのは限られた人々なのだとでも考えないと、運命論の誘惑に負けてしまいそうです。

以上の事をまず知っておいていただくと、〈カ号〉開発の経緯を少しはスムーズに進めることが出来そうです。

ノモンハン事件における砲兵隊

ノモンハン事件というのは正直に言ってよく分かりません。あちこちで短い記事が掲載される度に一応目は通してきたつもりですが、この戦いを批判する内容のものは多くても、具体的に配置も含めた戦闘の推移についてはどれも断片的にすぎて連続したイメージが結べないのです。公刊された記録でも簡単な見取り図程度の地図しかなくて距離感がまるでつかめません。

筆者には、砲兵隊がこの戦闘からの戦訓によりオートジャイロの装備を希望するようになったという定説に疑問があるのです。もしそうだとするならば、その切実さを検証するために図上で再現してみたいのですが、資料が揃わないので諦めざるを得ませんでした。

　そのかわり砲兵隊に関しては多くの著書があり、運用一般だけではなく実戦における用例から付随する器材のこともよく書き込まれていたので、七冊ほどの本の知識からわかったようなつもりになっております。この付け焼き刃的視点から、九段坂上に立ってコマツ台上の見晴らしを思い、池袋サンシャイン展望台に登って日本軍の動向を想像してみました。

　ノモンハン事件とは昭和十四年（一九三九年）五月十一日、満州帝国とモンゴル人民共和国の間に起こった国境線争いで、それぞれを後押ししていた日本とソ連（ロシア）が正面に出て武力衝突に発展したものです。

　日本は中国と戦争中であり、ソ連もドイツ軍のことが気になって本格的戦闘には踏み込めない事情があり、互いに宣戦布告をしませんでしたので〝事件〟と称しておりましたが、実質的には凄惨きわまりない近代戦争でした。

　後世の史家で、この戦闘における日本軍を評価した人は、おそらく一人もおられないのではないでしょうか。航空部隊だけは量的劣勢を撥ね返し、制空権を確保とまでは行かなくとも、ともかく伯仲させ日本陸軍の面目を保たしめたものの、くたびれてきてそろそろ後がないという際どいところで約四ヵ月目の九月十六日、停戦協定が成立しました。

　筆者はノモンハンの地に立ったことはありませんが、数葉の写真やこの上空を飛んだ人のお話から、ある程度想像することはできそうです。

　場所は現在の中国内モンゴル自治区の中にあります。経度で示せば北京、緯度で示せばハバロフスクのあたりで、地図上にそれぞれを北上、西行させれば、その交点あたりがおおよその所と言えましょうか。

このあたりをホロンバイル高原と言い、遊牧の民のためだけに作られたような土地でありこの大地に立って見渡せば四周は地平線の果てまで続く草原ばかりで、ところどころに丘とも呼べぬ土地の隆起があり、それが地形にわずかな変化をつけているのみで、表土が薄いため樹木の類いは一本も見なかったと言われており、視界を遮るものは一切なく、ほかに見えるものと言えば空ばかりでありました。

ノモンハン事件終了後間もなく、この空を飛んだ人がおります。新設された陸軍航空総監部初代総監兼航空本部長東條英機その人であります。飛行の目的は戦果の確認で、草原に散在する航空機や戦車の残骸を捜しながら飛んだそうです。

航空戦に限っては日本軍の辛勝と言えるのですが、総監はその報告書を読んで誇大に書かれてはいないかと疑問を持ったようです。これは東條総監が疑り深い性格だったというわけではなく、敵味方の区別なく損害の実態を正確に把握しておくことは戦略上重要ですから、軍人として当然の行為であります。

この時のパイロットは大久保章曹長で、当時の様子を伺うことができました。それによると、

「確かにあちこちで残骸を見ることはできましたが、すべて焼け焦げていて、空の上からでは自軍のものであるかさえ判別が付かず、視察の目的は果たせなかったのではないでしょう

か。とにかく満州は飛行機を使っても広すぎて、何百機落とした落とされたと言ってもあの広さにばら撒いてしまえば、はてさて何があったんでしょうねと言うようなものですよ」というお話でした。

ハルハ河が見えて来たところで大久保曹長は頃合いを見計らって機体を緩やかに反転させ、帰途につきました。東條総監はこの時の模様は一度も話さなかったようです。命懸けで戦った者の武勲が、仮にも疑われたとあっては、いろいろと煩わしいことになるからです。

ノモンハン事件に主人公のようなものを見立てようとすると、このハルハ河こそ相応しいと言えるでしょう。戦いはハルハ河を国境線とする満州側と、それは自国内のものであると主張するモンゴル側によって始められました。戦闘中ちょっと中弛みがあったため、歴史では第一次と第二次に分けております。砲兵隊が壊滅的損害を受けたのは、第二次ノモンハン事件に当たり、七月二十三日から二十五日の三日間においてでした。

ハルハ河を挟んで、西側にゆるやかな土地の隆起が続き、ハルハ河水面より五〇メートルほどの高さを持っていて、日本側は作戦上これをコマツ台地と命名しました。東側には支流としてホルステン河が流れ、それがハルハ河に突き当たり東岸をほぼ南北に分割しております。

ソ連軍はコマツ台地上に砲兵主陣を構え、ホルステン河南岸にも進出しておりました。日本軍はハルハ河東岸、ホルステン河北岸という位置になります。ソ連側の方が攻撃を集中出来そうな面白くない状況ですが、成り行き上こうなったもので戦場にはありがちなことです。

コマツ台地とは五〇メートルの高低差があり、この点からして日本軍は不運でした。手近な高地から背伸びをして見てもソ連軍の姿は全く見えません。反対にこちらは丸見えのうえ、遮蔽物といえば五〇センチにも満たぬ草があるだけで隠れようもないのです。五〇メートルの高低差というのも面白くない話で、いわばエネルギーロスですから、射程距離を短くされたようなものです。

映画などで大砲を並べてドカンドカン撃ちまくるシーンを見ることがありますが、ノモンハンに限っては絶対にあり得なかったと思います。敵弾が一発でも命中すれば損害は一門や二門では済みません。おそらく各砲門はバラバラに別れ五〇メートル以上離れて砲陣を作ったはずです。

着弾した砲弾は炸裂して爆風と破片を撒き散らします。弾の種類によってその威力はさまざまで、目安としては野砲の七・五センチ弾で半径二〇メートル、この戦場にあって日本軍最大の破壊力は〈八九式一五センチカノン砲〉の半径六〇メートルというものでした。ソ連軍砲弾の威力半径は分かりませんが、それほど大差あるものではなかったでしょう。直撃弾や至近弾を受ければ完全にアウトです。本来ならば深さ三メートルほどの壕を掘ってそこに大砲を納め筒先だけを地上に出し、これによって爆風や破片を避け、でき得ればカムフラージュをほどこして敵に見えにくくするのが理想であります。

しかしながらこの土地は、五〇センチも掘れば岩盤が露出してしまうという薄い地層しか持たず、せいぜい掻きあげた土を周囲に積み上げる、あるいは土嚢を作ってそれに重ね、破片から身を守りつつ砲撃する態勢を作らなければなりません。

日本軍は各砲の射程能力によって布陣され、常識的に考えてその位置は、たとえば九段坂上を基点とすると錦糸町から江戸川大橋ぐらいの間だったと考えられます。これは七キロから一五キロぐらいというのを分かりやすい手近な地名で言ってみたもので、誤差を含みます。

この距離でソ連軍は日本軍が見えたであろうかと疑問をお持ちかもしれませんので、もう少し具体的な例を示します。池袋サンシャインビルから距離にして八キロ強の東京タワーを見てください。晴れている日に二五倍程度の双眼鏡を使えば、目のよい人ならアンテナの先まで見えるはずです。

一五キロというのは様子を見分けるのは難しくとも、コマツ台地から着弾を確認するにはまだまだ余裕があります。ただ命中率がものすごく低くなってしまい、筒先がちょっと震えても二〇〇メートルはすぐ狂ってしまうぐらいの距離だそうです。

七月二十三日、日ソ両軍の砲撃戦は早朝から始まりました。

日本軍の大砲は七・五センチ、一〇センチ、一五センチの三種類で、他にカノン砲、榴弾砲の別があり総計九四門です。対するソ連軍の詳細は不明ながら優に二倍以上の砲門を揃え、準備万端の態勢であります。

これでは最初から勝敗が見えているではないかと白旗を掲げるようでは、世界の何処の国へ行っても軍人として尊敬されません。大砲の戦理とは、いかに短時間に、正確で大量の砲弾を敵陣へお届けするかということです。早い話が相手の二倍の速度でそれが実行できれば、二倍の敵とでも取りあえず対等という理屈になります。

なにしろヤマトダマシイの国ですから、兵はビシビシと鍛えられ、錬度において勝っていたことはたしかです。もちろん、二倍速の射撃操作など無茶苦茶な話ですが、目には見えない錬度というものも兵力の一部であり、それによって勝機をつかもうとしたこと自体は間違いではありません。ただ、ヤマトダマシイを以てしても不可能な限度はあるはずで、それを見極める立場の人の責任はまぬがれません。

ソ連軍は猛然と撃ってきたようです。地の利を得ているため弾着は最初から正確であったと思われます。それこそ雨あられのように砲弾が降り注ぎ大地は鳴動し、天に届くほどの炸裂音に包まれたのであります。

日本軍はソ連軍と付き合ってボンボンお返しするという訳にはいかない事情がありました。砲の種類によって一日の弾数が一門につき三〇発とか一〇〇発とか一応の制限があり、これを一基数と言いますが、全砲門弾数はどのように案配したものかピッタリの七〇〇〇発が一日分となっております。準備として五基数分三万五〇〇〇発を携行して来ておりますので五日以内に決着をつける目論見だったのです。

とりあえずコマツ台地に向けて撃ってはみるものの手応えがさっぱり把めず、敵が視認できない以上地上の観測兵に出番はなくて、気球に観測将校を乗せて弾着観測をする以外全く方法がなくなってしまいました。

こういう時のためにこの作戦では気球第三中隊が付属しております。使用したのは前にご紹介した、気球班開発による一人乗りの砲兵小気球でありました。気球ではフワフワとしていて空の一点に止まることができず測量はできませんが、弾着を観測しつつ電話による修正を指示することができ、いわば空の司令塔とでもいうべき役割を負っております。

カタログデータ通り五〇〇メートル上空に浮かんだとして、ソ連軍とどれほどの距離をもって実施したのでしょう。これは縮尺して考えれば答えが出せそうです。たとえば一万分の一のスケールとすれば五〇〇メートルは五センチとなりコマツ台地とは四・五センチ、つまり四五〇メートルの高度差が生じます。

問題は距離です。仮に敵陣までを一〇キロとすると縮尺では一メートルとなりますので、机の上などでシミュレーションしてみると観測のためどれほどの視界が得られるものか疑問が湧きませんか。

夏とは言ってもホロンバイル高原の空気は澄んでいて数十キロの視界があったということですから、双眼鏡を使えばかなりの物が明確に見えますが、距離感をつかむには限界を越えているような気がします。

日頃品行方正であるためか、陸上自衛隊木更津駐屯地の輸送ヘリ〈CH－47J〉チヌークに乗せていただいた日は稀にみる快晴で、二〇分ほど東京湾上を飛びました。

「高度五〇〇メートル」というアナウンスが流れた時に、しっかりと周囲の風景を目に焼き付けておき、後日地図上で検討した結果、とても無理であろうと結論をつけざるを得ませんでした。

しかしこの距離を五キロ、すなわち机上で目標より五〇センチにつめてみると、かなりの距離感が得られるようになります。当時の軍隊として第三気球中隊がビクビクと及び腰で行動していたとは考えられませんので、五キロとは言わぬまでも観測有効点まで接近して行動したように思います。

当然、コマツ台地上のソ連軍からは丸見えです。まさかソ連砲兵隊も直接気球を撃ち落とそうとは考えなかったはずで、五キロも離れていると信管調整をしたとしても砲弾の威力半径に目標を捕らえるような超精密射撃は不可能であり、普段そういう訓練はしておりません。

攻撃すべきは気球の繋留点で、日本軍もそんなことは百も承知ですから、敵が照準修正をしている間に繋留車を移動させてしまえばいいのです。もちろん命懸けの任務ですが生存率はぐんと高くなり、味方の窮状を救うのはこれしかありません。

大砲の欠点の一つは照準に時間がかかることで、手の内を読まれている相手では手を焼きます。ソ連砲兵隊は航空部隊の出動を要請しました。

ここで登場するのが〈ポリカルポフ・イ－16〉です。ソ連軍航空部隊は日本軍の約一〇倍という優勢にありながら、空中戦闘では日本軍の〈九七式戦闘機〉にバタバタと撃墜され、一〇対一という情けないスコアで苦戦を強いられておりました。〈イ－16〉は最高速度四九〇キロ／時の当時としては目を剥くスピードを持っておりましたので、逃げ足だけは早く、被害を最小限度に止めていた、それなりの優秀機であります。

第一次世界大戦の頃、ヨーロッパ戦線では偵察気球が大活躍し、航空機によりこれを撃ち落とすことを「ドラッケン撃ち」と称しておりました。気球は常に高射砲陣に守られていて、戦闘機といっても当時は最高速度が二〇〇キロ／時ぐらいの頃ですから、反対に撃墜されてしまうことも度々で一個落とせば一機撃墜と同じと見做され、五個以上炎上させてエースになった者も現われました。

この伝統がありますから、〈イ－16〉のパイロットにとってまさか父親世代の自慢話の種とホロンバイル高原で出喰わすとは思いもよらなかったでしょうが、エースになれるチャンスとばかり張り切って進撃したと思われます。

最も確実な方法はプロペラもひっかけんばかりの低空からズームアップして接近射撃することで、四梃の機銃から吐き出された弾丸は訳もなく砲兵気球に火をつけました。気球の欠点が露呈した瞬間です。

超低空で丘陵に隠れながら接近してくるので日本軍は気付くのが遅く、何の対応もできぬままに撃墜されてしまいました。ここで引き下がるわけにはいきませんから、すぐに代わりの気球をあげなければなりません。するとまたアブのような機体が、一機だったり二機だったりして攻撃してくるのです。

砲兵隊は劣勢とはいいながら戦場にあっては効果的反撃をする以外に生存の道はなく、そのためには砲兵全体の目として気球を上げないわけにはいかないのです。

気球第三中隊にどれほどの予備があったのかはわかりません。一〇数個と書いている資料もありますが、それよりも観測将校がそんなにいたのだろうかと気になります。直接照準かマグレかは不明ですが、落下傘降下をする間もなく小林大尉搭乗気球を砲弾が貫通し戦死する事などもありました。

砲兵隊はひたすらに頑張りました。一日で基数の二倍以上一万五〇〇〇発を撃ち、翌二十四日もほぼ同数を消耗し、二日間で三万発を使い果たしてしまうという奮戦ぶりで、砲身は焼け、水で冷やそうにも水の乏しい土地なのでそれも出来ず、ために故障続出という状況の中で戦ったのです。敵の損害はと言えば相も変わらぬ砲弾の雨を降らせてきておりますので、苦労して撃ち続けた三万発が効果的であったとはとても思えません。

砲戦三日目の二十五日となり、残り少ない弾丸を倹約しつつ応戦しましたが、日の暮れる頃にはそれまでの人的損害も掌握しきれぬほど混乱しており、大砲は破壊され、あるいは押し寄せたソ連軍に捕獲されるという、砲兵隊にとってあってはならぬ事態が続いて、建軍以来と言われる大敗北を喫したのでありました。

この時、日本航空隊はどうしていたのでしょう。

防衛庁航空幕僚監部発行の「陸軍航空概史」によると、二十四日に偵察機、軽爆撃機が出動した記録があります。軽爆は二〇数機ほどの規模で、目標は砲兵群、敵に与えた損害は効果大と記しておりますが、これがどの戦場だったのか特定できません。三日間におけるその他の航空戦はすべて迎撃戦で、直接地上軍支援の機会は薄かったような印象が残り、これが砲兵部隊に航空部隊不信の念を抱かせたような気がしてなりません。

航空部隊にしてみれば戦場に到達する前に敵を叩くことこそ味方への貢献でしょうし、ともかくも敵が多すぎて休むまもなく戦っているのは同じはずなのですが、どこで買ってしまうか分からないのが恨みというもので、砲兵隊が空からの目を独自に持ちたいと思うようになる遠因の一つだろうと考えます。

ここまではノモンハン事件における砲兵隊に焦点を絞って書いてきました。乏しい資料で、与えられた条件の中で想定してみると、およそこのようなものではなかったかと思われます。

地形についてやや詳しく説明をしたのは、人の営みなど塵《ちり》同然としかみなさないホロンバイル高原の広さと、その広さの中で一時に発した熱気を対比していただくためでした。

砲兵隊の戦いをあれこれと想像してみるのですが、この風景の中にオートジャイロという図形がどう描き込めばよいかに悩んでしまうのです。

ノモンハン事件の傷跡

気球班はホロンバイル高原における砲兵隊の戦闘を、緊張を持って見守っておりました。七月二十三日から二十五日までの詳報を基に分析を進めれば、照準諸元を失った砲兵隊がいかに惨めなものであるか、改めて思い知らされたのであります。

砲兵小気球がどのように工夫を積み重ねても、装備の近代化された軍隊、特に戦闘機に対しては無力であり、そのために高度なシステムを有する砲兵の多数を失い、日本軍にとっては高価に過ぎる装備の数々もむしり取られ、もはや戦力の形をなしておりません。

関東軍参謀部は砲兵部隊の再編を企画し、満州や中国に配備されている部隊の移動計画が進みつつありました。しかし、現在の装備のままでは前者の轍を追うばかりで勝機の糸口さえ見えない状況なのです。

作戦そのものも、冷静に見れば航空部隊との連携がどれほどとれていたものか疑わしく、準備の時間が少なかったとはいえ、協調の度合いが低く、この間総合戦略としての効果を見ることはできません。八月に入って後半頃には爆撃機による地上攻撃が本格的になり、ソ連軍に少なからぬ出血を強制しておりますが、砲兵隊はこの成り行きをどう見ていたでしょうか。

第三部第三班としては、その存在意義を問われる事態であります。もはや気球という枠にこだわることなく積極的に打開の道を見つけなければならないと考えたとしても、当然のことでありましょう。

砲兵隊で比較的健全だったのは九〇式七・五センチ機動野砲で、車輌牽引の身軽さを活かし迅速に拠点を移しつつ前線近くまで進出して健闘いたしました。これからのあるべき観測器材の姿として、それがオートジャイロであるのか軽飛行機のごときものなのかは別としても、機動性に論点が絞られて行ったのであります。

オートジャイロ評価用の〈ケレットKD－1A〉輸入の目処が確実になったので、大倉商事の担当者であった原氏は第三班長大島中佐にその旨を連絡いたしました。大島中佐は直接の担当者として山中茂大尉、また補佐として広瀬晃曹長にオートジャイロ研究を命じたのであります。

山中大尉はこの時二十八歳、京都帝大物理科を卒業し砲兵隊教育を受けた技術士官であり、広瀬曹長は気球連隊からの転属で研究事務や経理の担当となりました。山中氏は埼玉県北本市にお住まいで、当時はまだお元気でした。〈カ号〉の開発時を詳しくご紹介できるのは、この方に負うところがほとんどです。

八月のある日、〈ケレット〉は横浜港に荷揚げされ、そのまま立川飛行機（株）の倉庫に運び込まれました。立川飛行機の人員によって整備されたところに山中大尉は到着し、航空技術研究所管理に移す立会いを務めております。

この時大倉商事から、取扱説明書の他に操縦説明のフィルムが渡されております。たぶん三五ミリフィルムと思われ、それはおそらく多人数への配付を想定して印画紙で焼き増しする利便のための処置だったようですが、山中大尉にしてみればこれは当然操縦者用の物と思い、技研側にそのまま渡してしまいました。もちろん日本語訳などされていない英文そのままのものです。

主任パイロットは秋田熊雄少佐という四十一歳の超ベテランです。この方が初めて操縦桿を握ったのは大正十年頃ではないかと推定され、日本軍用機はまだ輸入がほとんどでライセンス生産がチラホラという時期に当たりますので、日本航空史そのものと言ってもいい人です。他には准尉一名が付いて評価飛行をするとのことでした。

九月十六日、外交交渉の末ノモンハン事件停戦協定が成立し、ホロンバイル高原の砲声は止み、静寂を取り戻すこととなります。

ようやく損害を正確に数えあげた陸軍上層部は顔色を失いました。最前線で戦った第二十三師団は参加兵力一万五一四〇人中一万一九五八人を失い、喪失率は七九パーセントという、軍事的に判断すればまさに全滅と言ってもいい損耗であります。

ノモンハン事件の実情はかたく秘密とされ、国民に知らされる事はありませんでした。弁解無用の敗戦であり、陸軍としては恥を晒したくないということです。技術本部一般部員も公式の情報は与えられず、帰還部隊からのひそひそ話で実情の一端を知るばかりでした。ただし航空部隊の活躍は広く報道され、エースとなったパイロットは国民的英雄として賞賛されました。

砲兵隊にあっても参加兵力およそ三〇〇〇人のうち、その半数を失いました。しかもソ連軍が相手というので、出動させたのは馬など使用しない自動車牽引による最新鋭部隊だったのですから負けるなどと思っておらず、その衝撃はなおさら大きかったのです。

いろいろ参考文献を読み合わせてみると、日本軍は人的にも物量においても四倍とか五倍以上の敵と戦い、ソ連軍の受けた傷も浅いものではなかったようです。個々の日本兵はそれぞれの困難な状況の中でよく戦いました。この奮闘ぶりはそれまでの世界戦史の中でもあまり類を見ません。

しかし、その奮闘にもかかわらず勝利できなかったということは深刻な問題を内包しており、砲兵隊にあってはそれを克服するための反省を生じ、その一つとして観測器材の近代化の声が強くならざるを得ないということになるのであります。

　軍隊というものは、洋の東西を問わず時間や手間のかかることを嫌います。特に実戦場を担当している場合は、目的実行の機能を各自の体制内に保有しておきたいという本能とも言える欲求が常に存在します。

　航空部隊には砲兵任務というものが課せられており、砲兵隊が航空機を利用することは可能でした。しかしこれは、その都度司令部に出動を要請しなければなりません。

　司令部は戦場全体の見地から判断し、必要を認めれば航空部隊に発進を命令するという手順を踏むのですが、これだけでも結構時間がかかるうえに、必ず来てくれる保証はありませんし、その時航空部隊が適当な場所に配置されているとはかぎりません。

　ましてや敵弾が身近に降り注ぐ中に立たされた砲兵隊にとっては一分一秒を争う事態ですから、いちいち司令部に要請するということさえもどかしく、どこから飛んでくるかわからない敵弾を特定し、即時対応できる器材が欲しいと思うのはもっともなことであります。ノモンハン事件で砲兵隊は航空隊の協力というものを一度も実感する事はなかったようです。

　前にも述べましたが、旧式と知りつつも観測気球を使いつづけたのは、それで万全と考えていた訳ではなく、砲兵隊が身内だけで直接運用できるという現実的な理由でした。

　したがって新しい観測器材を開発するならば、それは気球と同等の運用条件でなければならず、単純に航空機のようなもので良いというようなものではなかったのです。すなわち操縦は直接命令出来る砲兵隊員である必要があり、そのため機体は彼らでも乗りこなせる簡易さが求められました。

陸軍には〈九四式偵察機〉という複葉ながら地上支援には使い勝手の良さそうな機体が実戦配備されておりましたが、着陸速度が一三〇キロ／時以上なので正規の操縦教育を受けた者でなければとても使いこなせそうにありません。

ということは教育を担当している航空総監部とかを経由して、しかるべきパイロット養成の道を捜さなければなりませんし、もともと砲兵と航空兵とは選抜基準が違うのですから、兵科を横断させるとすれば組織的にやっかいで、それが出来たとしても砲兵隊は航空本部の風下に立たされることになります。

つまり、現存の機体を使おうとすれば正規の教育を受けた操縦員でなければ運用出来ないということであり、その教育一つとっても航空関連部署の世話にならなければならず、自己兵科内で完結させたいという目的からは遠くなってしまいます。

また、観測任務を機能的に分解して考えれば、数百メートルの飛行場を必要とする器材というのは現実的ではありません。砲兵隊は歩兵部隊と連動して作戦行動する事がほとんどで、アウトレンジ戦法を基本としているため最前線に進出するなどはあまりありませんが、遮蔽効果の高い地形を優先して陣地構築いたしますので、一般固定翼機を直接運用するというのは相性が良いとは言えません。

せいぜい譲歩しても、後方段列（砲兵部隊の補給部隊。任務の性質上あまり危険な場所には位置しない）と共に移動できる身軽さと、一〇〇メートル未満の平地から離発着が可能な機材という事でありましょう。

次には、地上部隊と共同で行動するにはかなりの低速性能が求められ、そのために特別な名人芸を必要とせず、操縦者の確保が容易なものでなくてはなりません。低速性はまたブレのない鮮明な観測写真を得るためにも欠かせない一項でもあったと考えられます。

それと第一線軍用機であるためには複雑な要素を持ったものであってはならず、取り扱いに苦労する軟弱なものや、いろいろと使用を制限する条件の多いものでは役に立ちません。これを一般には「武人の蛮用に耐える」と言い習わし、地上部隊にとっては切実な要件でした。

以上を要約すると、
(1)　今まではないＳＴＯＬ性（短距離離着陸性能）を持っていること。
(2)　器材として大きくないこと。
(3)　操縦の難しくない低速性能を有すること。
(4)　構成要素がシンプルであること。
(5)　頑丈であること。
当時の砲兵隊側の基本要求をまとめれば、ざっと以上のようなものであったろうと考えられます。航空機性能としての最高スピードとか航続距離等は基本要件を実現した上での条項ですから、この時点での議論はあまり意味を持ちません。

要求をどのような方法でどこまで実現できるかというのは、それぞれに相反する問題があり、難しいことであります。従来の固定翼機から発展させるか、新機軸としてオートジャイロのようなものを考えるべきなのか、どちらから考えても要求条件を全て満たそうというのは難問中の難問であったろうと思われます。

新しい観測機材のあるべき姿は上級佐官クラスの人々によって討議されたようです。証言をいただいた方々は当時尉官級であったため、討議に加わることも命令の意味を問うこともなく従い行動したということもあり、不確実なお話はなさいませんでした。したがって当時の砲兵隊の意向を示す直接の記録は今のところ見つかっておりませんので詳しくは書けませんが、この後の進行はそのような議論があったのだと仮定して見てゆくと、ほぼ矛盾なく理解することが出来ます。

歴史的に見れば爆撃機の出現により砲兵隊の役割は相対的に低下してゆきます。しかし、昭和十四年頃は日本陸軍地上兵力の精華としてその地位を疑う者は少数でしたので、観測能力の向上という問題は急を要する課題でありました。

ただ、ホロンバイル高原で地獄の戦場を見た将兵にとっては、近代戦における砲兵隊の積極的役割を見出せたかどうか、すこぶる疑問に思われるのです。後になって砲兵隊の意向に沿うべく〈カ号観測機〉と〈三式指揮連絡機〉が登場しても、彼らがあまり喜んだような形跡は見当たりません。

昭和二十年、フィリピン戦線で戦った砲兵隊の話を何冊かの著作で読みました。

アメリカ軍は〈スチンソンL－5〉観測偵察機を使いこなし、的確な射弾を送り込んで日本軍を苦しめました。

不思議なことにどの文章にも、あのような器材が必要であるとか、欲しいなどとは一行も出て来ません。すでに日本陸軍において総合作戦が不可能な状態となっていたことは分かりますが、砲兵隊には別種のリアリズムが育っていた印象が残り、もしかしてこれはノモンハン事件の後遺症だったのではないかと思ったりします。

傷は深かったのです。

評価試験の酷評

立川飛行機で整備された〈ケレットKD－1A〉はエンジンを東京ガス電気工業株式会社のメカニックによって運転・確認され、飛行を待つばかりになりました。

しかし、航空技術研究所（航技研と略します）の審査部門はこのころ多忙を極めておりました。不正確な表現であることを承知しつつ言えば、太平洋戦争の準備期間の始まりとも結果的には見ることができます。

アメリカ、イギリスは仮想敵国から、より敵国に近い存在と認識されるようになり、両国による経済的圧迫は日本を確実に締め上げていて、いずれは戦争に発展しそうな予感がジワジワと醸成されつつありました。

そのような世界情勢の中にあって航技研の役割は単に軍用機の評価審査だけではなく、新技術や運用の研究から医学的対応まで実に幅広い分野を担当しており、航空行政の基本を支えておりました。したがってパイロットの仕事も分野が広く、常に手不足で他部署のパイロットを借りなければならぬほどの状況にありました。

秋田少佐は双発複座戦闘機の開発審査を続けてこられた方のように思われます。この時は海のものとも山のものともつかぬ〈キ－45〉の審査を担当していて、相当のご苦労があったようです。

しかも審査を担当した航技研第五科は昭和十四年十二月を以て飛行実験部として独立、福生に移動することが決定しており、組織的にもゴタゴタしている時期に持ち込まれた〈ケレットKD－1A〉は不運としか言いようがありません。

秋田少佐がオートジャイロという毛色の違う機体評価の兼任担当となったのは学問的な経歴を持っていたためと考えられますが、詳しくはわかりません。優先順位はあくまでも〈キ－45〉でしたので〈ケレット〉にふり向けられる時間が少ないのはやむを得ないことでありました。

〈ケレット〉の日本における初飛行は、おそらく昭和十四年十二月ではないかと推定されます。取り扱い説明書やフィルムの操縦解説を読みオートジャイロの概要を理解し、さらにエンジン動力でローターに予備回転を与える操作を確認したりする時間を考えれば四ヵ月ほどかかったとしても当時の状況としては仕方のないことだったのでしょう。

山中大尉は立川飛行場においてこの初飛行に立ち会っておりました。彼にはおよそ六〇年後に思い出として記録した次のような文章があります。

「最初に飛行してくれた時の操縦の仕方をみたが、固定翼飛行機と同じ操縦の仕方であった。先ず尾輪を上げて滑走してから水平に離陸していった。操縦した人も操縦桿を押さえたまま離陸したと言っていた。操縦法については、仲買をしてくれた商社から、操縦法を教えるフィルムが一巻届いていて、それを見て研究していた筈なのだが、とてもその通りには出来ないらしい……」

〈カ号〉の操縦士であった菊谷之光氏に伺いましたところ、オートジャイロは滑走を始めた瞬間から操縦桿をいっぱいに引いて離陸するのだそうです。三点姿勢のまま離陸して三点姿勢で着陸するのが基本とのことです。

ただし、これはローターの予備回転機構を持った機体の場合に限られます。〈ケレットKD－1A〉は予備回転によりあまり滑走なとしないように設計されていて、カタログデータによれば時速二八キロ／時ぐらいという低速度で離陸してしまい、しかもこのスピードで失速しないのです。ただし低速度であるために舵が利きにくく、早く増速して安全高度をとる必要があります。

滑走して尾翼が持ち上がるスピードは五〇キロ／時前後ではないかと思われますが、巡航速度が一二〇キロ／時の機体ですから操舵にはまだまだ不安定で、車輪が地面の震動を拾ったりして安定面ではロクなことがありません。

テストパイロットの仕事として不安定領域を確かめるのも大事ですから、それを意識的に実験していたのだというなら、それもあり得ない話でもないのです。しかし、その後数回の飛行に立ちあった時も同じ離陸法であったようです。

固定翼機にあっては三点姿勢のまま離陸するなどは絶対にあってはならないことで、間違いなく大事故を引き起こしてしまうでしょう。離陸時は操縦桿を少し前に倒して尾翼を持ち上げ、出来るだけ抵抗の少ない姿勢を保ち、ひたすら機体が増速するのを待ち、少しずつ高度をとって行くというのが固定翼機における基本中の基本であります。

ベテランであればあるほど、この技術は骨身に染みており、もはや本能と言ってもいい習性ですから、陸上競技における一〇〇メートル走より遅いスピードで操縦桿を引くなど、頭ではわかっていても体が言うことをきかない状態だったのでしょうか。

上空へ上がってからは何の問題もなく飛行することが出来たようであります。菊谷操縦士によれば機体にオカシナ癖があるとか操縦反応に遅れがあるなどのこともなく、特に戸惑うような要素はなかったと言っておられますので、その点では何も話は残っておりません。

ただ、秋田少佐は敵弾の中をかいくぐってきた歴戦のパイロットですから、たとえ観測機としての審査であっても当然運動性は問題にしたはずで、戦場を想定した回避運動や急激な操作の反応については不満があったのではないかと考えられますが、確かなことではありません。

【図５】　オートジャイロの操縦概念

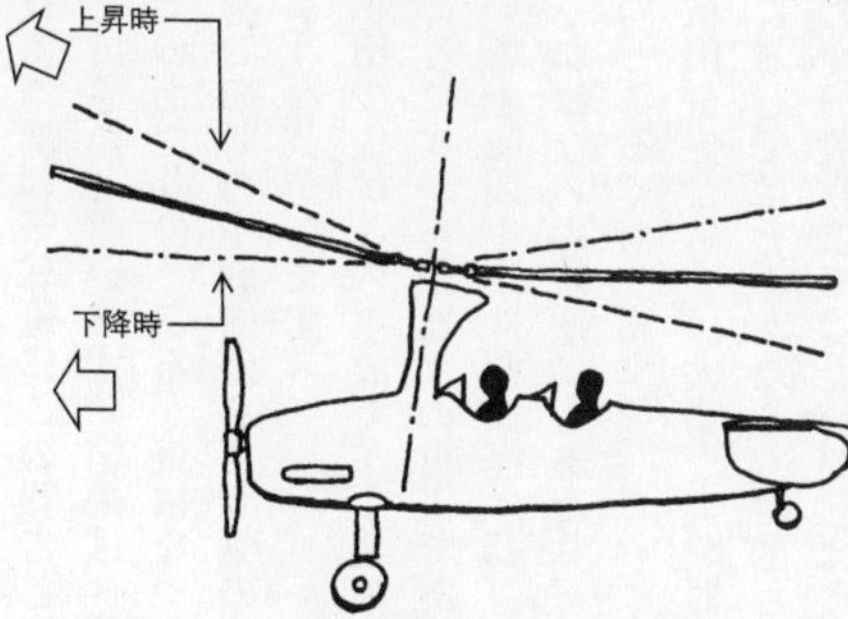

側面から見る

オートジャイロは前進しつつローターを前後左右に傾けることで操縦する。ヘリコプターと違って後方や真横に進むことはできない。ただし、前進速度と向かい風の速度が一致したホバリング時には、前進方向に対してヘリコプターと似たような機動が可能である。

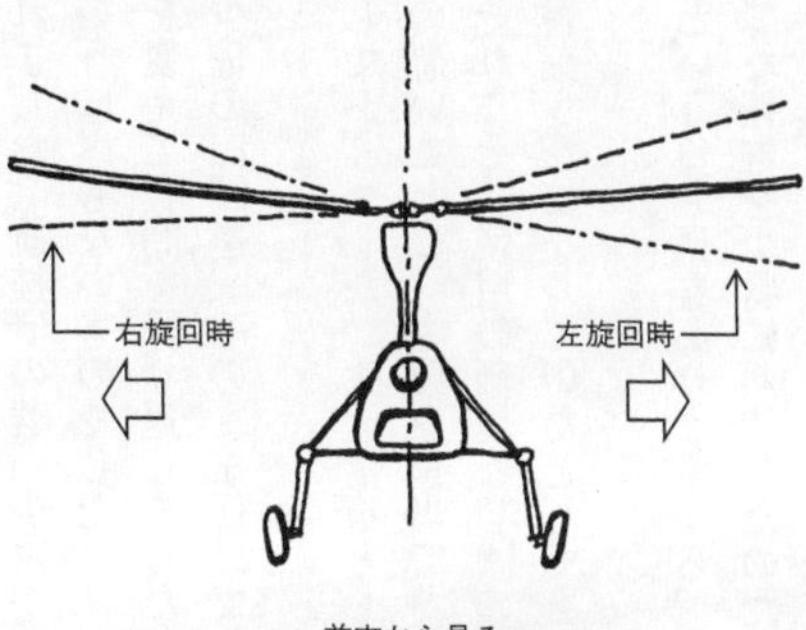

前方から見る

分かりやすくローター左右の傾斜量を同じように描いたが、実際には等しくない。

年が明けて昭和十五年二月のある日、通算で五回目の飛行実験中〈ケレット〉は着陸に失敗、横転大破してしまいました。ローターは完全に破壊し、脚部の片側と金属製プロペラも曲がってしまったといいます。これから類推すると尾翼片側も全損状態と考えられますが、ローターマストは頑丈だったためか無事で、ローターハブのカバーが少しへこんだ程度で、エンジンは無傷でありました。

技術本部の気球班にこの報告と機体評価がもたらされました。航技研の若い少尉が口頭で伝えてきたと言います。結果は「使用の価値なし」というにべもないものでした。

このあたりのところが気になって、山中氏には角度を変えて質問を繰り返しましたが、どうもこの時の少尉殿があまり気の利く人でなく、秋田少佐の口調を、そのまま伝えてしまったような気がします。

秋田少佐はこの事故で左手親指付け根あたりを負傷しておりました。生涯傷痕として残ったそうですからかなりの重傷であります。さらに具合の悪いことに、主要な担当であり一年近い審査時間をかけた〈キ－45〉がトラブル続きで、それこそ「使用の価値なし」の結論を出さねばならぬ時期にもあたり、つい語気が荒くなり言葉少なになっていたとしても無理からぬところであります。

秋田少佐としては大切な実験器材を壊してしまったという負い目もありますから、技術本部に対してはそのあたりも斟酌して失礼にならない冷静な報告を少尉に期待したのだと考えるのが一般常識ではないでしょうか。

しかし、この少尉殿は秋田少佐の言葉をそのまま語り、言うだけのことを言うとさっさと席を立って帰って行きました。技術士官たちは温和な紳士が多いのですが、これには山中大尉も「カチン」ときたようです。ただちにそれは大島班長に報告され、同様に「カチン」ときたようで、顔を真っ赤にして黙り込んでしまいました。

もともと管轄外のオートジャイロをわざわざ購入してまで航技研に評価試験を頼み込んだのは、観測器材の近代化という緊急を要する課題があったためであります。通常の年度計画や予算通過などの手順を踏めばいつごろ実現するかわからないという事情を見越して、少しでも早く改善しなければならぬ危機感から時間がかかるのも我慢し、辞を低くしてお願いをしてきたことでした。それがロクな説明もなく「使用の価値なし」の一言で括られたのではりつべき瀬がありません。この「カチン」は技術本部長にまで伝わり、次の展開の伏線となりました。

なんだか前にも似たような話がありましたね。でもこの話は筆者が適当に作って書いているのではありません。証言を得て、ただありのままに正確であろうとして筆を進めております。この少尉殿がおられたからこそ〈カ号〉誕生の運命の糸が紡ぎだされてゆくのです。真実の姿とは実に不思議なものであります。

この項を書くにあたり、公平を期すべく秋田熊雄氏にお手紙を差し上げました。一方的に書くべきではないし、当時の立場からのお考えを伺いたいと思ったからです。残念なことに氏はお亡くなりになっていてご本人の証言は得られませんでしたが、ご子息からお葉書をいただき傷痕のことはそれで知りました。

オートジャイロは何故壊れたか

あくまでも一般論ですが、オートジャイロの操縦は難しくないものとされております。なにしろ離着陸速度がゆったりとしていて、現在の五〇ccバイクを乗り回せる人なら操縦可能といっても、そう無茶な話ではないのです。

〈ケレットKD－1A〉に限って説明しますと離陸距離は三〇メートルから六〇メートルとされ、向かい風五メートルぐらいならほとんど滑走せずに飛び上がれたと言います。着陸距離が〇メートルから一〇メートルとなっているのは技量の差であり、その辺りは簡単に数値化できません。

最低速度は一七マイル／時（約二七・三六キロ／時）で、その低速度で水平飛行ができ、秒速七・六メートルの向かい風があれば風に向かって空中停止、つまりホバリングが可能です。そしてもっとも大切な点はこの低速度で失速しないという事で、固定翼機ならばとうに失速してしまうのに比べれば問題にならないほどの安定性を確保しております。

最高速度は一二八マイル／時（約二〇六キロ／時）とありますが、これはローターの強度限界に近く、実用上は一一〇マイル／時（約一七七キロ／時）ぐらいだったようです。

総体として見れば他に類を見ない優れた低速性能を特徴としており、これが操縦が難しくないという評価を得た大きな理由です。

主に自家用機だと思いますが、外国では自分で操縦をマスターしてしまった例が少なからずあって、大島中佐は集めていた情報の中でその点にも注目していたように考えられます。

また、すでに主要各国陸軍にはオートジャイロを弾着観測に利用する研究もあり、その低速性が精密観測に適しているとされ、それらの声も伝わってきておりました。大島中佐にとって、これは無視できない情報であったはずで、外国に後れを取ってはならぬという使命感もありました。

航技研は目前の仕事に手一杯で、とてもオートジャイロ観測機の実現には当面協力は望めそうもありませんが、ともかくも研究続行のためには実験機を壊れたまま放置しておく訳にはいきません。とりあえず破損した部品の補給をするか、新たにもう一機輸入するか、大島中佐には何らかの手を打つ必要があり、大倉商事の担当者が技術本部に呼ばれました。

しかしながら担当者を呼ぶまでのことはなく、それはまったくの不可能事となっておりました。日米通商航海条約は一月二十六日をもって破棄されていて、もはやどうすることもできなかったのです。

誤解のないように言い添えておきますと、条約が破棄されたことで貿易がまったくできなくなったというわけではありません。輸出品目や関税が一方的に決定できるので政治的意思が直接反映されるということです。

もちろん、大島中佐がその事情を知らないはずはありません。第三国を経由するような方法でも、なんとかできないだろうかと思ったのでしょうが、アメリカ、イギリスの実力は中佐の思考を越えており、日本の貨物船は世界中のほとんどの港から排斥されつつあり、貿易そのものがなりたたなくなる妨害を受け始めていたのです。

大島中佐は担当者の説明を受けながら、暗澹たる気分が湧き出てくるのを止められませんでした。このままでは日本が立ち行かなくなるのは目に見えております。それではいずれ戦争になるのは避けられず、砲兵隊装備の一環を預かる者としては観測器材の近代化を急がねばなりません。ノモンハン事件の教訓は絶対に忘れてはならないのです。

とはいうものの、さしあたっての方策は実験機が破損してしまった以上、立てようがありません。航技研が「使用の価値なし」と通告してきたと言っても、正式な文書によるものではなし、一部員の私的な発言と見なすこともでき、それなりの手続きで押し戻すことは出来ます。ただ、「カチン」ときてしまった感情はどうしようもなく、航技研にもう一度お願いするのは歯車が合いそうになく、思考に強い拒否反応がありました。

伝聞なのですが、秋田少佐は操縦解説を読みもしないで実験を強行してしまったのだと思われてしまったようです。世の中にはいろいろな人がおられますから、そういうことも考えられなくもありませんが、それがオートジャイロであったとなると簡単に賛成できません。

固定翼機の場合にはよくある話で、その体験談を聞いたこともありますし、システムが同じですから怪しむに足りません。

しかしオートジャイロの場合、操縦法は似ているものの飛行原理が違いすぎて、どんな蛮勇の持ち主でもその理解なしで評価審査ができるものでしょうか。

秋田少佐の英語理解力はわかりませんが、必要なら部下に翻訳させるか、他に方法はあるはずですから、一通りのことは頭に入っていたと考えるべきでしょう。

それでもやはり一つの疑問が残ります。

陸軍も海軍もテスト飛行の段階で破損した後、積極的評価をしておりません。いずれもべテランパイロットによる操縦だったにもかかわらず、失速しにくい航空機をどうやって壊すことが出来たのか、まことに不思議であります。

いろいろと思案したあげく、たった一つだけ思い当たる方法がありました。

それは高速での着陸ではないでしょうか。高速と言っても七〇~八〇キロ／時ぐらいですが、オートジャイロにとっては想定外のスピードになります。着陸進入時横風の強い時には進行方向と機軸方向が違うのは、固定翼機もオートジャイロも同じです。

固定翼機は接地のタイミングをみて滑走路方向と機軸を合わせ、接地した時は失速速度かそれ以下になっていて翼に揚力は働きませんので機体は徐々に停止します。

オートジャイロの場合、接地までの手順はほぼ同じと思っていいのですが、接地した機体が強制的に行こうとする方向と、風向き方向にバランスを取っているローターの力が働く方向が不一致になる瞬間があります。低速ならば不一致は瞬時に吸収されて何事もなく着陸出来るでしょうが、高速時のローターは高速で回転し大きな揚力を持ったままです。機体を滑走路方向に強制的に向ければ、不一致で生じたエネルギーはローターに表われ機体は高速であるほど大きくふらつき、場合によっては転倒してしまいます。

また、オートジャイロは高速の滑走など最初から考えておりませんので、直径一八インチ(四五七・二ミリ)という小さな車輪なものですから、やはりこの場合不利に働いた可能性があります。

と、ゴチャゴチャと考えてみたのですが、このような思案は筆者の頭脳には耐えきれぬ作業で、チカチカと星が飛び、目眩をこらえながら書いたものですから責任は負いかねます。

要はオートジャイロと固定翼機の操縦は似ているようで似ていないということであり、軍用機パイロットとは相性の悪い、ちょっと複雑な理由が存在したのではなかろうかということです。

秋田少佐にしても片手間ではなく二、三週間ゆっくりと飛行実験を続けられたなら、また別な結果となり別な展開になったろうと思われますが、今となっては詮ないことであります。

覆水盆に返らず、実験機が壊れてしまったために研究対象を失ってしまった山中大尉と広瀬曹長はとりたてて仕事もなく無為の日々を送ったと述べておられます。技術本部は本来が暇な訳はありませんから、これは待機というべきものでしょう。

この間五ヵ月ほど、オートジャイロについて陸軍内部で何があったのかという記録は全くなく、山中大尉も退屈であったこと以外の記憶をお持ちではありません。しかしこの時、各部門上級担当職が討議を重ねていたことは確かです。

観測機選択の攻防

〈カ号観測機〉が開発されるようになったについて軍政担当者の間にどのような論議があったのか、その詳しい経緯は、体験を語っていただいた方々のどなたもご存じありませんでした。もはやこの話に関しては歴史の闇の中に消えてしまったのだと考える以外にありません。

それでも証言と後に展開する話を、何度も繰り返し反芻《はんすう》し、軍政史と付き合わせたりしているうちにボンヤリとそれなりの姿が浮かんできて、それで前後の事情が矛盾なく繋がってゆくように思われます。いわば状況証拠による推理とも推察とも言うべきものでありますが、これを書かないと話が一貫したものになりませんので、眉にお呪《まじな》いなどしながら読んで下さい。

日本陸軍における航空機製作は三権分立の小型版として見ると分かりやすくなります。すなわち立法としての参謀本部、行政として航空本部、司法としての航技研ということになりましょうか。

実際には航空廠、飛行実験部、航空兵科別の各学校、その他少なからぬ部署と関わりがあるので簡単ではありません。今はオートジャイロに焦点を絞っていますのでシンプルにして進めます。

航空機に対する要望は参謀本部より参謀総長名で陸軍大臣に提出されます。

最終的には参謀本部が決定を下しますが、いわば国会のようなもので関係する部署の実務者、たとえば実戦部隊代表が将来予測される戦闘あるいは実戦に即した性能や機能や配備数を要求すれば、航空本部がそれを技術的可能性の点から論じ、配備できる量的限界を示し、さらに参謀本部が戦略的見地から意見を調整して行くというような構図でしょうか。

このような過程を経て戦闘機や爆撃機などのあるべき姿、方向付け、あるいは性能向上の努力目標が定められ、法律のような形で関係部門に通達され、組織的に動きだすということになります。

以上の流れの中で砲兵部隊よりの要求として弾着観測機に的を絞った議論が展開されたであろうことは間違いありません。用兵側としては、おそらく野戦重砲第三旅団あたりが観測将校と共にノモンハン事件の硝煙の匂いを漂わせながら出席し、その装備実現担当として技術本部の顔もありました。

オートジャイロが正式な議論の場に登場したのはこの時からであります。ただし、陸軍軍人はあまり外国語を使わないのが建前ですから回転翼航空機、または回転翼機と略して呼んでおりました。観測機は回転翼機であるべきだと主張したのは技術本部の大島中佐であったと思われます。

この場の議論において認められないと立法化、つまり予算が付きませんから砲兵隊近代化のために何としても実現すべきであるという、相当に強硬な発言であったと考えられます。

この時点で回転翼機を最も研究していたのは技術本部ですから、前にあげた観測機の要件五項目のような理論構築で実施を迫ったはずであります。

これに対して航空本部は簡単に了承できない立場にありました。

前年、昭和十四年度の陸軍機整備計画でさえ三〇パーセント以上が達成できず、昭和十五年度はさらなる増産要請で総数三九〇〇機という数字になりそうでした。生産体制を増強に増強を重ねても達成は難しそうで、それだけでも日本の国力をはるかに越える要求であり、とても新規の機種を受け入れる枠はありません。

航空本部は航空機生産の管掌主体でありますので、国会における政府の立場に似ております。生産基盤全般の実態を示し、優先順位の高い戦闘機や爆撃機ですら充足出来ずにいる現状では要求は受け入れがたい、という政府答弁のような対応にならざるを得ません。

加えて航空本部には抱えきれないほどの悩みが山積みとなっておりました。

海軍が大艦巨砲主義と航空優先主義でゴタゴタと揉めたように、陸軍軍政者には軍事航空についての認識を持つ人が少なくて、実務担当者を困らせるような事態が長く続き、ようやくこの時期になって、世界の軍事情勢が航空に傾いていることを知り、あたふたとその必要性を認め、弥縫《びほう》策で対処するような形となっておりました。

そのツケはまず航空本部が背負わされ、何度も組織の改革、拡充を図って体制を整えようとしたのですが、航空機とは当時の高度なハイテク産業で国力のバロメーターともいうべきものでありましたから、その育成には長い時間と重厚な人材を必要とし、短期間に充足できるようなものではありませんので、組織として機能するには程遠い状態にあったのです。

大きな声では言えませんが、日本軍の悪癖として、頭数さえ揃えれば何とかなるという思考が最後まで抜けきれず、航空行政の中でも時々トンチンカンな人が紛れ込んできて混乱させられたと聞きます。半世紀以上昔のことなのに当時のことを思い出して（詳しくは語ってくれませんが）顔色の変わる人がおられたほどです。

航空本部は、万全とは言い難い自分の足元を見た発言にならざるを得なかっただけでなく、軍用機としての回転翼機の採用に対しては、航空機専門の立場から否定的な見解を持っておりました。

特に友邦ドイツでは、回転翼機の評価が決着していて、それが判断の基底にあったと思われます。

昭和十一年（一九三六年）、ドイツ航空省が地上支援機の競争試作仕様書を出したことにより、〈フィーゼラーF・i156シュトルヒ〉〈メッサーシュミットBf163〉等の短距離離着陸機と〈フォッケ・ウルフFw186V1〉オートジャイロが名乗りを挙げました。ただし、これは航空省が公平に選定を進めたというポーズを示すための仕様書で、実質的には〈シュトルヒ〉に決定しており、オートジャイロは初めから対象外でありました。

やや後ろめたい登場ながらも〈シュトルヒ〉は航空史上に名を残した名機であり華やかなパフォーマンスで知られ、一方たった一機作られた〈フォッケ・ウルフFw186V1〉はその後興味を示されることもなく消えていったために、一般には機能評価も同様なものであったと誤解されてしまったのです。

経緯はともかく、航空省の決定は正当なもので〈シュトルヒ〉は三〇〇〇機も量産されドイツ軍戦力の一端を担いました。ドイツ軍に限らず、これが軍用機の常識であって、日本陸軍航空本部が同様に考えていたとしても責められることではありません。

また、航空本部は回転翼機についてある程度はきちんとした知識を持っていたはずです。〈ケレットK－3〉や〈ケレットKD－1A〉の飛行実験について、結末はともかく科学的客観的な理解がなかったとはどうしても考えられません。離着陸距離が短いこと、低速時の安定の良さ、エンジン停止時の生存率の高さ、ホバリングまがいの高い飛行自由度は良く理解しておりました。

しかし、回転翼機にも欠点はあります。固定翼機に比べると風にはそれほど強くはありません。満州だけの運用と限定しても兵器としての実用性を保つことができるか問題です。スピードも最高速度二〇〇キロ／時あたりが限界のようで、敵戦闘機に攻撃されればまず助かりませんから実質的には気球と変わりません。

何よりも問題であったのは、回転翼機という得体の知れないシステムで、日本ではまだ試作機さえ作ったことがないのです。

航空本部が責任を持って実戦に配備するには一定の手続きが必要で、科学的根拠を示すための実験を重ねて絶対に大丈夫だと言えるまでの立証から始めることになります。

現在の体制ではそれに優先する仕事ですら人員が不足しているのですから、航空本部としては拒否以外の答えはないのです。

直接輸入というのであれば、生産計画が遅れている分未消化予算が余っていて何とかなりそうですし、

〈フィーゼラー Fi156シュトルヒ〉。ドイツ軍を代表する連絡多用途機。低速性能の優秀さは、この後傾姿勢で良く分かる。

ライセンス生産などもそれなりのメリットが期待できそうで、少しは妥協の道がありそうですが、アメリカが屑鉄、石油まで輸出を禁止しそうな雲行きなのでそれは絶望的な願望でしかありません。

航空本部としては、せいぜい要望事項を考慮した固定翼機による新規開発ぐらいしか約束のしようがなかったと思われます。しかし、要望は航空機として実現するにはいずれも難しいことばかりで、どの程度応えられるものか約束はできなかったでしょう。

さらに、砲兵隊独自に運用したいというのも教育を預かる航空総監部との兼ね合いもあり、ややこしい問題を含んでおります。

砲兵部隊側が回転翼機に対してどれほど積極的であったのかはよく分かりません。固定翼機にしろ回転翼機にしろ意見を言うべき研究をどれほど積んでいたものでしょうか。ただ、技術本部は砲兵部隊を代弁する形で回転翼機を強く推していたはずです。もろちん「カチン」ときた経緯などは一言も言わなかったでしょうが。

この議論はどちらの側に立ってみても、それぞれに切実なものがあり、答えを出すにはジャンケンとかサイコロしかないような話であります。

ただ一つ、技術本部には摩訶不思議な呪文というべきか、はたまた水戸黄門の印籠とでもいうべきか何人も逆らいがたい一言を持っておりました。

それは「ノモンハンの戦訓」という一言であります。

砲兵隊用航空機

ノモンハン事件は関東軍参謀の暴走であったとはいえ、その結果がいかに悲惨なものであったかは軍政に与かる者にとって知らぬ者なき事実であり、参謀本部としては辛い立場にありました。「ノモンハン」という一言だけで針でチクチク刺されているようで、後ろめたい気持を表情に出さないよう努力しなければならなかったのです。

普段ならば「それは軍の方針として適当ではない」と有無を言わせず手短に裁定してしまうような事項でも、それを言うにはためらいがあり、心の底に何か償いをしておきたいという様な贖罪感《しょくざい》がどこかに秘められていたとしても有り得る話でしょう。

航空本部としても直接の責任はないものの、特に砲兵隊に対しては地上支援が充分でなかったことに全く負い目を感じないというわけには行かなかったようで、原則論に終始して余計な仕事を抱え込まないように身構えるばかりでありました。

砲兵装備充実の任務を持つ技術本部が、航空機の領域にまで発言をしてくるについては、必ずしも越権とは言い切れぬ面もあります。

戦闘の最終的勝利とは地上軍による制圧が完了した時点を言い、その一翼を担う砲兵隊が盲目ゆえに任務達成が困難であるというのは由々しき問題であります。

これは軍隊が近代化してくれば当然起こりうる事柄で、アメリカでも海兵隊に海兵隊専門の航空部隊が出現したことと同列線上の理由を含んでおります。世界各国の重砲兵部隊にも詳細は不明ながら軽航空機が付属しつつあるのは単なる偶然ではありません。

したがって参謀本部としての目配りがまったくなかったわけではなく、現に昭和十三年五月、陸軍大臣に示された「陸軍航空本部兵器研究方針」には各種航空機に目標値を掲げる中で、観測機に類する機種についても一項を設け、次のように言及しております。

直協機

一　第一線部隊ト直接協同シ之ニ必要ナル捜索指揮連絡及砲兵協力ニ用フ
二　単発動機装備ノ小型機ニシテ戦場ニ於ケル軽易ナル離着陸ニ適セシム
三　行動時間ハ少ナクモ三時間トス
四　常用高度ハ1、000乃至3、000トス

（以下略）

地上支援を目的とした一般多用途機としてまとめようとしていたことが分かります。ただし、これは作文に終わっております。航空本部が研究開発をする際には公式に認めたという意味で必ず〈キ番号〉を授与するのですが、昭和十三年にも十四年度にもそれに該当する機体開発計画は一つもありませんから、航空本部が勝手に無視できるわけはありませんから、おそらくどの時点かで参謀本部との了解事項となっていたのでしょう。

優先位の高い機体ですら目一杯であったため仕方のないことだったのかもしれませんが、この間にノモンハン事件が発生してしまい、事情だけを言い立てるわけにもいかなくなりま

した。仮に方針どおりに計画を立ち上げていたとしても、ノモンハン事件に間に合うことはなかったでしょうから、直接責任を問われる事態ではなかったとしても、やはりどこかにバツの悪い感情が残っていたはずです。

参謀本部はともかく、航空本部としてもシブシブながら直協機開発に手を分けざるをえない状況にはありました。しかし、これを回転翼機で実現させようとするつもりは、前述した理由により毛頭なかったのです。

技術本部が最後まで回転翼機にこだわり続けた理由は、強いて言うなら固定翼機による低速性能実現を信じていなかったということでしょうか。あるいは例の「カチン」ときたことが後々まで尾を引いたのかもしれず、このあたりの証言が失われてしまったというのは実に残念の極みであります。

回転翼機か固定翼機かの論争は容易に決着がつきそうにもなく、参謀本部もどちら側に軍配を上げるべきか迷っているうちに、どんどん日数が過ぎて行きました。

〈フィーゼラーFi156シュトルヒ〉を輸入、またはライセンス生産してはどうかと、妥協案らしきものを最初に提示したのは前後の事情を考え合わせると航空本部だったようです。

一年前の昭和十四年（一九三九年）九月、ドイツ軍が電撃作戦と称してポーランドに侵入し、一週間ほどで占領してしまったことは世界だけでなく日本軍も驚かせました。

これによって第二次世界大戦が始まったことはともかく、その航空戦は華々しく宣伝され航空機の優秀さを見せつけられておりましたので、ドイツ製というのは軍人にとって魅力あるブランドであります。それが固定翼機であっても、そのブランド性で説得出来るのではないかと考えられたようです。

ようやく軍用航空機に関しては独立独歩の道を歩みはじめた日本軍ではありますが、その実態は理想とは程遠く、工業技術先進国としてドイツには深い尊敬の念を持っておりましたから、国産機優先とはいいながら〈フィーゼラー・シュトルヒ〉の導入については問題はなさそうでした。

航空本部にとって最大のメリットは各国軍隊が優秀と認めている機体であり、開発研究のための人材は不要の上、即実戦配備が可能であることでしょう。日独間の通商はスエズ運河が英国軍に抑えられているため不自由ですが、数十機の輸入とライセンス導入ぐらいは可能な状態でした。

ライセンス生産を主体に考えても、難しい生産設備を必要としない機体ですから、中小の工場を使えば何とかなりそうに見えました。航空本部としては一石二鳥の名案と思われたようです。

即答はしなかったものの、技術本部は断わってきたのです。

第三部第三班内気球班は、もとはと言えば航空本部から枝分かれした部署ですから、それが航空部隊の論理によって運用されるものであり、砲兵隊独自で運用したいという希望とは相いれないことを見抜いていたからでありましょう。

そもそも航空機要員の養成は、当時にあっては非常な困難を伴うものでした。兵士の大部分は農家出身者で、現代とは違い機械化などはされておらず「牛馬の扱いは知っているが機械の理解は時間がかかりすぎる」と航空関係者を嘆かせたほどであります。

スピード感覚についても今の若い世代には信じられないでしょうが、汽車、といっても山の手線に毛が生えた程度の乗物に乗ってさえ目を回したり気持が悪くなるものが特に珍しくなかった時代なのです。

〈フィーゼラー・シュトルヒ〉の着陸速度五〇キロ／時というのは航空機としては並外れた低速であっても当時の人間工学基準では適応範囲内とするには無理がありました。航空兵科はその種の運動神経を優先して採用されており、砲兵科は頭脳明晰であるとともに頑強さが優先ですから素質が違うのです。ブランドに目が眩んで導入した結果、事故続出というのでは話になりません。

一〇〇メートルを一〇秒ジャストで走ることが出来れば、現代はそれだけで就職に困らない時代です。これを時速に直すと三六キロ／時となります。この辺りがだれにでも扱える航空機の最低速度であると技術本部は主張したような気がします。

それだけのことならばしかるべき翼型を選んで大きな翼を作れば済む話ですから難しくはありません。これを軍用としてコンパクトに、しかも〈フィーゼラー・シュトルヒ〉を越えた性能を要求しているのですから只事ではないのです。

論争が際限なく平行線上を行き来していたとき、それを平行線のまま突破しようとしたのは技術本部でありました。すなわち自分たちで作るということです。

あくまでも気乗りしない返答しかしない航空本部に痼癪を起こして、つい口が滑ってしまったのか、密かに準備を整えて発言したのか、どちらかと言えば前者であったろうと思われます。

ここで航空本部は「ご自由に」とか「勝手にしろ」とかは絶対に言えません。航空本部は法的根拠を持って存在し、日本陸軍に於ける航空機をすべて掌握管掌している官衙《かんが》です。これは官僚の縄張り根性などというものではなくて、組織上の任務であり、勝手に担当者が放棄することは許されません。場合によってはサボタージュと見なされ、無用な混乱など起こせば陸軍刑法の対象となります。

また技術本部にしても重大な任務の逸脱であり越権行為ですから同罪でありますが、「ノモンハンの戦訓」という大義名分がありますから、互いに一歩も譲るわけにはいかなかったということでありましょう。

本来ならば参謀部員によって裁定されるべき問題のようにも考えられますが、つきつめれば砲兵部隊の将来に関わることでもあり、思案に暮れた参謀は答えを上層部に求めました。季節は巡って盛夏のころとなり、間もなく五ヵ月を越えそうな論争を、黙って静観するというのもそろそろ汐時で、軍隊組織として決着をつける時期にさしかかっていたと言うべきでしょう。といって、仲裁とか調停をするにしても大佐クラスでは手に余り、少将でもちょっとどうかなと思います。

おそらくそれから上のあたりの有力な実力者X氏の存在を想定しないと、何しろ軍における職務の大原則に関わることですから、政治的手腕を必要とし、通り一遍の組織論などでの決着は、いささかつけにくかったろうと推察されます。

X氏にしてみれば、航空機増産計画に余力を持たない航空本部の立場はよく知るところです。技術本部の主張は、軍の統制という観点からは好ましいものではないにしても、砲兵隊の強化策を言っているのであり、その積極的姿勢を咎《とが》めるわけにもいきません。

それに技術本部は、観測器材の発展充実ということであり、回転翼機とかを要求しているのであって、航空部隊を揃えたいと言っているのではありません。しかも自前で作ってもいいと言っている以上、本来の航空行政に影響はありませんので、あまり杓子定規に裁定するのも大人げないというものです。

ただ統制上、航空本部が全く無関係というのも示しが付かないので、管掌ではなく監修ぐらいの立場にしておけば、面子も立ち組織上の説明も難しくなかろうし、予算についても軍務局に一言いっておけば捻出に苦労する金額ではあるまいと結論付けたと思われます。

ようやくこれで裁定が下りました。すなわち技術本部には砲兵部隊に関わる観測器材として回転翼機他の開発を含む調達を認め、航空本部は自ら信ずる方向で機体を開発するというものでした。

したがって回転翼機等の開発資金は技術本部が持ち、それがどのような駄作であろうとも航空本部はその結果の責任を負わないこととし、当然〈キ番号〉を付ける義務はなくなりますので、キ番号を持たない陸軍機の存在もこれで納得できるということになります。

山中氏の当時の記憶では、仲裁者のような人がおられたのかどうかは私たちには分からない。ただ、砲兵隊観測機としてはオートジャイロが最適であるという信念があるばかりであった、と述べておられます。

第3章──動きだした開発計画

修復作業の始動

日本に於けるオートジャイロ〈カ号観測機〉の誕生は、普段ならまず考えられないような偶然を積み重ねていて、書き進むうちに何度も不思議な思いに捕らわれ、筆が止まりました。〈カ号〉に冠すべき言葉として「奇跡の翼」という何やら生硬《せいこう》な表現を考えていたのですが、いつの間にか辞書にもないような「奇運の翼」という文字が目に浮かぶようになり、それで定着してしまったようです。

それを何と呼ぼうとも、不思議の系譜を日本という国に繋いだ〈カ号〉は、その風土に溶け合いながら、やはり血統の後継者であることを示して行くのでありました。

日本陸軍という製作余力の乏しい組織で作られたというのもずいぶん不思議な話であり、戦力構成の立場から見れば説得性がありません。

常識的組織論で言えば、同じ陸軍内なのですから、たとえ毛色の違った機体であるとしても、議論の統一もできぬまま別々に開発を試みるなど、あり得ようもない愚行であると、今日的視点で批判することは可能でありましょう。

また、日本人は近代組織というものに未熟であったとも、制度疲労を起こしていたのだろうとも言うことはできます。歴史として振り返ってみれば反論したい情熱も湧きません。が、そのためにこそ〈カ号〉は生まれ、日本航空史に渋い一ページを加えることができたとも言えます。

そのあたりのところをあれこれ批判がましく言うつもりはありません。むしろ妥協性のない姿勢に当時の活力を思い、それぞれが成し遂げた成果を見るべきでしょう。

戦後、日本の自動車メーカー各社が、全社ともそれぞれの方法で排気ガス規制のマスキー法をクリアし、無敵と思われていたアメリカの基幹産業に痛撃を与えたのはこのような活力ではなかったでしょうか。

過去となってしまった話を批判的精神だけで評論などしても面白くありません。むしろ大先輩たちの失敗や成功を、おおらかなユーモア精神を加えて見守るほうが、本質がよく分かり有益な伝承となる場合が多いのです。どのような世代であれ後世の人びとからどんなふうに評されるのかなど誰にも分かりません。

七月いっぱいをかけて論争は決着し、両者は行動を開始いたしました。

技術本部には八月一日を以て編成替えと人事異動があり、気球班は第三部第三科として独立し、大島中佐の科とは別組織となりました。これは本腰を入れて回転翼機開発に取り組もうという意志表示と見ることもできます。

変わって第三科長となった村上中佐は、総務課長兼任となっていたため実質的運営は戸田技師の手に委ねられる事となったのであります。山中氏にお聞きしたところ、これは戸田技師が文官であったためで、本来ならば科長とすべきところ技術本部にはまだその制度がなかったことによる一時的な処置であろうということでした。

時期については不明ながら、戸田技師はこの時期のどこかで勅任技師二等官に任命されております。戦前にあった文官の位階等級を定める制度でありまして、天皇より任命された技術者という意味を持ち、軍隊でいうと少将に匹敵する重みを持ちました。めったに昇進できる位ではなく、任官すれば閣下と尊称されたそうですから、つまりは偉いのです。

八月一日頃に任官していれば話は進めやすいのですが、山中氏は十一月ごろと記憶しておられ、記録もそのころから勅任官ふうに書かれておりますから、とりあえず十一月としておきます。

高位の任官ですから事前に内定通知はあったと思われますので、戸田技師にとっては仕事がしやすい環境が整いつつあったということはできそうです。

したがって回転翼機の件は大島中佐から戸田技師に直接引き継がれたということになります。観測機問題についてはなかなか進行しない状況を、同じ科内ですから知ってはおりましたが、気球用水素発生車を戦地用に小型化する仕事に取り組んでいたので、それまでは横目で見ているだけでした。

同じ科内の仕事でも、担当外であれば口出しできないというのが当時の不文律であったようです。しかし、航空機に対する情熱をじっと秘めていた戸田技師ですから、わがことのように見守っていたに違いなく、回転翼機開発というプロジェクトとしては地位もキャリアも十分な人材を得たことになりました。

正式な辞令もないままに第三部第三科を預かった戸田技師ですが、さっそく研究課題として正式に回転翼機と軽飛行機を付け加え、堰《せき》を切ったようにエネルギッシュな行動を開始したのであります。

まず山中大尉が呼ばれ戸田技師の決意を聞かされることになりました。以下の言葉は想像でしかありませんが、資料から察すると次のようなものであったろうと思われます。

「私が第三科をお預かりした以上、回転翼機は必ず実現させるつもりだ。しかし、作ろうとしているものが航空機であるから、試験飛行などで君も実際に飛んでみなければならんこともあるでしょう。航空本部が二の足を踏むほどの難しい機体です。君は死ぬようなことになるかもしれないが、回転翼機のことだけを考えて頑張ってもらいたい」

山中大尉は大きな任務を与えられた実感に緊張しました。

戸田技師が手始めに解決しなければならないのは壊れてしまった〈ケレットＫＤ－１Ａ〉の処置です。なにしろ前例のない航空機なので修理して再使用するにも、どのように修理すべきなのか、それを指導、監督できる人材を捜さねばなりません。

さらにはそれを複製して量産することも考慮しておかねばならず、それを前提とした調査、計測だけではなく、航空理論と照らし合わせて合理的に説明できるようにすることも重要なことです。

となれば、航空工学の専門家に協力を要請する必要があり、母校である東大に目が行くのは自然なことで、早々と以前から面識のあった東京帝国大学航空研究所の小川太一郎教授と面談しております。

小川教授は〈航研機〉をはじめとして、日本航空史上のあちこちに登場される方なので、特に説明の必要は感じません。末は航空大臣などと評されるほどの人で、学問的業績だけではなく政治的手腕にも優れ、そのための相談となったようです。

東大航研も陸海軍の要請による研究課題の消化に追われておりましたから、どのような返答となったか想像はつきます。しかしながら懐の深い人脈を持つ小川教授は、大阪帝国大学航空学科の三木教授を推薦してくれました。

戸田技師の行動は実に素早く、数日後には大阪帝大に乗り込んで三木鐵夫教授と面会し、技術本部嘱託として協力を取り付けました。この時他の学識者とも顔を合わせており、戸田技師の頭脳には、そのこともしっかりインプットされていたはずであります。

東京に戻った戸田技師はどこで見つけたものか巴鉄工所という仮設構造メーカーにダイヤモンドトラス式格納庫を発注、阪大構内に建設を命じ、山中大尉をその管理責任者として大阪に向かわせました。

さらに広瀬曹長には壊れた機体の回収、運搬を指示、取りあえずの手配を完了すると、戸田技師にはまだまだ交渉事があるらしく外出の多い毎日を続けております。

山中大尉の実家は奈良県にありましたので、電車通勤で阪大に通いました。構内に建設されつつあった格納庫は、モダンと言うべきか、意外と言うべきか、不思議な形をした建造物で、鉄パイプにより連続した六角形を組み合わせて大きな楕円体を構成し、それを防水シートで覆うというものです。

後年、大阪万博のときには大流行したスタイルですが、それが三十年も先駆けて作られ、それがオートジャイロの格納庫であったというのは興味あることです。山中大尉にしてもその造形が回転翼機の未来を暗示しているようで、不思議の念にうたれて眺めていたのではないでしょうか。格納庫は発注より三ヵ月後に完成いたします。

広瀬曹長は〈ケレット〉引き取りのため作業員を引き連れて立川飛行機の格納庫に出向きました。機体は、羽布は破れ、あちこちが折れ曲がったり歪んだりした無残な姿で残骸置き場に放置されており、出来るかぎり原形を損なわないように運搬させなければなりませんので、分解の手順などは記録を作り、破損箇所の撮影など大変に神経を使う仕事となりました。

気球隊出身の曹長には不可解な構造ながら、何日かかけて寸法に合わせた木箱を作らせ、部品の脱落はないか、遺留品などが残っていないかと目を光らせて、作業の万全を期したのであります。

やがて、厳重に梱包された〈ケレット〉は大阪に向けて運送されて行きました。

戸田技師の次の仕事は、破損した機体の修復をどこに依頼するかという難問です。主要な航空機工場は軍用機最優先の国家体制に組み込まれていて、その末端に至るまで航空本部管掌下にあり、個別に交渉しようとしてもまともに相談できるところなどありません。生産余裕がない上に得体の知れぬ回転翼機となればなおさらのことでありましょう。

このような状況の元で真正面から話を持ち込んでも時間の無駄であることは戸田技師も承知しており、まずは陸軍関連部署の根回しでありましょう。

陸軍軍政というのは実に複雑です。組織図を見て分かったようなつもりになっているとエラいことになります。軍隊組織は時局に合わせた迅速な変化が特徴で、一般の役所と違い年次制などそれほど気にしませんし、必要なら予算措置など無視してもも実施してしまうという積極性もあります。

権限が集中したり、分離、分散したりするのもよくあることであり、部署名を聞いただけでは職務内容が分からないなどということもあって、後世の者が正確に記述しようとするとひとかたならぬ努力を強制され、受験勉強で締め上げられているような気分になる場合があります。

したがってそのような能力が先天的に欠落している筆者には、戸田技師が根回しのためにどのような部局を回ったのか詳細に書くことはできません。

せいぜい軍政全般にニラみをきかせているらしい軍務局とか、製造に関連する部署を回り、事情説明と協力を要請したのであろうと想像するのみであります。

軍隊組織の原則は権限の明確化ということでしょうか。これは戦地における任務と考えることもできます。権限を守るというとちょっとイヤ味なニュアンスが含まれているようですが、もともとはそれによって責任の所在と命令系統が明確となり、組織全体が効果的に運用されるように考えられたものです。縄張り根性などと言われ弊害面が大きくなっている場合は、組織としての適合性が失われてしまったことであり、耐用年数を過ぎている証拠ともいえます。

軍隊組織に情報公開などの観念はありませんので、内部の者にも各部署の仕事はよく分かりません。それを知るためには色々な方法があったそうで、一つはとりあえずどこかの部署を突ついてみることだそうです。思わぬところから声が挙がることもあり、これを何度か繰り返すと全体が見えてくるのだと教えていただいたことがあります。

いわば未知数だらけの高等数学のようなもので、戸田技師は豊富な人脈とこれにより要所要所を押さえ、回転翼機製作に伴うと予測される妨害を事前に排除し、道筋を整えていったのだと思われます。

阪大に届けられた〈ケレットKD－1A〉は新設された格納庫に運び入れられました。梱包が解かれた機体のまわりには太田主任教授を始めとして機体担当の三木教授、エンジン担当の児玉教授の姿があり、回転翼機開発の第一歩がついに踏み出されたのであります。

三木教授のこと

三木鐵夫教授については大学で航空工学を学ばれた方々には「飛行機設計」という実務を解説した本の著者としてご存じかと思われます。大学教授というのはある種の堅苦しいイメージを持ってしまいがちですが、実務によく通じ行動力と決断力のあった人で親分肌のところもあり、およそ学者らしくない人でした。

筆者はこういう型破りな人が好きなものですから、書きたい誘惑に勝てません。少しだけ〈カ号〉の話から外れて、こういう面白い人のご紹介をさせていただきます。

彼は大正九年（一九二〇年）、大阪高等工業を経て東北大学工学部機械科に進み、大正十二年に卒業して名古屋にあった愛知時計電気株式会社航空機部に入社しました。

この会社はずうっと後の昭和十八年二月には航空機部が独立して愛知航空機株式会社となり終戦まで日本航空機工業の一翼を担いつづけ、〈九九式艦上爆撃機〉や〈流星〉〈晴嵐〉など海軍の名機を設計製作をして名を残しました。三菱、中島、川崎などのいわゆる御三家には及ばぬものの、やや地味ではありながら、独自の気風を持ち日本航空史の黎明期からを支えてきております。

彼が入社した頃はその黎明期で、この時期から二年の歳月をかけて完成させた試作十五式甲型水上偵察機が愛知時計による最初の自主設計機であり、設計主務者として彼の実施設計体験第一作目でありました。

黎明期における日本人が航空科学の理解力に欠けていたわけではありません。ただ航空機は理論や体験、それと分厚い工業力や技術力というものを幾重にも積み重ねて体系化されたものですから、その情報、見聞あるいは製作体験を吸収理解し習得するには、時間と多数の優秀な人材を必要としました。

こういう事柄は理論書を山と積んで黙々と勉強するだけでは役に立たず、体系をリアリズムとして体現している人間が航空機工業を牽引して行くことになります。日本に足りなかったのは、まず世界レベルまで引き上げてくれる牽引車のようなもので、当時の日本はそれをドイツに求めました。

ドイツは第一次世界大戦の敗北により航空機製作に大きな制限を受けていて、彼ら本来の能力を国内で発揮できずにおり、設計技術を海外に売ることが事業の一部になっておりました。三菱はユンカース、川崎はドルニエと提携したのはお互いを必要とする事情があったからです。

愛知時計は、まだ小さな航空機メーカーの社長であったエルンスト・ハインケルと提携し、設計を依頼することから関係を深め、航空機のリアリズムを体得していくことになります。大正十四年、ハインケルは来日し、愛知時計発注により製作したHe25の試験飛行に立ち会いました。戦艦長門に設置された二〇メートルのレールからエンジン推力だけで発進させるというものですが、見事に成功してハインケルの能力が証明され、信頼関係は強固なものとなりました。

この年、三木鐵夫飛行機機体設計主任は、社命によりヨーロッパに渡りハインケルと再会し、日本からの設計依頼の中継や設計実務をほぼ二年間学んでゆくことになります。

　この時代の名設計者と言われるほどの人びとはそれぞれに個性的ですが、共通しているように見える一点があります。妥協性がないとか言うと少し理屈っぽくなってしまって、その人の雰囲気が伝わってきません。何か一種の猛々しさを秘めているような感じがあり、にこやかな笑顔の下にさえそれが身を奮わせて潜み、絶えず本人を突き動かし未知の領域を駆けさせているエネルギーのごときもののようです。

　大正十四年頃のハインケルは、たしか三十六歳ぐらいのはずで、本人は意識していなくともそのような雰囲気を濃厚に持っておりました。三木氏はこの時二十七歳ほどではなかったかと思われ、航空機設計だけではなく、その雰囲気まで学んでしまったようです。

　人とは不思議なもので、本気で尊敬する人に対しては、考え方、話し方から歩き方まで似てくると言われております。つまり、人種の違いなど乗り越えて理念とも情念まで写し取ってしまったのです。

　ドイツ北部のバルト海に面したヴァルネミュンデというところ近くにハインケルの工場がありました。ここからベルリンまでは直線距離にして二〇〇キロぐらいあり、汽車の旅では四時間ほどかかったそうです。

　ハインケルは無類の酒好きで、三木氏も斗酒なお辞せずという酒豪でありました。この二人は列車に乗り込んだ時からひたすらに呑み続けたと、ある記録は述べております。たぶんそれは食堂車であろうと考えられますので、ビールであった可能性もあります。ドイツ人は大ジョッキを一気呑みするという習慣があります。それを二度も三度も繰り返し、しかもトイレに行きたいのも我慢するという苦痛を伴う呑み方で男らしさを競う、日本でいうバンカラ呑みで、負けず嫌いの三木氏が怯んだとは思われません。

それはワインだったかもしれず、だとすれば二人で一ダースぐらいは開けてしまったでしょう。他のスピリッツ類だったとすれば車内のすべてを呑み干してしまった可能性もあります。

今ではあまり見かけなくなってしまった愚かしいと評されそうな光景ですが、当時の男性の習性として、このような方法で相手の精神力を確かめあったのです。この勝負は三木氏の判定負けのようですけれども、それでも倒れもせず頑張っている日本人を見てハインケルは見込みのある青年だと思ったのでしょう、親身になって航空機設計のリアリズムを彼に伝えたのです。

設計の仕事とはいわば構想力のことです。構想をどのようにして具体化していくかという時は、常にその場その場の判断力を求められます。

それは箇条書きに並べてみてもあまり意味はなく、虎の巻を以て免許皆伝とするようなわけにはいきません。図面を書くのは最終段階であって構想力を第三者に伝えるための手段にすぎないのです。それは一種の徒弟制度ともいえ、三木氏はハインケルの日々の行動を見ることでマイスター教育を受けたのだということができます。

このあたりはドイツとか日本とか、あるいはイギリスでもフランスでもいいのですが、国の垣根や人種の違いを理屈抜きで越えた人びとの共通点であり、相手の持つ猛々しさに尊敬を払うとともに、競うべき、あるいは己の行くべき道を見定めて身を奮わせる時なのです。世界の航空史を読みその底流に目が止まる時、航空史とは壮大なドラマであることに気づかされます。

ドイツやヨーロッパに目を転じつつ二年の歳月を送った三木氏は、昭和二年、日本に帰ります。彼が学んだものはヨーロッパにおける新知識は当然として、ハインケルと同質の猛々しさと溢れんばかりの行動力で、これを日本に持ち帰る責任感が彼の生涯を形作ったと言えそうです。

愛知時計に戻ったしばらく後の事跡はあまり詳しく伝えられておりません。また、彼の手掛けた機体も、よほどのマニアの方でもその名を挙げるのは難しいのではないでしょうか。これは会社規模が三菱や中島と比べれば小さかったためで、補助的機体にしか設計指名を受けにくかったためです。海軍にしても世界列強の水準に伍するため近代化に夢中のころであり、優先順位に差があったとしても止むを得ないことでした。

愛知側の全体水準もまだ高いとは言い難く、三木氏の仕事はそのレベルアップにあったと考えられます。航空機の設計はチームワークの時代であり、ハインケルばりの挑戦を恐れないスタッフ作りに情熱を傾けたようです。

三木氏が設計主務者となって最初に日の日を見たのは〈海軍愛知ＡＢ－３単座水上偵察機〉でした。ハインケルは、

「パイロットに気に入られるような機体でなければならぬ」
と、自らの設計哲学を説き、三木氏はそのことを忘れず努力を重ねた結果として、海軍パイロットたちはそれまでの機体と比べて操縦性が格段の進歩をした事を認め、高い評価を与えたのです。

愛知はこの後も設計指名のほとんどが水上機であったため、昭和十年頃までは下駄履き機の製作が続きます。

筆者は航空理論については門外漢であることを認じつつ言うのですが、水上機は着水時の安定性が重要で、水上機を作り続けたことが低速時安定理論に磨きをかけ、学会などで広く認められるようになっていたのではないかと想像します。後に〈カ号〉との接点や低速機の研究に三木氏が関わるようになるのは、このような事情があったからではないでしょうか。

昭和八年（一九三三年）頃になると航空機の進歩は加速度がつきはじめ、三木氏は再度ドイツへ渡ります。ハインケルが高速旅客機Ｈｅ70で八つの世界新記録を樹立し、その高性能を世に示していたこともありましたが、ヨーロッパの航空界は次の開花期に備えて蠢《しゅん》動を見せていたからです。世界は全金属製機の方向に進みつつあり、その技術の萌芽を見届けて翌昭和九年、帰国しました。

三木氏は設計課長として重責を務めていたころ、設計課に新入社員が配属され、その中の一人に東大の小川太一郎教授の紹介により益浦幸三技師がおりました。

三木氏が初めてドイツに渡った時、小川留学生と出会い同じ航空の道を志す者同士で意気投合し、両人はそれ以来の旧知の仲でありました。小川教授はその縁で教え子を送り込んでくれたのです。

益浦技師は入社早々三木課長の隣りに席を与えられました。先輩や同期の者からすれば、ものすごい依怙《えこ》贔屓《ひいき》でありますが、三木課長は一切斟酌せず折りから始まった〈海軍愛知十試水上観測機（Ｆ１Ａ１）〉の設計を手伝わせることとしました。まわりからは裏でいろいろ言われていることは百も承知でそのようにしたのであり、その種の女々しさは大嫌いな人でありました。

それは彼が小川教授の教え子だったなどということではなく、彼の中にあの猛々しさを見ていたのだろうと思います。三木課長の目が確かであったことは、後に〈カ号〉との関わりで確認できるのですが、この話は先に送っておきます。

〈海軍愛知十試水上観測機〉は艦砲射撃の弾着観測と敵戦闘機と渡り合える運動性を持たせようという、非常に欲張った性能要求から設計されたものです。

三木設計課長は本気でこれに取り組み、木製主翼も金属製胴体もモノコック構造とし、機体を平滑にするための工夫を重ね、さらには下部主翼に空戦フラップを取り付けるなどして性能要求に応えようとしました。この間、益浦技師が夢中で手伝ったことは言うまでもありません。

おそらく日本では初めての試みと思われる空戦フラップで、しかも操舵がややこしくならないように昇降舵と連動になっております。このような新機構は理論的にも実験的にも裏付けなしでは進めませんから、東大の航空研究所などに依頼して進めたと考えられ、また益浦技師にも良い経験を積ませたようであります。

昭和十一年六月水上機型が、九月には陸上機型が完成しました。この機体にはライバルがあり、三菱と川西が同じ性能要求書によってそれぞれの機体を試作しております。川西は意気ばかりが先行して性能が発揮できず、技術的に未熟であったことを認め引き下がりました。三菱の試作機も悪癖があって改修に時間がかかり悪戦苦闘をしており、愛知も強度不足や細々とした改修点があり、すらすらと進行したわけではありませんが、三木課長は全力を傾けて対応し性能的にも絶対の自信がありました。

しかし海軍のパイロットは空戦フラップに不安だったのでしょうか、不信の念を言い募ったようです。もちろんハインケル精神にしたがって対応に対応を重ねました。それでも不信の声は静まらなかったのです。

海軍側も組織が精緻になるにつれ意見の統一が乱れるようになり、そのツケがメーカー側にまわることも多くなってきて、三木課長はだんだん嫌気がさしてくるようになりました。

愛知と三菱の試作機は空戦能力をはじめ性能は伯仲したと伝えられておりますが、残されているデータを見るかぎり愛知の方が要求性能に二歩も三歩も近づいており、決めかねた理由が全然分かりません。カタログデータと実際は違うのだと理解したいと思いつつも、それでも深い疑問が残ります。

三木課長は航空機設計者の常として、目的合理性が歩いているような人で、それも人一倍多量に持っていたために軍人たちの不合理な組織の事情などに付き合わされるなど不快極まりないことでありました。事が軍用機である以上性能こそがすべてだと思っておりますから、彼の猛々しさはこういう場合歯止めが利かず愛知を辞職してしまうのです。かけがえのない人材ですから必死に止められたと見るべきでしょうが、止めて止まるような人ではありません。

結局、海軍は結論を出せず、ずるずると年を重ね四年半後の昭和十五年十二月、〈海軍零式水上観測機〉としてようやく三菱の試作機を制式化しました。その理由は愛知の機体は主翼が木製で変形しやすく耐久性が劣るためというのですが、その頃の愛知に金属製主翼の製作能力がなかったとは考えられませんので、この疑問は疑問のままです。

晴れて自由の身となった三木氏には退職金として五五〇〇円というお金が手に残りました。現代のお金に換算すると五〇〇万円ぐらいでしょうか。当時においては庭付きの大きめの家が買える値打ちがあったはずで、一時はその気にもなったようですが、いつということもなく呑み代として消え失せておりました。

昭和十二年、折よく大阪帝国大学は航空学講座を開こうとしていて、三木氏に声がかかり工学部講師として七月から教壇に立ち、翌年の新学期には助教授となって本格的に航空機設計製作の実務を教えることになりました。

ハインケル流の設計法を思う時、静々と設計理論だけを教えるなどということは彼の性に合わなかったと思われ、実戦的でリアリズムに徹した講義であったはずです。なにしろ家一軒を呑み干したような人ですから、行動的な猛々しさを伝える師表として右に出る人はいなかったでしょう。

〈カ号〉を理論的に解明し、無用の論なからしめたのはこのような人でした。

〈キ－76〉の設計開始

戸田技師がまずは回転翼機修復のため活動を始めた昭和十五年八月、航空本部もテキパキと行動を起こしておりました。というより、これは予定の行動と言うべきで、以前から準備していたことを上層部の裁定が下りたのをきっかけに即実行に移したと見るべきでしょう。

そのひとつは、〈フィーゼラーF.i156シュトルヒ〉を図面一式と共にドイツに発注したことです。前に述べた理由により、砲兵隊観測機として適当ではないかという判断があり、砲兵隊が気に入ってくれればライセンス生産することも可能で、そうなれば独自開発による人材も時間も節約できるというものです。

もし〈シュトルヒ〉に決定となれば今までの議論にも一気に片がつき、ややこしくなりそうな別系統の航空機生産部門の発生を押さえ、軍政をシンプルにできるという期待もありました。

もう一つは〈キ－76〉として性能要求概要を書き上げていたことで、これも同時に日本航空工業株式会社に試作設計内示をいたしました。

まったくの推測なのですが、航空本部は技術本部との論争中の五月ごろ、固定翼機における低速性能実用限界を調べさせていたのではないでしょうか。〈キ－76〉の開発に東京帝大航空研究所の河田三治博士が係わるのは、その時高揚力理論を示唆した人であったためと考えられます。

この理論と、昭和十三年度「陸軍航空本部研究方針」における直協機と、砲兵隊要求を組み合わせて〈キ－76〉、後の〈三式指揮連絡機〉になったのだと考えてみると非常にスッキリと道筋が見えてくるのであります。

ということは、技術本部が進めている、後に〈カ号観測機〉と称される回転翼機には、最初から〈フィーゼラー・シュトルヒ〉と〈キ－76〉というライバルがあったことになります。〈キ－76〉試作設計の指名を請けた日本航空工業は、陸軍航空本部の指導により、昭和十二年五月、川西の坂東、関口氏等によって設立されたばかりの会社で、本社は大阪にあり工場は平塚にありました。逓信省航空局の依頼による双発旅客機を設計試作している段階であり、可変ピッチプロペラを製作しているほかは実績らしい実績もない状態ですから、航空機生産工場として認知されるにはまだ間がありました。

航空本部としては生産計画を考えれば主要航空機工場を使うわけにも行かず、やむなく員数外の会社を指名したというのが正直なところでしょう。しかしこの会社には益浦幸三というってつけの設計者がいたのです。

三木教授が海軍とのいざこざで癇癪を起こして愛知時計を辞職したとき、直系の弟子であった益浦技師は居づらくなってしまったようです。見かねた三木教授が日本航空工業を紹介し、彼は三木課長のチームスタッフと共に移籍しておりました。

日本航空工業における益浦技師はかなり三木教授に似てきていたような気がします。それはハインケル博士から流れる設計者魂と言うべきかもしれません。〈キ－76〉の設計者としては益浦技師以外、人はいなかったような気さえしてしまいます。

設計主務者となった益浦技師に試作機完成までとして与えられた時間は十ヵ月しかありませんでした。

それは〈フィーゼラー・シュトルヒ〉が日本に輸入されて来る頃を意味しております。航空本部は、それが輸入されたら間を置かず比較審査を実施して直協機問題に決着をつけてしまうつもりでした。いわば面子がかかっており、手際よく短期間で仕上げて見せる必要があり、間違ってもぐずぐずしていて技術本部の後塵を拝するようなことがあってはならなかったのです。

しかし、単なる軽飛行機ならいざ知らず、極限の低速性能を追求する難しい機体を、十ヵ月で作れというのは無茶を通り越しており、辞退したとしてもそれは良識というものでありましょう。

それを断わらなかったのは三木教授直伝の猛々しさだったのか、若さゆえの挑戦だったのかはよく分かりません。たぶん彼にはそれなりの成算があったのだと思います。依託学生だった時、陸軍教育を受けたのは砲兵隊観測兵としてであり、砲科実務に詳しかったことと、愛知時計で培った低速時安定の技術などで、ある程度具体的なイメージをつかんでいたのでしょう。

設計がスタートした時から彼と彼のチームスタッフは猛烈な忙しさとなり、土曜、日曜はおろか残業に次ぐ残業の毎日となりました。

全体設計としては、まず基本形態を決定しなければなりません。「戦場ニ於ケル軽易ナル離発着ニ適セシム」とか「捜索指導連絡及砲兵協力ニ用フ」という条件を考えれば自然に高翼単葉型に落ちつきました。

定員は三名と指示があり「行動ハ少ナクモ三時間トス」とありますので、それで概略の胴体と主翼の大きさが決まります。

確実な記録は見当たりませんが、「航空兵科以外ノ将兵デモ若干ノ訓練ニヨリ操縦ガ可能デアルコト」というふうな要求項目があったことは間違いありません。これを実現するにはいろいろ考えなければならない事があり、その一部として高揚力装置などによる超低速問題が鍵となりそうです。これは離発着の距離を短くするためにも欠かせません。

加えて厄介なことは、アルミなどの軽金属の使用が制限され、かなりの部分を木製技術で製作しなければならない条件がありました。強化木や積層材の強度や性質なども、早めに情報収集や研究をしておく必要があります。

このような条件は〈フィーゼラー・シュトルヒ〉が定員二名、航続時間二・五時間であることと比べても一段と厳しくなっているだけではなく、重量軽減を難しくしており、油断して設計を進めると使いにくい大型なものになりそうな雲行きでした。

「高揚力装置の徹底的追求しかないな」

というのが彼の結論です。他のスタッフが基本計算や問題集約を進めるころ、彼は東京帝大航空研究所に河田三治博士を訪ね、その指導を受けつつ高揚力装置の模索が始まりました。河田博士は協力を惜しまず、航空力学的解析や風洞実験にも手早く対応して設計作業促進を助けてくれました。この協力がなければ〈キ－76〉は航空史に名を残せなかったかもしれず、それだけに高揚力装置の果たした役割は大きいと言わなければなりません。

風洞実験模型は益浦技師のスタッフが作り、持ち込まれれば根気よく実験を重ね、スラット翼とファウラーフラップの最適位置を出すのに時間をかけていたようです。実験というのは貴重なもので、風洞天秤が壊れてしまうほどの大きな揚力が発生することもあって、益浦技師は設計の自信を深めてゆきました。

木製翼としての強度や最大揚力と重量軽減の兼ね合いからＮＡＣＡ２３０１５という最大翼厚一五パーセントの分厚い翼断面に決定し、二メートルという翼弦長に対し前縁に一二パーセントの固定スラット翼を付け、後縁に三〇パーセントのファウラーフラップを取り付けることとしました。

これにより基本問題は解決し設計に弾みが付くようになりました。難問はまだまだ山ほど残っております。通常の手順を踏めば二年はかかろうという作業を十ヵ月で進めようとしているのですから只事ではありません。益浦技師もチームスタッフも不眠不休の状態になって頑張りました。

航空本部は新参のこのグループにあまり期待をしていないようです。それだけに「ドイツなんかに負けてたまるか」という思いが強かったようで、このように対抗目標が明確になっていると、グループというものはいつの時代でも燃え立つもののようであります。

益浦氏がこの時の事を振り返って語る表情はうれしそうでした。奥様のご実家が大きな酒屋さんだったとかで、お酒には困らなかったと言います。それは確かにとんでもない大きな酒屋さんで一〇人や二〇人に振る舞ったところで何程のこともなかったでしょう。

益浦氏は、スタッフに疲労の色が濃くなると外出という扱いで自宅を訪ねさせ、疲労回復の妙薬補給後、職場復帰させていたそうです。

全員が体力の限界点で仕事をしていたことが分かります。

萱場資郎という人

大阪を訪ねてくる時の戸田技師はいつも上機嫌でした。大柄な体の上に大きな顔をのせ、悠然と歩いてきます。

技官の制服に威儀を正していても、人当たりの良さで人に緊張を強いるような方ではありませんから、報告を受ける時も会議の時も和やかな雰囲気のうちに進められました。

大阪帝大工学部航空学科は、開設されて三年程にしかすぎず、技術本部からの協力依頼には好意的でした。

戸田技師は役に立ちそうな人材を片っ端から嘱託に採用していったと言われております。

少し品下った表現ですが、こういうことをツバをつけておくというのでしょう。つまりは他から横取りされないための措置で、三木教授の他にエンジン関連で児玉教授など幾人かを網のなかに囲ってしまいました。しかし、これにより科学的裏付けのとれた展開と人材育成が可能となり、〈カ号〉製作の環境が整えられたことになります。

肝心の機体修理工場を見つけるのは難しそうでした。戸田技師は航空機メーカーを訪ね歩いているらしいのですが、航空本部の生産計画に組み込まれていて、引き受けてくれそうな工場など本来あるはずがないのです。

そんな状況にありながらも戸田技師の表情はまことに屈託ないもので、眼鏡の奥の目はニコニコとしており、前途の不安などまるで考えていないふうでした。

勅任官となったのはこの頃であったろうと思います。

〈ケレット〉の開発準備が進むうちに表面化してきた問題がもう一つありました。

修理が完了したとしても、操縦の担当をどこの誰に委ねるかということです。もう一度航技研に依頼することはできるとしても、また壊されてしまうのではないかという不安が先に立ちます。

それに、何よりもあの「カチン」ときた経緯がありますから、山中大尉にしても、再度頭を下げることには少なからぬこだわりがあります。

「閣下」

山中大尉は思い切って質問してみることにしました。正式に二等勅任官を拝命したために、以後は少将待遇としてこのように呼ばれるようになりました。

「さしあたって操縦者についての心当たりはおありでしょうか」

日頃めったに動じない戸田技師ですが、この時は鼻下に蓄えたチョビヒゲがピクリと動いたように見えました。どうやらこの件だけは解決の糸口がまだ見つかっていないようです。

それから間もなく、戸田技師の姿は東京芝浦にある株式会社萱場製作所の社長応接室にありました。応対したのはまだ四十二歳の創業者、萱場資郎社長であります。

この時の対面の様子は萱場社長自身の記録がありますので、そのまま引用いたしましょう。

戸田技師が私のところへオートジャイロの改造依頼に来られたのは、十五年十一月十四日である。戸田氏は、「今後の弾着観測や、地対地、空対地の連絡はオートジャイロによることにした。今、現品は阪大の三木教授の所にあるが、これを見取り製図し、破壊箇所を新造し、更に軍用として役立つよう、技術本部の色々の要求を入れて改造してもらいたい。実用実験の結果がよければ、今後の生産は萱場に任せてもよい」とのことである。

私は新種飛行機オートジャイロには、かねてから非常な尊敬と興味を持っていたので喜んで承知した。

（中略）

技本が多年生き悩んでいたTGと称する戦車から橋梁を射出する装置を、三ヵ月で設計試作してあげたので、萱場に頼めばなんとかなるだろうとのことと、慾得なしの新しいものに興味をもつ私の弱味を見込まれたものと思う。

（中略）

私共の会社は昭和二年の創業以来、製品はすべて自社開発の物に限っていたので、外国品を模倣するのは初めてで、いささか躊躇し製造権問題も話題に上ったが、日米通商条約は、十五年（一九四〇年）一月二十六日で米国側から破棄されていたので、少しも差し支えないとのことなので生産に踏切った。

萱場製作所は、一般に部品メーカーとして独自の製品を作っている会社であることで知られ、その主力製品にはオレオ緩衝装置、油圧器機などがありました。零戦を始めとして日本航空機の脚の大部分を製作しております。

つまり一〇〇〇分の一ミリ単位を使用する、精密金属部品製作を得意とする会社ですから、壊れた〈ケレット〉の脚だけではなく、ローターハブ周辺のフラッピング構造やラグヒンジを観察するうちに、戸田技師の内に自然と連想が働き、萱場の名前が出てきたとしても不思議ではありません。

この時の戸田技師と萱場社長の対面が〈カ号〉誕生の決定的瞬間と言ってもいいのですが、これだけではただ成り行きを説明したに過ぎません。

〈カ号〉は奇跡の系譜を継承したのだということは何度も述べてきました。その最後の論拠は萱場社長の登場であります。

彼が普通の経営者であれば、おそらくこの話は確実に断わっていたと思います。断わってもいい理由が彼には山ほどあり、それを言えば技術本部勅任官といえども諦めざるを得なかったでしょう。

この年の三月、萱場製作所は陸海軍共同管理工場に指定され、捌《さば》きされぬ受注残と、急膨張を続ける会社をコントロールするのに追われている時期にあり、萱場社長は席の暖まる暇のない激務の中にありました。

彼は発明家としての自分を全うするために会社を興した人ですから、独創こそが信条であり、模倣などプライドが許さないという気構えがあります。しかしながら、よほど飛行機が好きな人であったとみえて、自社内技術部に無尾翼機研究チームを作り、これを技術部第六課として自らその課長を兼任しているほどで、航空事情に通じており、他社が手を出したがらない理由もよく理解しておりました。

つまり彼は、苦労するであろうことを承知で応諾したのであります。現実の世界でこのような話はありそうに見えてなかなかあるものではありません。〈カ号〉の運命の不思議としか、他に言いようがないのです。

この当時、萱場製作所の他に〈カ号〉を引き受けそうな会社が二、三思い浮かばぬこともありませんが、意欲があっても力量が伴わず、航空本部とのトラブルに耐えられたかは疑問であり、結局、終戦の頃まで完成させることはできなかったと思うのです。

時くどいようですが、〈カ号〉が生まれるための必要条件は決して簡単なものではなく、期や、様々な人の人柄の組み合わせが少しでもずれていたら、生まれなかった可能性も充分にありました。

萱場製作所はさっそく阪大に派遣する要員の人選にかかり、技術部六課から小原五郎技師を主任として高橋明石技師、木原台蔵技手の三名が決定し、他に五、六名の補助作業員を付けて数日後には慌ただしく大阪へ出発して行きました。

〈カ号〉の取材に当たって萱場資郎氏の著作を読む機会を得、彼の人となりに接した人々のお話を伺うことができました。

この章を書きながら筆者は己の非力を感じないわけにはいきません。予備知識としてある程度のことは知っていたつもりながら、彼の発明品の数々は当方の理解力をはるかに越えたスケールで、自分の生きた時代の難問を技術開発という視点から解こうとした人であったように思われます。

萱場社長については別に正確な伝記が編まれるべきです。それは工学の素養豊かな若い世代の新しい目によってなされるべきでしょう。彼の活動は広範囲に渉り、技術分野も多様な組み合わせとなっていて、これを分かりやすく解説していただくためには余程の力量を持った方でなければ無理であります。

航空史というものは、どうしても華やかな活動をした機体に目が向きがちですが、それを底辺から支えた多くの人々を想わねばならず、その一角を担った人として萱場資郎氏が記録されることは日本航空史に、より一層の厚みを増し、当時の姿を伝え残すためには欠かすことのできぬ仕事でありましょう。

萱場製作所動く

陸軍技術本部第三部第三科は国電（現ＪＲ山手線）大久保駅にほど近い戸山ヶ原にありました。

お世辞にも立派とは言えない木造の建物で、第三科以外の科も同居していたために、写真やレンズの専門家や自動車関係の技術者などがそれぞれの仕事で働いており、雑然とした雰囲気に包まれた環境であったとのことです。

航空関係の施設としては、風車直径が一メートルほどのゲッチンゲン型風洞や、測定設備なども揃っておりました。オートジャイロの研究に先立って予算請求をしてみたところ意外にも簡単に通ったので、早速作ってしまったというものです。

山中大尉は〈ケレット〉の開発準備が進行するにつれ戸田技師の指示による雑用が増え、東京と大阪の往復を繰り返したり関係部門との交渉で忙しくなった折り、ようやく赤倉徳健中尉が一名増員となり、少し息が楽になったところです。

赤倉中尉は戸田技師と同郷で、学歴も東京帝大造兵学科という同じコースだったため、戸田技師に目をかけられたようです。

夕暮れ近くになって二人が打ち合わせをしているところへ戸田技師が帰ってきました。

「オイ、萱場製作所が引き請けたよ」

椅子に腰を下ろすなり声をかけてきました。

「全面的に協力するそうだ。量産機をまかせても良いと言ったら萱場社長はよろこんどったよ。ハハハ……」

戸田技師にしてみれば、ようやく胸のつかえがとれた思いだったのでしょう。ともかくうれしそうでした。山中大尉にしても芳しくない進行に心を痛めており、一時はどうなることかと思っておりましたから、うれしくないはずはありません。

それも萱場製作所というのであれば、オートジャイロ特有の複雑な部品群を知る者としては、技術的にも納得のいく決定でした。

しかも国家総動員法が制定されてから二年以上経過し、主要な工場は国家管理が確立していて本来割り込める余地などないはずであります。戸田技師はどこでどのように話をつけたものやら陸海軍共同管理工場の一角に場所を開けさせてしまったのです。山中大尉は舌を巻くばかりでした。

萱場製作所が苦労を買うような形で回転翼機開発に参加する気になったのには、一つだけ明確な事情がありました。晩年の萱場氏が残した文章のなかに、

「私は永年、部品会社扱いの差別的待遇に不満を持っていたので、機体会社扱いに昇格されることに魅力を感じ（中略）外国技術を模倣することの抵抗を乗り越えて引き受けることにした」

とあって、それまでに何度も不本意な出来事があったらしい事がうかがえます。本来が温和な節度を保った人で、人の悪口などめったに言わない人ですが、残された著作を読んでみると稀に怒りを爆発させたらしい箇所があって、どうやらそれは出来の悪い軍人を指しているようです。

世界の中でも日本軍人は規律のとれた礼儀正しい組織であった方であります。それでも時々不愉快な人物が居たことも確かで、生産の何たるかを知らぬ軍の威を嵩にきた無能力者に、小さな民間工場は泣かされたところが少なくありません。

航空機製造工場ともなると上層部の目も届き、そのような者を寄せつけることがなくなるのです。

萱場製作所の小原技師とその一行は、午後遅くなって大阪に着き、その足で阪大へと向かい、格納庫で壊れた〈ケレット〉を一通り見学し、翌日から三木教授の講義を受けることと機体の実測とで忙しくなりました。

小原技師はこの時誕生日を迎えたばかりの二十七歳、昭和十一年萱場入社以来五年目という、気力も体力も充実しており、技術者としても自立して進めるまでに成長したと認められて主任の肩書を与えられたものです。

高橋技師は昭和十三年、木原技手は昭和十四年の入社なのでまだ新人であり、あくまでも補助的要員であります。

萱場製作所における技術部というのは、それなりに横断的組織であったようであり、人材の面でもあまり固定されることはなかったようです。萱場社長そのものがフレキシブルな思考の持ち主ですから、技術部は彼の意識がそのまま反映された組織であったといっていいでしょう。

小原技師がそれまでにどのような仕事を担当していたのか詳しい記録はないのですが、航空母艦における制動装置や、戦車橋射出装置の設計スタッフであったらしいことが、わずかに分かっております。

彼が仙台高専機械工学科卒業であることを考えれば、この頃は企画設計の理論派であるよりは応用実戦の実務派であったようです。今回の任務はオートジャイロの航空理論を学び、その理解を基に実機を計測して作図することと、修理の方策を考え、実施方法を立案することです。

彼がそれまでに縁のなかった航空機関係の第六課に回されたのは、おそらく臨機応変の処置で、実機の計測つまりはコピー作業に主体がおかれていたためでしょう。もちろん当時はコピーなどとは言わず複製と言ったはずで、少し悪意を込めれば模倣、さらに込めれば猿真似などと言われます。

しかし、こと航空機に限って言えば、コピーするというのは単に形を真似ただけでは意味を成さず、設計者と同等の理解力を必要とし、同等の工業力と技術力があってはじめて可能となる行為であります。

ある国が持てる力の全てを傾けて戦闘機をコピーしようとしましたが、結局、原寸大模型を作ったにすぎなかったなどという話をどこかで読んだことはありませんか。

実機の計測を基にして図面を引いた経験がおありの方には、それが仮に三面図程度でも、いかに大変な仕事であるかはご理解いただけるものと思います。

オートジャイロはエンジンや胴体構造は一般の航空機と変わるところはほとんどありませんが、ローター構成部品や脚構造はまったく別種のもので、一般固定翼機の設計者がそれを見て、どこまで深くその構造の裏側にある思考を読み取れるかは疑問であります。思考のプロセスまで共有できてこそ本当のコピーということが出来るのです。

〈ケレットKD－1A〉の構造概要

〈ケレットKD－1A〉の調査、計測が始まりました。まず破損状況を調べて修理箇所を特定しなければなりません。それと同時に基本構造の機能の確認も必要です。それ

全員、当時ナッパ服と呼ばれた作業衣に身を包んで一つ一つ丹念に調べてゆきます。それを基に修復の方法を探るのです。

〈プロペラ〉

プロペラはリード式と呼ばれる二翔の金属製のもので、横転した時に激しく地面を叩いたため、エンジンを守るようにして折れ曲がっておりました。このプロペラは他に類を見ない特殊な形をしていて、一般には先端に行くほど羽根角が浅くなる、いわゆる捻じりがほとん

ど無く、まるで板をそのまま取り付けたような印象のもので、しかも全体の羽根角も見慣れない少なさでありました。

教授たちは一目で、それが低速度域での機動性に目的を絞った設計によるものであることを理解し、山中大尉や小原技師に解説いたします。大尉は航空学については専門外であっても物理科卒ですからこのような面の理解で苦労することはなかったでしょう。

修理は曲がったところを加熱しながら正確な羽根角に戻すことです。

金属組織を壊すことなく加工すべき適正温度の調査や、元の羽根角を特定することは大学の仕事でも、それを実施するにはしかるべき設備の工場と加工技術者が必要で、それを見つけて手配しなければなりません。

〈エンジン〉

エンジンは〈ヤコブスL－4MA－7〉空冷星型七気筒公称出力二二五馬力エンジンが搭載されておりました。特に高性能を狙ったものではなく、いくつかのオートジャイロに搭載された実績とそれなりの信頼性のあるエンジンです。

児玉教授より丁寧な説明を受けましたが、山中大尉はエンジンのことは良く分からなかったと述べておられます。

〈駆動装置〉

エンジン後部からは、ローターに予備回転を与えるための駆動装置が後方に伸び、クラッチを介して回転シャフトがマストに沿って上がり、ユニバーサルジョイントを介してローターハブハウジング内のギアを回す構造で、これはオートジャイロ特有のものです。
ローターの予備回転とは離陸滑走前にローターを一分間に一八〇回転の速度まで回して揚力発生状態にしておくことを言い、発進時にはクラッチを切って空転させておき、プロペラ推力で前進すれば、短い滑走距離で地面から浮き上がることができるというものであります。
駆動装置に破損箇所は無いようでしたが、精度や強度に関して高い技術力が求められ、複製にするには難しそうな部品でした。

【図6】ローターハブの構造概要

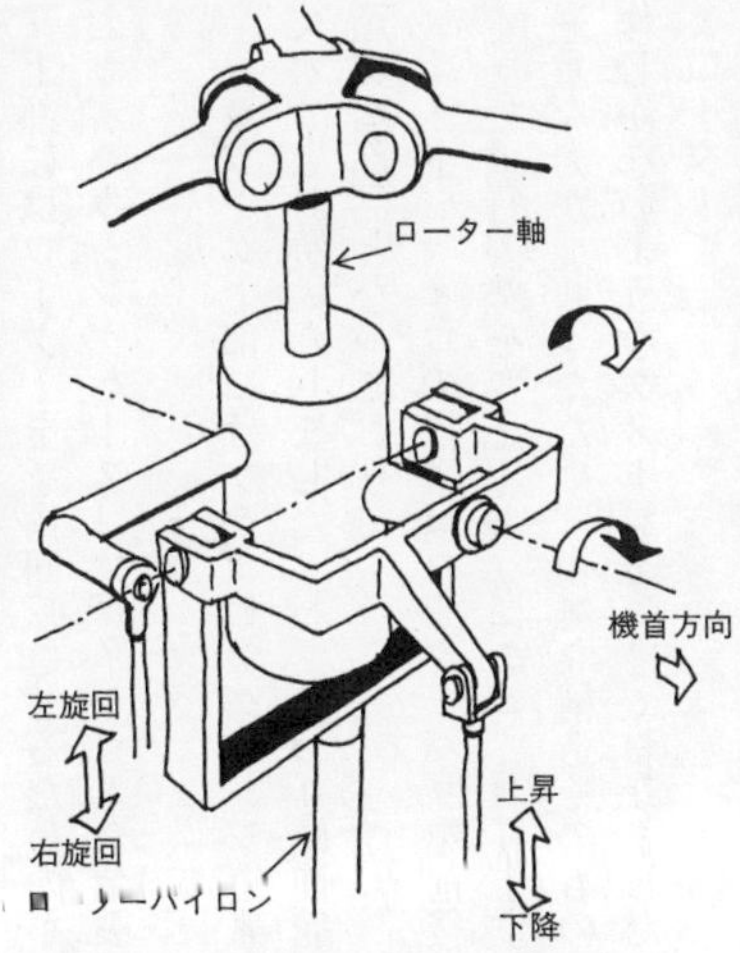

回転しているローターをどのように傾斜させるのか、疑問を持たれる方のために、実物の形を無視して図示しました。実物はいろいろな部品が重なり合っていて分かり難い。イラストのローターパイロンに対してローター軸中心がずれていることにお気付きだろうか。実物も前後左右に少しずつずらしてあり、理由は分からないが経験による対応であると思われる。

〈ローターマスト及びハブ〉

直径三インチ（七六・二ミリ）、長さ一・九メートルぐらいの鋼管パイプが後方へ一一度傾斜させて前席前方に立てられています。これに沿わせてコントロールロッド、ローター駆動用シャフトが立ち上げられ、それを涙滴型整形板でカバーしております。カバー後方にある小判型の貫通孔は偵察員用の手掛けで、身を乗り出して地上偵察をするときなどに役立ったものと思われます。

上部にはローターを予備回転させるためのギアボックスが、U字金具を介して乗せられており、ハウジングケースはマグネシウム合金製で軽量化に細かい配慮があることが分かります。

ハウジング上部にはフラッピングヒンジを兼ねたローター連結部があり、両者を一体としてハブと呼称いたしました。ハブまわりに操舵用アームがあり、強度を必要とするため相当頑丈な部品となっております。

オートジャイロの操縦はローターハブを前後左右に傾けることで、つまりダイレクトドライブで飛行姿勢を変えるようになっております。そのもっとも重要なローター取り付け部は過重な力が加わったため、複雑な構造そのものが捻じ曲がっていて、修理というよりは再製作しかないようなダメージを受けておりました。


〈ローター〉

破損がいちばん酷かったのはローターです。先端部などはどれも曲がった鋼管を残してすべて千切れ飛んでおり、原型をとどめておりません。

強く柔軟で耐久性が必要とされるという矛盾した要素を統合しなければならない過酷な部品で、教授たちの目もこれに集中しておりました。

直径四五ミリほどのニッケル・クローム鋼管を主要強度部材とし、木製リブを約九五ミリピッチで五五枚を配し、スプルース材を前後縁として軸組みを構成しております。かなり精密な作業であり、リブの一枚一枚も取付金具や補強工作があり、スポット溶接で固定しているなど、いろいろな経験の積み重ねであることが理解できます。

オートジャイロの命ともいえるローターの調査、計測にしても簡単ではなかったはずです。たとえば捩じり下げの有無にしても、ぐしゃぐしゃの状態から調査するのは大仕事ですし、無かったとしても確かに無いと断言できるまで調べないと結論は出せません。さらに言えば性能向上のための秘密が、さりげない形で隠されていることだって充分にあり得る話ですから、念には念を入れて徹底的に調査する必要があるのです。

このあたりは三木教授も気にかかる部分と見え、破壊されたところや残っているところを何度も調べて点溶接の注意点を指摘してくれました。

さらに〇・八ミリの航空ベニヤを巻き付け接着し、また布材を巻いてドープ塗装（酢酸セルロース）をして仕上げてあります。たしかに丈夫そうには見えますが、回転しながら間断なくたわみを繰り返しているわけですから、こんな構造でよく問題が起こらなかったものだと感心するほどのものです。しかし、不具合があったという話も伝わっておりませんので、必要条件を満たしていたのでしょう。

ローター断面は下面にもわずかなカーブがあり、ゲッチンゲン６０６と判明いたしました。この翼型については風洞実験でその特性を確かめておかなければなりません。

ローターの根元近く上下に点検パネルがあり、ラグヒンジのスプリング強度調製用と思われます。ラグヒンジも強度と精度が求められますので余程の加工技術がないと歯が立ちません。

ラグヒンジはアームを介してハブに連結しているだけで、ピッチ変更装置はなく、したがってローター迎角は固定です。

黒板に数式などを書き込みながら、教授たちは検討しております。三木教授の口からは頻繁にドイツ語が飛び出し、時々山中大尉を面食らわせました。頭の半分がドイツ語のような人なので悪口もドイツ語だったりしたそうです。

その三木教授もローターの解明には少し手を焼いたようで、ずいぶんと時間をかけております。

〈胴体〉

クローム・モリブデン鋼管組により基本強度を構成しております。機首部から尾翼位置まで鋼管寸法を少しずつ細くしてゆき、尾部重量の軽量化に留意しているのです。

第一次世界大戦のドイツから普及しはじめ一九四〇年頃まで一般的に使われた構造です。胴体外部整形材も金属平角材で木材の使用はありません。ローターマスト支持部、主脚支持部に簡単な補強をしている他は特記すべき事柄は何もないようです。

〈燃料タンク〉

燃料の増減により重量が大きく変化するものなので、機体重心両側面に配置されております。〈シェルバ〉など他社機が機体外皮内に取り込んでいるのとは違い、タンクそのものを機体外形を整えるために使っているわけで、〈ケレット〉独自の工夫です。

機体が前後に傾斜した時に、ガソリンが急激に移動しないよう干渉仕切りのようなものが内部に作り込められていて、タンク外部にその形跡が見えます。整備の時などは簡単に取り外せるようになっておりました。

〈脚構造〉

オートジャイロの脚構造は離陸時よりも着陸時に主眼をおいて設計されております。適当な向かい風があれば、ほとんど滑走せずに飛び上がれますが、着陸時は降下角が大きいので通常の機体より衝撃も大きいのです。

機体と結ばれている主脚支柱は片側五本もあって、衝撃を出来るだけ分散しようとしていることが分かります。

接地状態を見てもトルクリンクの伸びが大きく、油圧装置のストロークを長くしてあるのもそのためです。尾輪も同じ考え方で、一般には見られない長いストロークの緩衝構造となっております。

「これは萱場さんの専門だよ」という教授たちの言葉により、脚構造の調査は全面的に小原技師の担当となりました。

〈尾翼〉

水平尾翼は簡易な木製構造で、ひたすら軽量化に努めた結果だと理解できます。機体重心点をローター直径前方四五パーセント付近に保つための苦心の設計です。

最も特徴的なことは、水平尾翼の翼型が左右で反対になっていることです。翼型はクラークＹＨで上面にキャンバーがあり下面が平らになっている古典的なもので、左側は正常に納まり右側は上面が平らで下面にキャンバーがあるという、一見珍妙な形態となっております。後部から見ると尾翼付根が合わず、なんとなく作り損なったような印象を与えますが、これによってプロペラトルクで左に傾こうとする力を、前進時に受ける風とプロペラ後流により、右側へ回ろうとする揚力を発生させ、バランスを取ろうというものです。これはオートジャイロ後期型の一般的なスタイルで、特に〈ケレット〉だけの特徴ではありません。

もう一つ変わっているところと言えば、昇降舵のないことが挙げられます。

これはオートジャイロが低速飛行を得意としているためで、低速時は舵が利きにくくなり極端に言うと不要になるからです。ローターによるダイレクトドライブで充分コントロール出来るという意味でもあります。垂直尾翼は水平尾翼下面に左右一対で取りつけられています。下面にしたのは利きを良くするためだと思いますが、これで後部の見晴らしが良くなりました。

垂直尾翼にも方向舵が付いておりません。あまり強度を必要としませんから、構造は至ってシンプルです。金属の丸棒で簡単に骨組みを作り、羽布を貼っただけのもので、取り付けも丸棒四本をそのまま差し込んでナット止めしている程度です。

方向舵は胴体後部に一枚取り付けられていますが、拍子抜けするほどのシンプルな構造でした。

オートジャイロの操縦は尾翼をあまり当てにしていないということでしょうか。

教授たちのレクチャーを受けながら観察や所感を聞き、山中大尉と小原技師はそれを調査報告書にまとめてゆきます。戸田技師も頻繁に大阪を訪れ、報告を受けるとともに問題を検討しつつ東京へ戻るという行動を続けておりました。

なにしろオートジャイロという日本にとって初めての、しかも製作を前提とした調査で、そのうえ時間に限りのある作業ですから、現物が目の前にあったとしても合理的に全体を把握し、説明できるようになるまでは相当の苦労があったと思わねばなりません。

もちろんこの段階では小原技師だけで成し得ることではなく、三木、児玉両教授の助言と山中大尉の協力が一体化して進行するのであります。

小原技師は口数の少ない人でしたが、その分だけ質問にも行動にも無駄がなく、それはオートジャイロに対する理解が進んでいることを示し、計測の仕事も着々とこなしております。当時には珍しい長身であったためか、動作が少しゆるやかで、知らぬ人には機敏さに欠けるというような印象を持たれがちでした。しかし全体を見る目を失わず、個々の部分を一段一段正確に積み上げるようにして検証してゆく粘り強さは彼本来のものらしく、この複雑な仕事には適役であったと言うべきで、萱場社長の人を見る目が確かであったということでもあります。

十二月四日、萱場社長は技術本部へと出向き、本部長以下戸田技師までの立ち会いのもとに、回転翼機の修理、開発の請負協定書に署名しました。この日を以て萱場製作所は正式に回転翼機開発主体工場となったのであります。

大阪に来ておよそ一ヵ月近く経過しようとし、講義も計測も一段落しつつあるころ、機体は一度東京に戻されます。

成り行き上、研究拠点が大阪で、修理部門が東京となってしまったのは仕方のないこととしても、修理の準備体制は東京で作ったほうが効率的なことは明白ですし、細部の作図などは人手もかかりそうですから東京工場のほうが何かと便利であります。

萱場製作所は工場の近くにいくつかの倉庫を借りておりました。そのうちの一つが日の出桟橋付近にあり、師走も押し詰まったころ、ひっそりと〈ケレット〉が運び込まれてきました。

陸海軍共同管理工場に指定されている会社ですから、もともと機密保持については厳しい運用があります。この倉庫には重要秘密兵器を作っているということで、それに輪をかけた防諜体制を敷き、関係者以外の立ち入りは厳重に禁止されたのです。必要最低限の書類のやり取りも入口の守衛を通し、回れ右で戻ってきたそうです。

修理の総指揮は工作部副部長であった久保茂技師がとることになりました。昭和八年入社で小原技師の大先輩にあたり、いろいろ指導してくれた人で、大型制動装置や一五トン離陸促進装置を完成させ、海軍の山本五十六航空本部長を喜ばせた実績を持っております。キャリアとしては文句なしのベテランでありました。

これほどの実力技師を配したのも萱場社長の配慮でありましょう。航空機製造工場として認められるには、技術的に完璧であることはもちろん、時間的にも早々と仕上げてその実力を示さなければなりません。

久保技師は、的確な指示を短時間で発することが出来、その要領も心得ております。さらに工員を手足のように使うことも手慣れたもので、これ以上の適任者はなかったでしょう。

小原技師等が書き上げた金属部品の図面は、さっそく工場に回され、何の部品かは秘密のまま製作されてゆきます。

ともあれ秘密兵器修復作業所は、大晦日の夜も遅くまで灯の消えることはありませんでした。

この章は昭和十五年の出来事をまとめようとして書いております。本当は〈テ号〉のこともその中に紛れ込ませようとしていたのですが、いろいろとややこしくなってしまいそうで、ついその機会を失ってしまいました。

陸軍技術本部は〈カ号観測機〉の他に完全な固定翼機として〈神戸製鋼テ号試作観測機〉の製作も計画しております。設計は三木教授となっており設計主務者の立場でありました。話を持ちかけたのはもちろん戸田技師であります。

〈テ号〉は〈カ号〉以上に知られることの少ない機体で、開発の実態はほとんど知られておりません。残されたわずかな記録から類推して設計開始の時期は昭和十五年八月以後であることは確かで、ごく基礎的な研究がソロリソロリと動きはじめたのだろうと思うばかりです。つまり〈カ号〉には航空本部管掌の機体のほかに〈テ号〉というライバルが誕生しつつあったことになります。このことについてはまた後ほど述べるとして、とりあえず昭和十五年に〈テ号〉という計画が進行しつつあったということを記憶しておいてください。

修復作業の完了

昭和十六年が明け、技術本部三科の事務所では山中大尉が仕事始めの机に向かっておりました。

軍隊組織である技術本部にも、民間ほどではないにしろ、年始客などの訪れがあり、わずかに正月気分が残るのは仕方のないことであります。

「やァやァ、おめでとう」

と、客の応対をしている戸田技師の明るい声が流れてきて一応上機嫌のようですが、山中大尉も赤倉中尉も、閣下が珍しく時折難しい顔をして考え込んでいるのを見ておりますので、例の問題が片づいていないのであろうことを察しておりました。

一つは回転翼機の操縦士を見つけることと、修理を終えた機体の運用整備のことです。今までの行きがかり上、航空本部が協力してくれることはあり得ませんし、これといったあてもありません。

もう一つはエンジンをどう調達するかということであります。修理中の〈ケレット〉は問題ないとしても、試作機製作計画は進行しはじめましたが、エンジンが入手できなければすべてが無駄になり中止に追い込まれることは目に見えております。

船舶や自動車など他のエンジンに比して航空機用エンジンは特殊なものです。しかも生産計画の壁がすでに厚く張りめぐらされておりますから手も足も出ず、戸田技師は仕方なく航空本部に〈ハ－42〉の供給依頼に行ったのですが、まったく相手にしてもらえませんでした。生産実績が一五パーセント以上計画数に達しておらず頭を痛めている最中ですから、当然と言えば当然です。

回転翼機はまだ前途多難と言わざるをえず、山中大尉等も正月用のめでたい顔など作りようもなかったのです。しかし、回転翼機には不思議な幸運がついて回っており、またまた意外な展開を見せることになります。

同じ事務所内に高知県出身の町田誠二郎という若い技手がおります。気球用水素の担当者なので仕事の話は互いにしませんが、同室である以上、相手のことは知りたくなくとも知ってしまいます。

彼は正月に帰郷しており、その帰りに混雑する列車のなかから見た風景を、何気ない口ぶりでボソッと山中大尉に伝えたのです。

「朝日新聞社のオートジャイロが大阪で飛んでいましたよ」

「？……そうか！」

山中大尉は町田技手のいわんとしていることを即座に理解しました。灯台もと暗しというべきか盲点というべきか、日本には唯一オートジャイロを乗りこなしている朝日新聞という組織があったのです。

朝日新聞が昭和七年に〈シェルバC・19Mk・Ⅳ〉を買い入れたことは前に述べました。昭和八年には「空中新道中膝栗毛」というオートジャイロ飛行を中心にしたユーモラスな企画を立て、その行状記を紙面に掲載して評判になったことがあります。

その時の新野百三郎パイロットは、横風で横転してローターを壊してしまうなどの目にあいながら、その後も機体を修理して飛びつづけております。それはもう八年も前の話で、人々の記憶から遠ざかりつつはありますが、今も飛行しているということはパイロットも運用技術者も存在していると考えていいわけです。

「ありがとう。いい話を聞いた」

山中大尉は礼を言うと、その足で戸田技師のところへ向かいました。

報告を受けた戸田技師は何事もなく軽くうなずいただけです。ただ、この瞬間から戸田技師の折衝能力に火が付いたことは確かで、その数日後だったか数週間後だったか山中氏に記憶がないのは残念ですが、ある日、技術本部三科にモーニング姿の男性七名が突然訪問してきました。

朝日新聞航空部の河内部長、新野次長、飯沼、長友、川崎飛行士、塚越、山本機関士という、名前も顔も良く世間に知られた人々であります。

特に飯沼、塚越のコンビは昭和十二年、東京ロンドン間を神風号によって世界新記録で飛

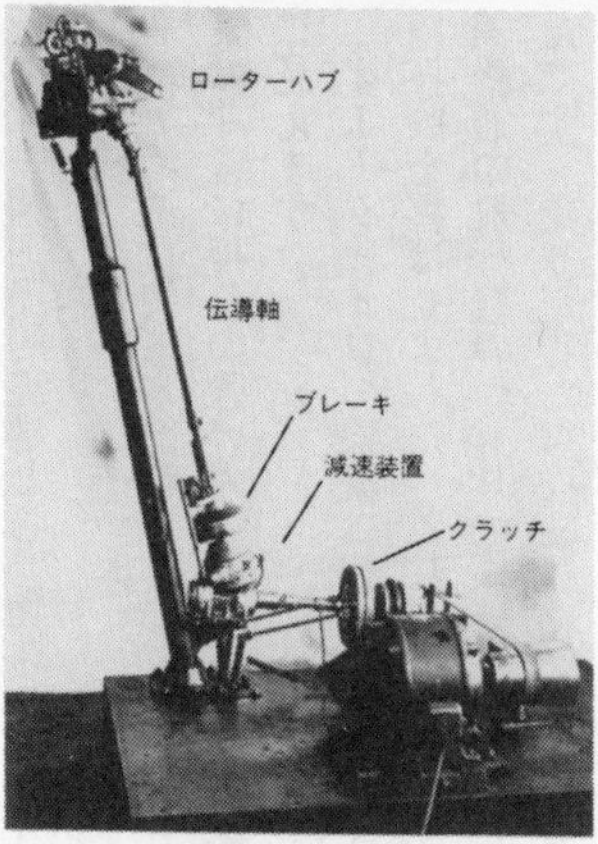

ローターの予備回転機能を確認するために作られた実験装置。エンジンの代用として電動モーターで回転をあたえている。全体としては、エンジン後部から取り出された回転力をクラッチを介してローターハブまで伝えているのだが、単にジョイントや歯車を通して機能しているというだけでなく、外見からだけでは分からない工夫があったりして興味が尽きない。エンジンからローターハブまでは神戸製鋼所の製作であった。

クラッチ

減速装置の構成部品

ブレーキと回転計取付部の構成部品

ローターハブの構成部品

行し、一躍国民的英雄として知られており、今風に言えば有名スター勢揃いというところでしょう。

彼等は全員技術本部嘱託として採用され、その挨拶に参上したということでした。河内部長は非常に押しの強い人で、言葉は江戸っ子ふうの荒々しさがあって、それだけに頼もしげに見えます。

オートジャイロの操縦は新野次長は言うに及ばず、飯沼飛行士以下多数いることを知り戸田技師を喜ばせました。これで〈ケレット〉修復後の心配は吹き飛んでしまったわけです。

「普通の飛行機のつもりで操縦したら壊しちゃいますよ。オートジャイロは簡単でわけないんです。走りだしたら操縦桿をグイッと引くだけで浮いちゃいますよ」

飯沼飛行士はこのような場に慣れているらしく面白そうに解説をしてくれて、その緊張のない様子がかえって好もしく、いかにも一流の飛行士らしい印象が残りました。

河内部長も大正十四年（一九二五年）、欧州訪問大飛行という企画で操縦桿を握り日本国中を沸かせた人です。航空部部長となってからの実行力には定評があり、

「朝日新聞社航空部は全力をあげてご協力いたします。操縦にも機体整備にも必ずお役に立たせていただきます」

と、迫力あるダミ声で挨拶されると、全員文字どおり百万の味方を得たような気分になってしまいました。戸田技師の政治力もさることながら、山中大尉は町田技手の一言が三科の窮状を救ってくれたのだという感謝を忘れず、後年一文を編まれたほどであります。

萱場製作所では熱気のある修復作業が続いておりました。萱場社長は毎日現場に足を運び、ただ黙って見守っているだけで何も口出しはしません。金属部品などはお手のものですから早々と仕上がってきていて、擦り合わせを慎重に進める段階になっております。

ローターの駆動装置（ロータークラッチとも呼ばれていたようです）は阪大での調査所見が付けられておりましたので、それに従って作業手順を定めます。ギアの構造などは彼等にとってそれほど複雑なものではありませんので修理は順調に終わり、試験台に設置しての作動実験も特に問題はありません。

三木教授と児玉教授は要所要所の仕上がりタイミングを計って上京し、検討課題などを発見すると、小原技師を交えて長い打ち合わせをしていることもありました。

航空機特有の木製部品や羽布貼りなどは、社内にその技術がないので外部に協力要請したと思われますが、記録が見当たりません。萱場は航空本部からの依頼で無尾翼機の研究と試作を請け負っており、その際に製作協力をした津田沼の伊藤飛行機製作所か、蒲田の日本小型飛行機製作所あたりの手を借りたような気がしないでもありません。このあたりは想像するのみです。

いちばん手間と時間がかかったのはローターの製作です。金属と木製部品が組み合わされており、さらに薄い航空ベニヤを貼り合わせなければならず、工程ごとの治具《ジグ》が必要な他、接着剤なども工作要領を確かめるところから進める必要がありました。しかも重量分布など一様で均一に仕上げるという難しさもあります。日本の高分子化学工業はまだまだ未発達の状態で、接着剤には大変な苦労をさせられました。試作を作り、強度を調べ、重量配分の工夫がつくころには、冬は去り芽吹きの季節となっておりました。三木教授がこれならばというような仕上がりのローターが製作できるようになったのは桜が咲き揃うころでした。

山中大尉と赤倉中尉は修理作業が完了したことを確認、試験飛行までの準備作業、関係方面の連絡、手配と実務進行業務に着手いたしました。

みすぼらしい姿で運び込まれた〈ケレット〉は、羽布が貼り替えられ銀色塗装を施すと、見違えるように航空機らしい引き締まった雰囲気を漂わせるようになりました。久保技師以下工員たちも、何を成したかの自覚とともに誇らしい気持に満たされ、忙しかった数ヵ月の苦労は忘れておりました。

小原技師にとってはまだ進行途中であり、修理業務が完了したという安堵感よりも、早くも次の展開に気持が走っているようで、表情には普段に見せない緊張感があります。万一に備えてのローター、ローターハブ等の予備部品も整然と並べられ、試験飛行への用意が万全であることが確認されると、機体は運搬のために分解されました。とりあえず一区切り付いたという気分がわずかな華やぎを作業場内に作っておりました。

梱包された〈ケレット〉は全員の注目の中で慎重にトラックの荷台に納められ、来た時と同じようにひそやかに運び出されて夜の闇へと走りだして行きました。

修復機飛ぶ

〈ケレット〉が大阪帝大に戻ると萱場製作所のスタッフも集結しました。三木教授の指導で機体と部品が測定、再チェックを受けます。

朝日新聞社航空部の河内部長、川崎飛行士や整備士も顔を見せ、作業を見守るようになりました。河内部長と三木教授が面識を持つようになったのは、この頃であったと思われ、〈テ号〉の協力関係が成立します。

チェックが終わった部品は小原技師などが立ち会いながら取り付けられ、注意点や作業要領を確認しあいます。機体が組みあがりローターがセットされると、萱場にとって操縦系統などは未経験の領域なので、三木教授や川崎飛行士の助言を聞きながら調整法などの技術習得に努めました。

数日後、組みあがった〈ケレット〉は何度も入念な計測を繰り返し、ついに三木教授が問題なしと宣言し、最後の運転試験となりました。静謐であるべき阪大構内に突然爆音とローター回転音が轟き渡ります。山中大尉はさすがに気がひけて居場所に困ったということです。もちろんエンジンは短時間で止められ、修理作業は終了したのであります。

次に残された問題はどのようにして〈ケレット〉を飛行場に運ぶべきかということでした。飛行場は伊丹の第二飛行場と決定しており、そこにある朝日新聞社の格納庫をベースに試験飛行が計画されておりました。

せっかく計測が完了した状態ですから、もう一度分解などということをせずにこのまま輸送するのが最善でしょう。しかし当時は大阪といえども道路事情は悪く、道幅が狭いために昼間の通行は無理で、車輌通行の少ない夜間に警察の協力を得て運ぶより方法はなさそうでした。

また、道路を横断している低い電線が無数にあり、トラックの荷台に乗せた状態ではあちこちで立ち往生してしまいそうです。結局尾輪をトラックの後部に乗せただけで、つまり機体を後ろ向きに牽引してゆくことになりました。

阪大の向かい側に警察署があったと言います。山中大尉が出向き、夜間の交通規制を要請しました。

暦が変わって五月になったばかりのある夜、萱場製作所の人員を主体に輸送隊を作り、山中大尉が引率する形で出発したのであります。街中といっても道路など砂利道が多く現代のような滑らかなところは少なかったのです。ちょっとした石に当たっても、凸凹に乗っても主脚緩衝装置はこのような場合うまく働かず、機体の弾みが大きくなり破損する恐れがあります。手に手に懐中電灯を持って対向車に注意を払い、足元を監視しつつソロソロと時速四キロから八キロぐらいのスピードでゆっくり進む以外に方法はありません。淀川大橋では警察が全面交通止にしてくれたので、気兼ねなく渡ることができました。そこからは北への道を豊中に向かい、機体を囲むようにして進みます。夜中のため行き交う車も少なく、通行は大分楽になりましたが、萱場の社員たちは気を締めあって機体の様子に気を配り、何としても無事に送り届けるのだという気持が山中大尉にも伝わってきました。

豊中を過ぎると道幅も広がり、一キロほどで伊丹飛行場です。珍しいことにこの飛行場は大阪府と兵庫県に跨がっていて、第二飛行場というのは二期工事で兵庫県側に拡張したほうを言います。

朝日新聞の格納庫は灯が点いていたのですぐに分かりました。待機していた係員が扉を開け、〈ケレット〉は何事もなく収納され全員が安堵の声をあげたのは真夜中の二時ごろでした。

翌日は五月晴れの名のとおり抜けるような青空が広がりました。〈ケレット〉は朝早くから格納庫前に引き出され、朝日新聞の手で整備作業が始められています。朝日を浴びて真新しい銀色塗装が眩しく光っており、事情を知らない人には新型実験機のように見えたことでしょう。

その隣には朝日の社有機〈シェルバＣ・19〉も引き出されていて、新旧のスタイルの違いを際立たせております。

眠い目をこすりながら飛行場へやってきた山中大尉は、〈ケレット〉の周りに立っている人々を見て、それまでの眠気が吹き飛んでしまいました。

多田礼吉技術本部長や戸田技師をはじめ本部上層の四、五人や、萱場製作所からは山口一太郎部長までが顔を揃えていたからです。戸田技師以外の技術本部将官はおそらくこの計画を陰で支えていた人々であり、山口部長は萱場側の限られた計画関与幹部で、このように集まっている光景はめったに見られるものではありません。

川崎飛行士と山本機関士は共に飛行服に身を固め、機体のあちこちを目視点検を始めております。その後ろには小原技師が立ち二人の会話に耳を立て時々ノートをとる姿がありました。

やがて川崎飛行士が後部パイロット席に乗り込み、操舵点検に移ります。オートジャイロの操舵は方向舵とローターハブの傾斜のみで行なわれますので操縦桿を前後左右に何度も動かして作動が滑らかであることを確認するのです。

そのたびにローターの先端が揺れて、銀色塗装が青空を背景にキラリキラリと太陽光を反射しておりました。山本機関士は機体周囲を巡りながら観察を続け、

「異常なし！」

と大声で告げると前席に乗り込みます。整備の責任者が山中大尉のところへ来て、

「これからエンジンを始動いたします」

と報告すると、大尉は見学者を誘導して機体側面一〇メートルぐらいの所へ移動し、いよいよ自分たちの苦労の結果が判定される時が近づいていることを実感いたしました。

エンジンはゴム掛け始動という、一般にはパチンコと称された方法で行ないます。プロペラの一方を時計短針の一時半ぐらいの位置にしておいて、そこへ皮製のキャップをかぶせ、キャップの先に繋がったゴム索を四、五人で引っ張るというものです。

修理が終わった復元機。記録には改修が施されたとあるが、外形からは何も分からない。胴体の水平尾翼下あたりに、「年月日14年」とわずかに判読できる記入があり、これは本機が輸入された時を指している。印刷では影になって潰れていて読めないのは残念である。

このリード式プロペラはオリジナルの〈ケレット〉のもの。予備が無かったので、破損して曲がってしまったのを住友金属に依頼して修理をしたとのこと。その時の依頼書は山中茂氏が書いたと本人の証言がある。表面のマークはおそらくカーチス社のものと思われる。

ローターの折りたたみ機構は、オートジャイロのメーカーがガレージにも収納できるようにと工夫した結果である。尾翼支柱がローター受金具のハードポイントを兼ねている所など、よく考えられている。固定タブの調整要領などは、もはや伝えられていない。

整備が完全だったためかエンジンは一回で始動しました。エンジンが温まるのを待って回転の増減を繰り返し、異常のないことが確認されると、川崎飛行士は計器盤左下にあるクラッチレバーをゆっくり引き上げました。

ローターがフワリという感じで回転を始め、回転が上がるにつれてエンジン音と共に風を切る音が周囲に満ち、吹き下ろされた風が土埃を四周に流すようになって、ようやくオートジャイロ本来の姿を見せはじめました。

戸田技師は土埃のため口を結んでおりますが、心なしか微笑んでいるようです。

小原技師はローターマストがわずかに振動しているのを見つけ、それがどのような結果をもたらすのか、次々に沸き上がる思考を交錯させながら目を機体から離しません。

山口部長は背筋を伸ばした姿勢で立っていて、落ち着き払っているように見えながら両手の拳を色が変わるほど強く握りしめておりました。彼は元歩兵第一連隊大尉だった人ですが二・二六事件に直接参加はしなかったものの、協力行為があったということで軍を追われた人です。元技術本部員だったこともあって、技術部長として萱場製作所に入社しました。熱血漢だけに慎重な飛行前点検に少し焦れているようでした。

そんな周囲の人々の意識など意に介さぬふうに、山本機関士は席を降り、回転するローターを観察しながらもう一度機体周囲をゆっくりと回り、どのような不具合でも見逃すまいと透明な翼に注意を集中しております。

〈ケレット〉の予備回転は一八〇回転ほどになります。一八〇回転とは一秒間に三回転となりますので、現在のヘリコプターに比べればかなり優雅と言えましょう。回転することで円形の透明な翼となり機体を空に浮かべる基となるものです。それだけに繊細なところもあり、注意の払いすぎということはありません。

ようやくして山本機関士はコックピットの川崎飛行士のところへ歩みより、エンジン音で聞こえませんが何事かを伝えて、再び前席に乗り込みました。飛行士の合図で車輪止めが外され、〈ケレット〉は自らの意思のように滑走路方向へ進みはじめます。

滑走路上で一度停止しローターが規定回転数になったところで川崎飛行士はクラッチレバーを下げました。今まで重いローターも回転させていたエンジンは負荷が前方のプロペラだけになったので力強く機体を引っぱりはじめ、走りだしたと思う間もなく車輪は地面を離れてゆきます。

この瞬間いつもは物静かな小原技師が、別人のような厳しい表情を見せ、目だけで〈ケレット〉の姿を追っていました。

機体はゆるやかに西へ進路を向けながら、何のためらいもなくぐんぐん上昇を続け、誰もがこの飛行が成功したことを実感しはじめたころ、突然、

「万歳！　万歳！」

と、絶叫の声をあげた者がおります。

山口部長です。それまで身の内に留めていた緊張感が爆発してしまったようであり、日頃の謹直な人柄からは想像もつかない喜びようでありました。

全員の目は〈ケレット〉の一点に集まり、一〇〇メートルほどに上昇し徐々に右旋回に移って飛行場を大きく一周しようとしている姿を追っております。光の加減で機体のあちこちがキラキラと光り、見上げる人々はそれを瞬きもせずに見守っているだけです。

高度を維持しながら滑走路に正対した〈ケレット〉は三〇度ぐらいの大きな降下角度でゆっくりと進入し路面上一メートルあたりで水平に戻してそのままフワリと着地いたしました。

全員から深い安堵のため息がもれています。とうとう成功したのだという思いがそれぞれの表情にあらわれておりました。

〈ケレット〉は滑走路から格納庫前にタキシングして停止し、ローターが止まるのを待って、先ず整備員が駆けより、他の人々もそれに続きます。

小原技師は歩きだそうとした時に全身の脱力を覚え、立ちすくんでしまいました。彼の心に持っていたものの重さが、どれほどのものであったか分かろうというものです。

この場における試験飛行の最高位責任者は山中大尉ですから、川崎飛行士と山本機関士の報告は彼に対して行なわれます。戸田技師や他の高官たちはオブザーバーとしての立場で傍らに立って聞いているだけです。

「試験飛行の結果をご報告いたします。試験機はオートジャイロとして実に優秀であると認められます。操縦応答性、上昇、下降、増速、減速いずれも問題ありません。今回最高速度については試験いたしませんでしたが、時速一七〇キロ以上は確実と思われます」

「発動機、関連機器についても異常ありません。ただし、回転翼の予備回転中の振動はやや過大でありましたが、実用上差し支えないほどのものであります」
「お二人ともご苦労さまでした」
と山中大尉は礼を言い、試験飛行が成功したことを確認したのであります。

この日、川崎飛行士の勧めにより、山中大尉は朝日新聞の〈シェルバC・19〉に乗り、初めての短い体験飛行をいたしました。ローターの予備回転をさせずに滑走だけですぐに飛び立てたそうです。固定翼が邪魔をして視界が悪かった他は快晴の空の優雅な散歩を楽しみました。

旅館に引き上げた萱場製作所の人々は、大宴会を開いたと伝わっております。長い緊張と苦労から一時に解き放たれたのですから物凄い酒宴だったらしいのですが、詳しい様子は残されておりません。

〈キ－76〉の完成

昭和十六年五月、〈ケレット〉の修復機が飛んだころ、日本航空工業の平塚工場では〈キ－76〉の試作機が、しかも二機、形を現わしはじめておりました。

この会社は二ヵ月後の七月、航空本部の再指導により国際工業株式会社と合併し、日本国際航空工業株式会社となります。もちろん普段はこんな長ったらしい名前で呼ぶ人はなく、日国《にっこく》と略されていたようなので、これからは全部ひっくるめてこのように表記させていただきます。本社は東京に置かれ、平塚と京都に工場があるという形になりました。

益浦技師とそのスタッフたちの奮闘により機体そのものはほぼ完成し、最後に残されたファウラーフラップの取り付け段階に入っておりました。現代のジェット旅客機を見慣れた我々世代にとっては珍しくもない装置ですが、その当時の益浦技師にとっては参考とすべき機体も少なく、構造そのものは彼自身の考案により作り上げたものです。

陸軍航空機の本来は飛行場使用を前提としておりますので、着陸距離が長いといってもあまり痛痒を感じません。だからあまり凝った高揚力装置の機体は作らなかったのです。

一方海軍機は航空母艦上で運用する建前のものが多いこともあって、着艦距離を短くしたいというのは常につきまとう願望でした。そのため高揚力装置の研究には熱心で、後には〈彩雲〉のような、ほとんどジェット機と言ってもいいようなメカニズムを実現しております。

益浦技師が作ろうとしているものは、陸軍航空技術者にとっては今までに前例のないものでした。書類審査ではいろいろクレームが付けられて、早く機体を完成させようとしている彼をイライラさせたようです。

どのような事がクレームの対象になったのか詳しい記録はありませんが、極限の低速性能を実現するための論理的根拠であったことは確かでしょう。この場合、審査する側の人というのも航空機開発においては重要な意味を持ちます。

審査とは一義的に言えばチェック機能であり、科学的裏付けを唯一の権威とし、その判断には責任を伴います。しかしここに人格的要素が加わると、機能として有効に働く場合と、全然役に立たないばかりか逆に足を引っ張るような存在になることがあります。

担当者は急いでいる事情など無視するかのように、審査は遅々として進まず、数回の打ち合わせを重ねても重箱の隅をつつくような疑義点を見つけては指摘することを繰り返し、承認印を押そうとはしません。〈キ－76〉は、ただ飛ばすだけなら問題点を探すのが難しいほどのシンプルな機体です。担当者には協力しようという態度がまるでありませんでした。

こういう時に黙って引き下がっている益浦技師ではありません。師匠直伝の反骨精神がムラムラと沸き上がり、反撃を開始いたします。

彼には参謀本部にコネクションがあり参謀総長とも面識がありました。別に彼が望んでそうなったわけではなく、設計者の意見を直接聞くために参謀たちが参謀総長の宿泊先に呼び出したことによるものですが、多分にお酒なども入って忌憚のない議論を交わした経緯があったのです。

益浦技師はあまりにも不毛な形式主義であるとして参謀本部に直訴すると言いだしたのです。この時の彼の顔は本気であったと想像します。

普通に言えばこれは禁じ手を使ったことになります。担当者を飛び越えて上部に話をするなどというのは明らかにルール違反ですし、ましてや参謀本部に訴えるなどは筋違いもはなはだしい行為ではあります。

もちろんそんなことは百も承知でありました。彼には外国に負けない低速機を作るのだという何よりも優先する目的があり、そのために寝る間も惜しんで作業を続けてきたのです。

こんな小役人のために計画を潰されてたまるかという思いが先立っており、つまりは確信犯であります。

担当者は議論の無茶苦茶さにも驚いたでしょうが、参謀総長の名が出たことには顔色が変わったでありましょう。参謀総長というのは一般の者にとって遥か雲上の人であり、直接に天皇と対話が出来る高位者なのです。

担当者にはやはり良心に照らして後ろ暗いところがあったらしく、益浦技師が抗議した数日後、書類は航空本部へと渡って行きました。

組織に権威があるというのは必ずしも悪いことではなく、物事を迅速的確に進めるにはそれなりに必要なものではあります。ただし、使い方を誤るとこれほど迷惑なものもなく、所詮はそこに携わる人間の問題と言えましょうか。

〈キ-76〉にとっての幸運は益浦技師のような横紙破りな人を得たことでしょう。いかに能力があり真面目で実直な設計者であっても、もう一種の実行力が伴わなければ物事は成し得ないようです。そう思って日本航空史上著名な設計者を思い浮かべてみると皆様それぞれの意味で豪傑であったことに気付かされます。

益浦技師は〈キ-76〉の開発に当たって指導協力を与えてくれた人を数人挙げておられ、その中に三木教授の名がありました。二人の師弟関係を思えばごく自然なことのようでありますが、二人はそれぞれに忙しかったはずです。

三木教授にしても〈テ号〉の設計がこの時期に終了していないと、後に行なわれることになる〈カ号〉との比較審査にそろそろ間に合わなくなる頃でした。したがって二人が〈キ－76〉に関して顔を合わせたとすると、三木教授が〈カ号〉のために何度か上京したその途中、平塚に立ち寄ったとしか考えられません。それも短い時間であったと思われます。

〈キ－76・陸軍三式指揮連絡機〉。日本国際航空工業の若きスタッフたちが情熱を傾けた、地上支援機の傑作である。

奇しくも似たような機体を設計するようになった一人ですが、益浦技師には大先輩の見識と経験が貴重なアドバイスであったでしょうし、三木教授には先行している〈キ－76〉が参考にならないはずはありません。二人はライバルである以前に師弟としての節度で話し合っていたような気がします。

筆者が気になるのはこの時〈カ号〉が話題になったかどうかということであります。一応軍事機密ではあったでしょうが、研究者同士の話し合いにオートジャイロが話題にならなかったとは考えにくいのです。おそらく益浦技師は修理の過程を含めて、かなり詳しく〈カ号〉のことを知っていたのではないでしょうか。

知ったところで益浦技師としては〈キ－76〉の設計に影響を受けるわけもなく、せいぜい低速性能に磨きをかけようと考えたぐらいでしょう。やがて〈カ号〉と〈キ－76〉には、皮肉とも言える出会いが待っているとは誰にも想像さえつかないことでした。

古い雑誌を見ると〈キ－76〉は〈フィーゼラー・シュトルヒ〉を真似たのだとか、参考にしたと言うふうに書かれている記事がけっこうあり驚かされます。日本軍用機は必要以上に軍事機密の網がかけられていたため、いろいろな面で損をしております。同じコンセプトで設計すれば、こんなにも似てしまうのだという良きサンプルでありましょう。

違いを際立たせているのはエンジン部であります。〈シュトルヒ〉は〈アルグスAs－10〉空冷倒立八気筒エンジンを積んだため、機首部がほっそりと仕上がり前方視界がとても良くなっております。対する〈キ－76〉は〈ハ－42〉空冷星型九気筒を積んでいてやや太り気味の機首部となり、残念ながら〈シュトルヒ〉よりは前方視界が劣ります。

これは日本に適当なエンジンが無かったという事情によるもので、設計の責任ではありません。しかも最初は〈ハ－13天風〉離昇出力三八〇馬力を三一〇馬力に出力低下させて使うという効率の悪い使い方を余儀なくされており、不利な条件が重なっておりました。（制式化された時には〈ハ－42〉に換装されました）

それでも主脚柱をハの字形に取り付け、車輪幅を広く取ってグッと踏ん張った姿は荒地着陸にも頑丈に耐えそうで、いかにも実戦向けの逞しさを見せはじめておりました。

益浦技師本人が最も苦心したのは、ファウラーフラップの作動装置ではなかったかと思われます。幅三・五メートルのフラップを六五センチ平行移動させ、さらに伸ばしきった状態で最大六〇度の取付角を持たせるというのは相当に難しい設計となります。しかも大きな風圧にも耐え、作動が確実で、さらには軽くシンプルな構造としなければならず、余程ポイントを押さえた設計でないと機体の命取りともなりかねません。

また、ファウラーフラップを展出すると翼面積が増えるとともに翼弦長も伸びたことになり、翼型が変化したことにもなって、揚力中心が移動して機首を下げようとする働きがあります。これは昇降舵だけでは制御しにくくなりますので、水平尾翼の取付角度を変更する必要が生じます。しかしその操作を着陸時などに実行するのはかなりややこしいことで、気の短いパイロットなら癇癪を起こしかねません。フラップの展出と水平尾翼の取付角は相関関係にありますので両者の動きを連動させれば操縦はぐんと楽になります。これは愛知に在籍中、〈十式水上観測機〉の開発中三木教授とともに実現した空戦フラップと同列のものであります。益浦技師はこれをモーターを使って実現しようとしたのです。

彼は気の強い人ではありましたが、技術運の強さも相当なものであります。日国の前身であった日本航空工業の最初の仕事は、フランスから技術導入したラチェ式伝導可変ピッチの製造でありました。彼はフランス人技師からモーターによる作動要領を伝習していたのです。

詳しい資料がないのでどのような構造でそれを実現したのかは分かりません。ラチェの部品を分解したりして研究をしたと述べており、おそらくはスクリュージャッキのような作動システムであったろうと想像するのみであります。

この装置を取り付ければ〈キ－76〉はいよいよ完成です。

それぞれの試験飛行

萱場製作所は羽田飛行場に格納庫を持っておりました。さらにはパイロットも整備員も抱えていたのであります。

部品メーカーであるはずの萱場製作所が何ゆえ経費のかかる設備を保有していたのか、萱場社長の事歴を調べているうちに、ようやくその謎が解けました。

この格納庫には二つの看板が掲げられておりました。一つはもちろん萱場製作所のものですが、もう一つは報知新聞社のものであります。実質は萱場の運営で、報知には何の権利もありません。

ここは萱場製作所技術部第六課飛行実験班の根拠地であり、課長を兼任する萱場社長が羽田支所として管理するところでありました。前に萱場製作所が無尾翼研究チームを持っていることは、わずかに触れました。この話も大変面白いのですが、少しでも触れると脇道に迷い込んでしまい、長い話となりますので未来の萱場資郎伝にゆずりたいと思います。

さらに報知新聞社については太平洋横断飛行という企画があり、筆者はその後日談を関係者から伺う機会があり、書き出せば中途半端に筆を止められそうにありません。この話を紹介している本が数種発行されておりますので、詳細はそちらをお読みいただきたいと思います。

報知新聞社の企画はただただ失敗の連続で、莫大な財政負担を残し、航空部を手放さざるを得ない状況にあり、萱場社長の人柄を見込んで売却の申し入れを致しました。報知の事情に同情的であった彼は昭和十四年十二月、提示条件通りに三万円で買い取り、〈ユンカース・ユニオールA50〉軽飛行機まで従業員ともども引き取ったのであります。

報知新聞社の看板が残されたのは世間体があったためで、いわば武士の情けでありました。島安博飛行士を支所長とし無尾翼機の実験飛行を重ねつつ、新聞社航空部程度の運用実力を保有していたことになります。

羽田飛行場と言っても、ジェット旅客機の発着する現代の姿からは想像もつかないささやかなものでした。開港は昭和六年八月で、六〇〇×六〇〇メートルの造成地に四〇〇メートルのコンクリートの滑走路があるだけの小さな施設から始まったのです。

昭和十六年五月、おそらくは二十日ごろ〈ケレット〉機が羽田飛行場萱場製作所格納庫に搬入されました。

関係者を前に〈ケレット〉の試験飛行を公開したのは五月二十六日であるのは確実なのですが、この日の様子は伝聞が少し残っているだけで、証言してくださる方はもはやおられません。

山中大尉は五月一日付けで阪大航空学科派遣となり、この場に居合わせることはありませんでした。彼は三木教授の元で航空力学や材料工学を含めた本格的なオートジャイロ研究を始め、五次元計測等の風洞実験に取り組んでおります。

羽田に集まったのは技術本部から小池第四部長、戸田技師、赤倉中尉、阪大から三木、児玉両教授、萱場製作所からは社長以下限られた関係者、朝日新聞社からは数名の飛行士と機関士、それに整備員たちというような顔ぶれだったと考えられます。当然、砲兵隊関係者も同席したと考えるべきですが、記録としては残されておりません。

操縦はあの飯沼正明飛行士で、これも記録にはないのですが、塚越賢爾機関士も乗り込んでいたのではないかと前後の事情から想像されます。つまり〈神風号〉におけるゴールデンコンビであります。〈ケレット〉は四〇メートルも滑走しないうちにフワリと宙に浮かび、飛行場上空でやや降下をしながらのホバリングや三六〇度転向などを披露した後、飛行場外へ飛び去ってしばらく戻ってきませんでした。

あまり帰りが遅いので墜落したのではないかと心配しはじめたころ、軽やかなローター音を響かせて〈ケレット〉が姿を見せ、これもフワリと見事な短距離着陸を見せて関係者をホッとさせました。

どこへ行っていたのかという問いに、

「天気もよかったし気分もよかったので千葉方面を一巡りしてきました」

あまりにもアッケラカンとした答えだったので全員毒気を抜かれてしまい、誰も文句を言う人はいなかったと言われております。飯沼飛行士の人柄が感じられる一幕ではあります。

飛行実験は数週間続けられたと思われます。この間、それぞれの立場から試乗していろいろな意見が積み上げられて行きました。その中に誰が言いだしたのか前方視界が悪いという意見がありました。〈ケレット〉機は〈ヤコブスL－4MA－7〉空冷星型七気筒エンジンを搭載しておりますから、シリンダーが邪魔と言えば邪魔ですが、オートジャイロの特性を知る人がその場に居合わせていたら、とりあえずは我慢してもらうように説得したと思います。

そしてこれも誰がいいだしたものか、エンジンを空冷Ｖ型倒立八気筒に変更して前方視界を改善してはどうかという提案をした人がいたのです。それはドイツ製の〈アルグスＡｓ－10〉と特定したものだったに違いありません。

たしかに視界が改善されるだけでなく、抵抗も少なくなるはずで速度の向上も期待できそうでもあり、一石二鳥の名案のように思われます。なるほどその構想を図面化してみると、とても恰好がよくなります。誰だって恰好のよいものが好きですから、意外にこんなことが各人の目を曇らせて真剣な検討がおろそかになってしまったのかもしれません。後にエンジンのオーバーヒートで悩むことになります。

このあたりのことも後世の者が批判がましく言うべきではないのかもしれません。既存のエンジンメーカーからの調達は絶望的でしたし、その時には調達実現性の高い選択であった可能性もあります。たしかにこの事により〈カ号〉が実戦配備されるまでかなり道草を食う結果となるのですが、神ならぬ身の人々には知るよしもない事柄であったと思うより仕方ありません。

六月に入って半ば頃には、技術本部よりとりあえず試作機二機が萱場製作所に発注されました。詳細な取り決めは打ち合わせを進行させつつ決定することとし、萱場製作所は態勢を整えるべしというわけです。

さらにこの月、千賀《せんが》四郎中尉と田中勇次中尉が着任し、技術本部三科も体勢強化が計られました。

さて一方、突貫工事であった日国の〈キ-76〉は完成機が立川飛行場に運ばれて、社内試験飛行を始めておりました。初飛行はおそらく羽田における〈ケレット〉と同じ頃だったのではないでしょうか。

まだ陸軍への引き渡し以前の飛行ですから、会社所属の飛行士による試験となります。益浦技師はスタッフを引き連れて試験飛行に立ち会いました。設計意図がどの程度実現しているかは、実際に飛行してみなければその細目は分からないものです。

彼が他の何よりもまして確認したかったものは、高揚力装置の効果でした。〈キ-76〉の真価はこの一点にかかっているのです。彼の苦心はここに集中しており、ファウラーフラップの展開と収納、それと水平尾翼取付角度連動は実に巧妙な装置として完成しておりました。

離陸時は二五度、通常飛行時は収納、着陸時は六〇度という三動作を三つのボタンで簡単に操作できるようにまとめあげてしまったのです。これなら不慣れな者にも負担をかけることなく操縦に専念できそうで、グッドアイディアというべきでしょう。

一通りタキシングなどして足まわりを点検すると、まずは通常飛行性能確認のためファウ

飛行中の〈キ−76〉。スラット翼とファウラーフラップの展開状態がよく見える。決してスマートではないが渋い魅力がある。

ラーフラップは使わずに離陸滑走から始まります。主翼前縁にスラット翼が取り付けられているため、一〇〇メートルを越えたあたりでもうフワリと浮いてしまいました。場周飛行とタッチ・アンド・ゴーを数回繰り返して戻ってきましたが、報告では特に難点はないようです。

そしていよいよ高揚力装置を試す時がやって来ました。エンジン回転を上げ、ブレーキを外すと、機体はスルスルと進み機速がついたと思った時は、高い上昇角でスローモーションを見るような感じで上昇してゆきます。

大きく旋回を続けながら飛行場上空をゆっくりとトンビのように飛び、フラップを着陸モードに変えたらしく、さらにゆっくりと低速性能を誇示するように飛び続けるのであります。

やがて機は滑走路に正対すると、ゆるやかな降下を見せ着陸体勢に入りました。益浦技師はその時、着陸姿勢が一定していないのを見逃しておりません。

結局、着陸間際になって少し増速し、機体姿勢を水平にして着地し、滑走路のかなり先の方で停止しました。飛行士は大事をとって低速着陸を諦めたのです。

明らかに縦安定の不足であり、あまりにも低速であるために昇降舵が一種の失速状態になっておりました。普通なら面積を増やせば改善できる事なのですが、これはそんな単純なものではなく低速ゆえの難しい問題を抱えていたのです。

当時の陸軍制式機の中で最も着陸速度の遅かった機体は〈キ－17九五式三型練習機〉の時速七八キロメートルではないかと思います。着陸速度とは失速一歩手前の状態であり、舵の利きぐあいも相当に鈍くなっております。〈キ－76〉はおよそその半分のスピードで着陸させようとしているのですから、操縦桿の手応えなど気持が悪くなるほど少なかったのではないでしょうか。

いわば極限の低速という新技術に挑戦したことにより、新たに発生した未知の課題に直面してしまったわけです。益浦技師としては当然ある程度予測はしていた事態であったと思われますが、この問題はそれを越えていたようです。

初飛行から一週間ほどたったころ、羽田海岸にドイツからの船が着き、〈フィーゼラー・シュトルヒ〉一機が陸揚げされたという情報が益浦技師にもたらされました。それにはパイロットを含む三人のドイツ人が同行しており、さっそく羽田飛行場で組み立て、整備が始められました。

本文とはあまり関係のない話ですが、〈キ－76〉に関係した方々の話では〈シュトルヒ〉は潜水艦で運ばれてきたという発言が目立ちます。筆者は意味もなくこのことが気になって

【図7】 キ-76 三式指揮連絡機

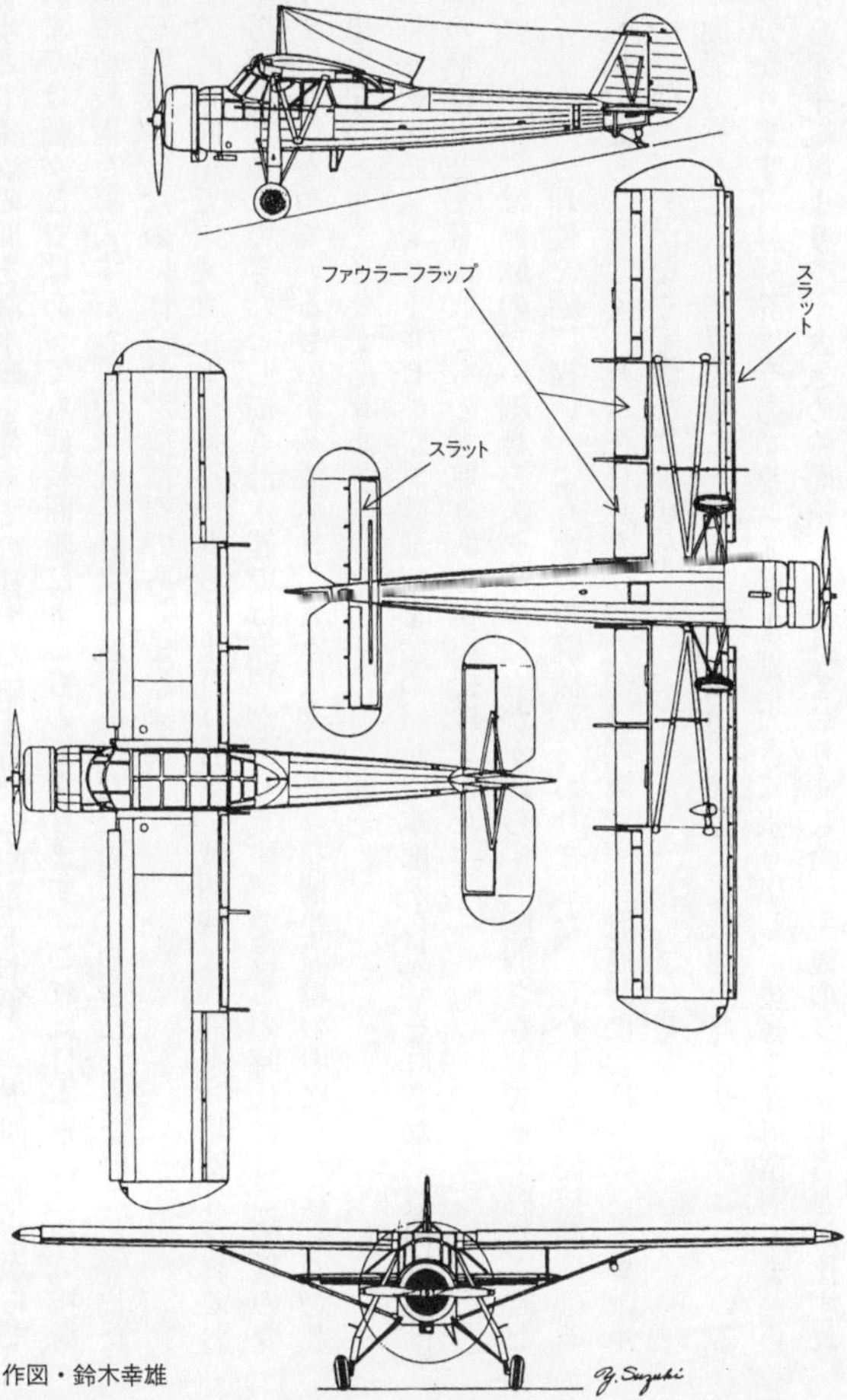

作図・鈴木幸雄

あちこち調べた結果、どうやら意図的に流された情報であろうと考えるようになりました。

日本とドイツの間を潜水艦を使っての往来が始まるのは昭和十七年（一九四二年）からで、それまでは細々とではあっても武装商船によるものであります。これは日本軍にとって技術情報や新技術を導入するわずかに残された方法であったために、知られたくないことでした。それを隠蔽するために作られた偽情報でありましょう。

この時、同船で〈メッサーシュミットＢｆ１０９Ｅ－７戦闘機〉二機も同時輸入されており、分解して積んできたとしても潜水艦では無理があります。要はこの時代にはこの種のフィルターがかかっているものが多数あり、人々はそのような情報環境の中におかれたのだという事を知っておく必要があります。

整備を終えた〈シュトルヒ〉が試験飛行を始め、航空本部から見学を許された益浦技師は日国の飛行士とともに取るものも取りあえず出掛けました。

〈シュトルヒ〉は無駄のない細身のスタイルにもかかわらず、脆弱さなどまるで感じさせないドイツ人の合理性を絵に描いたような姿で駐機しておりました。しかし、益浦技師にはそんな感慨はどうでもよく、真っ先に見たかったのは尾翼です。低速時におけるコントロールについて何か工夫がなくてはなりません。

平面形で見れば水平尾翼前縁に一八度ほどの後退角が付いて失速を遅らせようとしている事が分かります。昇降舵は空力バランス部を横に大きく張り出し、後縁を変形楕円でまとめながら水平尾翼よりやや大きめの面積をもたせておりました。主翼のシンプルさと対比すれば尾翼には設計者の苦労が滲み出ているようです。

ただ、このあたりの考察は益浦技師も辿ったことであり、〈キ－76〉と大差あるものではありません。これだけで解決できる問題ではないからこそ彼は悩んでいたのです。

そう思って尾翼下面を覗き込んだ時、彼の疑問は氷解しました。昇降舵下面にはスラット翼が設置されていたのです。

スラット翼とは本当は単にスラットで良いのです。普通は主翼前縁に取り付けて失速を遅らせる働きをし、主翼本体とスラットの間の隙間をスロットと呼び、紛らわしいのでスラット翼としております。当然〈シュトルヒ〉にも〈キ－76〉にも固定スラットが設置されておりますが、〈シュトルヒ〉には昇降舵前縁にも取り付けられていたというわけです。

〈シュトルヒ〉の飛行は見事なものでした。ドイツ人パイロットは機体に熟練していて軽々と離陸し、低速機ならではの自由自在な空中機動を見せ、着陸時も安定した降下姿勢で機体完成度の高さを充分にアピールしたのです。

益浦技師はやっと出口が見えたような気分になり、平塚工場への帰り道を急ぎました。

第4章――「カ号」飛ぶ

エンジンの試作

戸田技師をもってしても容易に解決を見なかったエンジン調達問題も、ようやく展望が開けつつありました。これも結局は底知れぬ彼の人脈によるものであったようです。彼が陸軍上層部あるいは協力した民間企業とどのように接触したのか記録は全くなく、関係した人々と交わした会話からわずかに類推できる事柄に限られます。

「戸田さんが陸軍省や会社幹部とどう話を付けたのかは、戸田さんしか知らないことでしょう」

「私たちは結果しか知らない。しかし、必要なことはテキパキと手を打ってくれました」

などの異口同音の証言しかありません。

したがってエンジンの製作だけでなく、〈テ号〉の実施設計と製作を引き受けることになる神戸製鋼所との関係は分からないことだらけであります。

分かっていることは戸田技師が気球班当時、水素に関しては技術本部における第一人者であり水素発生装置の設計者であったために、それを製作した神戸製鋼所とはもともと交渉があったということぐらいでしょうか。

製鉄会社として有名な神戸製鋼ですが、他に造機部門を持ちエンジンを作っておりました。とは言っても船舶用ディーゼルエンジンで、貨客船用の小山のような大型エンジンですから、航空機用とは対極のものであります。

当時の技術者であれば、神戸製鋼の名を聞いて航空機エンジンを想像出来る人は皆無だったでしょう。

もう一つ神戸製鋼と関係の深い組織として、財団法人興国研究所があったことも先に挙げておかなければなりません。昭和十三年五月に神戸製鋼全額出資で設立されたもので、石炭液化や金属の研究を主としておりました。

研究所は阪神電鉄深江駅の海岸側にあって広い空き地がありました。後にオートジャイロ用エンジンの研究開発拠点となる神戸製鋼所深江運転場は、この空き地に建設されることになります。記録によれば神戸製鋼所は、昭和十六年五月からオートジャイロに関する研究試作が始まったとありますから、それ以前の段階から戸田技師とのコンタクトがあったことは確かです。

航空本部が航空機エンジン製作工場を押さえてしまっている以上、次善の策としては工作能力を持っている工場を見つけ、育成することしかありません。戸田技師はそのような観点から神戸製鋼に目を付けたのでしょうし、事実対応できる人材と優秀な設備、さらには会社規模が大きいことによる余裕がありました。

航空機というまったく未知な分野に進出し〈神戸製鋼テ号観測機〉を設計、製作するようになった経緯も余力も持つゆえの意欲と、三菱造船や川崎造船が航空機分野にも発展していった事への対抗意識があったのではないかと思われます。

最初に〈アルグスＡｓ－10〉空冷倒立Ｖ型八気筒二五〇馬力エンジンの名をあげたのは、神戸製鋼の高橋良次兵器部長であったとされております。彼は東大機械科卒業であったため戸田技師とは旧知の仲でありました。なぜ〈アルグス〉エンジンであったのかは不明で、出力と重量が〈ケレット〉搭載の〈ヤコブスＬ－４ＭＡ－７〉空冷星型七気筒二二五馬力エンジンと似通っていたぐらいしか考えられません。

〈アルグス〉エンジンは、通称〈メッサーシュミット１０８〉、正式には〈ＢＦＷ１０８ｂタイフーン〉として日本に輸入された機体に搭載されていて、読売新聞が連絡機として使っておりました。後にドイツの代表的戦闘機となる〈メッサーシュミット１０９〉の兄貴分ですから、万能スポーツ機として知られ、エンジンも高く評価されております。新聞社の現用機であるため借用しにくい事情があったようです。

この機体を満州飛行機（株）も複数機所有しており、そこの池内実原動機部長は戸田技師と親交があったとされております。運の良いことに満州飛行機には余分な〈アルグス〉エンジンがあったのです。

筆者のおぼろげな記憶なのですが、満州飛行機の〈メッサーシュミット１０８〉はノモンハン事件の時、関東軍に協力し連絡機としてあちこち飛び回っていて、ある所でソ連機の銃撃を受けて機体が炎上してしまいます。この模様は写真に残されており、機体後部だけが燃えていたものだったと記憶しております。

〈BFW108b タイフーン〉。主に旅客輸送や連絡飛行に使われたが、パイロットからは戦闘機なみの操縦性と評されていた。

もしかするとこの時の機体が消火され、エンジンは無事に残され予備として保有されていたのではないでしょうか。もちろん確証はありませんが、満州飛行機は終戦頃まで〈メッサーシュミット１０８〉を飛行させておりますので、推理ではあっても妥当なものと考えます。

時期としてはたぶん七月の初めごろ、戸田技師と高橋部長は満州に渡り、奉天市の満州飛行機本社に池内原動機部長を訪ねました。用件はもちろん〈アルグス〉エンジン借用についてです。二人は一年という期限付きで借用に成功しました。

エンジンは厳重に梱包され八月十五日、技術本部第三部第三科に送られてきました。その時に記録された正式名称は〈Ａｒｇｕｓ１０ｃ〉とあり、製造番号は４４６６１となっており、これが〈カ号〉に搭載されたエンジンの原型です。ただちに神戸製鋼に引き渡され、設計部の施設に運び込まれました。調査のために数週間を費やし、やがて一つの合意が成立し、協定書が作製されます。これには余分な解説など加えない方が、実際の進行をお伝えできると思いますので、原文のまま掲載いたします。（旧漢字は現代のものに改めました）

試製回転翼飛行機協定書

日　時　昭和十六年九月十二日
場　所　神戸製鋼所
参加者　技本　戸田技師
　　　　阪大　三木教授　児玉教授
　　　　神鋼　高橋兵器部長、外五名

協定録

一、クランク軸ト伝動軸トノ連結方法

(イ)歯車比ヲ再検討ノ上伝道軸ガ「ギヤーアップ」サレテイル時ハ「クランク」軸ヲ其儘延長シ「ギヤーダウン」ノ時ハ減速歯車ニヨリ伝動セシム

(ロ)「クランク」軸ノ接手部ノ長サヲ最小範囲ニ止ムル様図面ヲ作製シ提出ノ上承認ヲ受ケルモノトス

(ハ)危険振動ハ現在考慮ノ必要無キモノト認メラレル

二、始動装置

(イ) 空気及手動装置ハ廃止トシ電動始動装置ノミトス

(ロ) 始動電動機ハ技本ニ於テ研究ノ上官給セラル

満州飛行機より借用した〈アルグス As10C エンジン〉。技術本部に送られてきた時の荷姿。エンジン番号は4446661であった。倒立V型8気筒で空冷というのはあまり例がなく、製造には相当の技術力が求められる。ラジエターなどを必要としないメリットを追求した結果であろうか。船舶エンジンの名門であった神戸製鋼所としては、これを複製することの難しさは承知していたと思われるが、関係者の努力によって見事に成し遂げられた。この一事だけでも凄いことである。

三、プロペラボス
(イ)「プロペラ」ハ木製トス
(ロ)「プロペラボス」ハ官給トス
(ハ)「クランク」軸ノ「プロペラ」取付部ノ軸径及「スプライン」ノ寸法ハ阪大ニテ調査ノ上通知スルモノトス

四、駆動装置
(イ)発電機並ニ機銃調時装置ハ存置ス
(ロ)発電機取付部ノ図面ヲ作製シ提出ノ上承認ヲ受ケルモノトス
(ハ)機銃調時装置ハ現在附着ノ歯車迄トシ盲蓋ヲナシ置クコト

五、使用材料
(イ)規格ハ陸海航空規格ニ依ルヲ原則トシ全規格ニナキモノハ陸軍航空材料仮規格並ニ海軍航空規格ニ依リ上位ノモノヲ採用スルコト
(ロ)含「ニッケル」材料ハ重要部位ニ使用スルハ差支ヘ無キモ出来得ル限リ無「ニッケル」材料ヲ採用スルコト

六、検査方法
(イ)検査ハ神鋼所内検査ヲ認メ尚阪大児玉氏ノ指示ヲ受クルモノトス
(ロ)検査成績表ハ全面的ノモノヲ最后ニ纏メテ提出スルモノトス但シ必要ニ応ジ児玉氏ニソノ都度提出スルコト

七、図面及書類（略）
八、発動機ノ製造範囲及予備品（略）
九、アルグス発動機ノ借用期限
　　会社要求通リ延期シ得
（以下略）

原本は神戸製鋼所の社用箋にタイプ印刷されたものです。雰囲気をお伝えするために余分と思われるものも載せております。

一読するとまだ精査が完了していないこと、機銃同調装置が付いていたらしいこと、材料や規格事情等が浮かび上がってきて興味が尽きません。オートジャイロエンジンとするためには、ローターに予備回転を与える動力をエンジン後部から取り出して駆動軸に繋ぐ必要があり、その点が主な検討事項です。

なお、セルフスターターについて書かれておりますが、最終的に実現しなかったようです。タイトルが試製回転翼飛行機協定書となっているために、機体全体を含んでいるような誤解を与えますが、エンジンと駆動装置（ローターハブまでを含む）に限定されていることは言うまでもありません。ともかくこれでエンリン製作の道筋がつき、戸田技師の内心ホッとした表情が目に浮かぶようです。

この会合には三木教授も出席しております。これは〈カ号〉というよりも〈テ号〉搭載エンジンのためという意味合いが大きかったような気がします。〈テ号〉は昭和十七年末頃には試験飛行を実施しておりますから、逆算すればこの頃には製作が開始されていただろうと考えられます。

〈テ号〉の製作は興国研究所の敷地北側に設立された試作工場で行なわれましたが、関わった人々の名前はほとんど伝わっておりません。戦後、三木教授が書かれた論文に協力者として飯田周助、戸田技師、河内一彦と、三名の名をあげております。飯田氏は阪大の工学部講師で助手的立場だったと思われ、朝日の河内部長がどのような役割を果たしたのかは記録がありません。設計の実務は神戸製鋼所の技術者であるはずですが、そういう人々の話はまったく伝わっておらず、想像も推理も歯が立たないのです。

三木教授は忙しい人で、そのため指導も行き届かず、意に染まぬ進行であったことだけは確かです。戸田技師の神通力も〈テ号〉にまでは及ばなかったようでした。

機体の試作

昭和十六年（一九四一年）は、日本が対外的にますます孤立を深め太平洋戦争に突入していった、運命の年です。

アメリカ、イギリス、カナダにおける日本資産の凍結とか、八月一日には対日石油の輸出禁止とか暗いニュースばかりが続き、先行き不安な日々が流れておりました。

と言ったところで、政治の埒外にある者にとっては心配してどうなるものでもなく、与えられた仕事を誠実になし遂げるだけのことであります。試作機二機の発注を受けた萱場製作所は、三木教授の助言をもとに技術本部と打ち合わせを重ね、ようやく製作合意に達しつつありました。

九月二十九日と日付の入った萱場側の打合事項覚書が残されており、やはり和文タイプで打たれたものでマル秘の印が押してあります。これも神戸製鋼の場合と同様に、まずは原文そのままをご紹介いたしましょう。（旧漢字を現在のものに改めた他、明らかに打ち間違いと思われる部分は訂正いたしました）

（ケレット）ＫＤ１Ａ（オートジャイロ）

人　員　技術本部側

戸田技師、赤倉中尉、千賀中尉、田中中尉

大阪帝大工学部側

三木助教授

萱場製作所側

萱場社長、久保課長、野村工務部長、糸永工作部長、

久保検査課長、池田課員、小原課員、島嘱託

朝日新聞社側

塚越機関士

審査予定ニ基キ、順次進行セル木型審査会ニ於テ結論トシ発動機位置ヲ現（ジャコブス）発動機重心（前後方向）ニ（アルグス）発動機重心ヲ合セ、駆動装置関係ノ計画変更ナスベク神戸製鋼所ニ対シ来ル三十一日来社ヲ求メ三木教授ト共ニ木型ニ就キ対策ヲ講ズベク議決セリ、発動機位置ノ変更ニ伴イ発動機架及新骨格ノ訂正ヲ三日中ニ為シ置ク様下命セラレタリ、再審査ハ来ル十月十三日（月）トナリ、改善諸点ヲ下記ノ如ク決定ス、

1、風房高サヲ30粍下ゲル随ッテ座席ヲ幾分下ゲル、
2、後席風房ヲ分割シ固定部ヲ除去ス、（移動部三個トナル）
3、風房、胴体（フェアリング）ヲ滑ラカニスル、
4、駆動装置ヲ変更シ発動機重心ヲ後方ニ移シ現（ジャコブス）発動機重心ニ合ス、（但シ重心上下方向ハ合致セズ推進軸ヲ合ス）
5、発動機架結合部ヲ外側ニ拡ゲル、
6、排気管ヲ改造シ胴体下部ニ排気口ヲ移ス、
7、発動機（カウルフラップ）ヲ装備シ其ノ操作装置及気筒温度計ヲ計器板ニ付ケル、
8、操縦席ヲ100粍後退セシメ計器板ノ位置ヲ出来得ル限リ前方ニ移動ス、（従ッテ同乗観測席モ後退ス）
9、前項目ノ為機体骨格ヲ全般的ニ設計変更ス、
10、滑油槽ヲ新骨格上部（ロンジェロン）ノ上面ニ置ク、

11、主脚ノ取付ヲ再検討スルコト、
12、前方風房ノ取付方法ハ（パイロン）下部覆ト同一ノモノトシ（フレキシブル・グラス）
或ヒハ（セルロイド）ニテ製作シ中央軸（進行方向）ニテ結合スル、
13、燃料タンク油量計ヲ（ゲージ）式トシ計器板に取付ケル、
14、（クラッチ）操作桿及（スロットル・レバー）位置ヲ変更ス、
15、燃料三方（コック）ノ位置ヲ現在ヨリ400粍後退セシメ座席横ニ置ク、
16、同乗観測席計器板廃止、
17、消火器ハ左（タンク）後方胴体（フェアリング）ノ内ニ入レル、
18、観測者用（パラシュート）ハ右（タンク）後方胴体（フェアリング）ノ内ニ入レル、
19、二重操縦装置可能ナル如ク設計ス、
20、（かすれていて読めません）
21、（　　　〃　　　）
22、（カウリング）ヲ変更ス、
尚木型審査ノ結果改訂事項ノ外下記二点ヲ決定セラレタリ、
1、（ブレード）小骨取付用付板ハ現在（ニッケル、クローム）不銹鋼板t～0・65ナルモ（クローム、モリブデン）鋼板t～0・6ト変更ス、
2、防火壁用t～0・3（ニッケルクローム）不銹鋼板ハt～1・0（アルミニューム）第一種（チ221）ト変更ス、

以上

昭和十六年九月二十九日

萱場製作所・蒲田事務所

まず注目していただきたいのは、神戸製鋼の時もこの会議においてもまだ〈カ号〉という名称が登場しておりません。必要を感じる段階ではなかったのでしょう。

出席者は機体製作のほぼオールスタッフと言っていいものです。技術本部三科技官は阪大に出向している山中大尉を除けば、これで全員なのです。

三木助教授となっているのはこれが正しく、この後間もなく教授に昇格しているはずで、本文では紛らわしいので教授としております。

萱場側は社長を筆頭に技術部と製作部門の実力ある上級管理職が揃っており、単なる顔見せではありません。後に設計主務者となる小原氏が末席に納まっているのは彼が最年少であったためです。島嘱託はパイロットとしてであり、この時は朝日新聞社飛行士からの伝習によりオートジャイロの操縦はマスターしていたものと思われます。

朝日新聞社から塚越機関士が出席しているのは、議題がメカニックな内容であり、彼の運用経験の実績が必要だったからでしょう。航空機の信頼性が低かった時代ですから機関士の発言力は現代よりずっと高かったのです。

筆者にとってこの資料が意外だったのは、木型審査をしていることです。実物が存在するのにそのような必要があったのであろうかと考えもしました。しかしエンジンを変えたことによる機首部の変更や、重心位置を確定するための艤装品移動などがあり、検討上何かと便利だったのでしょう。開発手順として安易に従ったということではなさそうです。

さらに、後になってモックアップ写真を発見したことにより、風房、つまりキャノピーの取り付けが真剣に討議されていたことが分かりました。それを念頭に置けば、風房や座席寸法の記述は読み解けます。

打ち合わせ事項二二項目の文章は、航空機の打ち合わせ経験がない人が多いためか生硬な感じが強いのですが、他の例を知りませんので案外このようなものだったのかとも思います。内容はエンジンとキャノピーを除けばとりたてて大きな変更はありません。前後の事情が不明なので意味が分からない部分もありますが、だいたいが使い勝手を日本人に合わせて改造したということでしょう。

項目の9に機体骨格を再設計するとありますので製作記録写真などで調べた結果、大幅な変更はしていないだろうと思われます。ただ、原型機がフィート、インチの単位で作られているので、メートル法に変えたのは確かであり、そのことによる若干の変更はありました。11の主脚取付方の検討も結局はそのままでした。脚支柱が胴体から片側五本も出ている事を気にしているようです。シンプルにするためには胴体設計を根本から変えねばならず、早々と諦めたようです。

16で前席計器盤は廃止としながらこれも不都合だったようで、前席にもあったという証言があり、復活しております。

ともかくも戸田技師の努力は実り、回転翼機製作の体制は整いました。赤倉中尉は機体、千賀中尉はエンジン、田中中尉は計器とそれぞれの担当も決定し、各自が進行係となります。

萱場側は久保技師が引き続き試作機製作の総責任者となり、小原技師は設計主務者となって高橋技師、木原技手と共に本格的な活動を開始したのであります。製作場所は修理作業が進められた秘密工場が、そのまま試作機工場となりました。

一方、航空本部管掌の直協議はそれぞれの場所で試験飛行を続けておりました。〈フィーゼラー・シュトルヒ〉は羽田飛行場で航技研の操縦士を交えて基本性能の確認が主体でした。すでに実戦参加している熟成した機体なので特別に問題はなく、その安定した低速性能には日本側操縦士も驚いたようです。

一般固定翼機の操縦者にとって低速時ほど怖いものはありません。巡航速度で飛んでいる時は、鼻歌を歌おうが欠伸《あくび》をしようが安全に飛べるように設計されております。それが着陸時になると、それも滑走路の長さに余裕のない場合などの低空低速時には計器速度を見るだけではなく、身体中の全神経を総動員して失速の兆候に注意を集中しつつ操縦することになります。

着陸時の墜落など珍しくもなかったころから操縦を始めて生き残った人の操作は、実に滑らかで丁寧だったと言われております。それは失速を起こさないために急な操舵をしないということです。長い滑走路があれば別ですが、それがギリギリの長さしかなければ技量の差は極端に出るものだそうです。低速時着陸時の失速は対処の施しようがなくまず助かりません。

普通の航空機が時速五〇キロで飛べば間違いなく失速してしまいますが、〈シュトルヒ〉はきちんとコントロールできる状態で可能でした。五〇〇メートルほどの高度で失速試験を繰り返すうちに、日本の操縦士は低速領域における飛行にも技術が確立したことを実感いたしました。速度を緩め機体を思い切り後傾させてもなかなか失速しないのです。

九月のある日、〈シュトルヒ〉は羽田飛行場から立川飛行場へ飛び、いよいよ公式の性能審査を受けることになりました。

複数の日本側操縦士が交代で試験し、離着陸距離や速度、上昇限度の測定の他に操縦特性、きりもみからの回復に問題はないかなどの評価を出しあうのです。離着陸記録などはどうしても個人差や、その時々の天候に左右されるものですから、ドイツ人操縦士が立ち会うことで公正を期しております。

審査が厳正であるためには日数がかかります。その日の天候、風量、温度などを考慮しつつ実施しますので当然飛べない日もあり、一ヵ月以上を要しました。

〈シュトルヒ〉は定員二名で航続時間は二時間三十分、離陸距離は無風時六二メートル、着陸は六八メートルと確認されたのであります。

それが終わったところで砲兵隊関係者が招かれ、観測任務に照らした評価飛行が実施されております。詳細な経緯は伝わっておりませんが、砲兵隊はほとんど関心を示さなかったようです。

〈シュトルヒ〉が審査を受けている間、〈キ－76〉は同じ立川飛行場で益浦技師の最終調整を受けておりました。調製のほとんどは尾翼、特に昇降舵に集中しており、下面にはスラット翼が追加され、面積や取付位置を少しずつ変えながら低速時の操舵性能を探っていたのです。

現代ならデザイン盗用であるとして〈フィーゼラー〉社から訴えられそうな行為でありますが、当時はどこにでもありがちなことで悶着は起きておりません。スラット翼の原理は一般に知られていたものですし、理論だけ分かっていても機体にマッチングさせるにはそれ相応の研究を必要とすることが理解されていたということでしょう。〈フィーゼラー〉社のドイツ人は何も言ってこなかったそうです。

ともあれ益浦技師はこれで最後の難関を乗り切り、〈シュトルヒ〉の評価飛行が終わる頃に〈キ－76〉は実用の域に達したのです。昇降舵は原設計より二〇パーセント面積を増やし、スロット翼の相乗効果により低速時のコントロールが目に見えて向上し、社内の飛行士も太鼓判を押しました。

十一月に入って〈キ－76〉も〈シュトルヒ〉と同様の性能審査に入りました。〈キ－76〉は定員三名、航続時間も三時間三十分と指定され、それを前提として設計されておりますから、最初から条件が不利なことは否めません。それでも全装備重量が一四〇六キログラムで〈シュトルヒ〉より七六キログラム重くなった程度で済んでいるのは、基本設計において軽量化に成功していることを示しております。

審査結果は離陸距離五八メートル着陸は六二メートルと記録され、一見僅差のようながら種々のハンディを考えれば、正に大成功といってよい数値であります。その他の試験でも同等か、優位であることが認められ益浦技師の苦労はようやく報いられました。その得意や思うべしというところでありましょう。

続いて砲兵隊による評価試験でも「大体可なり」と、やや好意的な反応がありました。一〇〇点満点でなかったのは、おそらく低速操縦性に難があったのではないでしょうか。指示する側は「軽易ナル離発着ニ適セシム」と書けば事足りるでしょうが、設計する側にしてみれば、また別種の難問だったのです。

しかし、とりあえずの決着はついたのですから、益浦技師と日国のスタッフが勝利の乾杯を上げなかったとは思われません。お酒は完全に配給制でしたから奥様の実家の支援がなくてはかなわなかったはずで、「妻を娶らば……」の歌詞には付け加えるべき一行がありそうです。

十二月八日、ラジオによる大本営陸海軍部発表の臨時ニュースを聞き、日本国民は日本軍機動部隊が真珠湾を攻撃したことを知りました。ついに太平洋戦争の幕が切って落とされたのであります。

なんとなく予想されたことであり、官民を問わずその反応はそれぞれでありますが、始まってしまった以上仕方がないというのが意見の大勢を占めました。軍内部にも非戦、開戦の議論はありましたが、事ここに至ってはもはや議論は無用となり、技術本部においても各自の課題に邁進するのみであります。

十二月十一日、朝日新聞社の飯沼飛行士がカンボジア、プノンペン飛行場で、〈九八直協機〉のプロペラに触れて死亡しました。国民的英雄ではありますが、不注意による事故であったために軍部はその体裁を取り繕おうとして一般に対する発表は翌年になってしまいます。しかし、技術本部の嘱託でもあることから遅からぬ時期に朝日新聞社よりの通知があったと思われます。

戸田技師は回転翼機開発の協力者の一人として、深くその冥福を祈らずにはおられませんでした。昭和十六年は最後近くなって慌ただしく、そして突然の悲報を加えて暮れようとしております。

航空本部との悶着

〈カ号観測機〉の〈カ〉とは萱場の〈カ〉ではなく、回転翼機の頭文字によっております。公式には、後にソロモン群島奪回が企画され、それが〈カ号作戦〉と命名されたため、混同を避けるという理由で昭和十九年以後は〈オ号〉と変更されました。

しかし、証言していただいた方々はいずれもそのようなことはご存じなく、ずっと〈カ号〉で通してきたと言っておられます。つまり〈オ号〉は一般に使われることが少なく、紛らわしくもありますので、特別な理由がないかぎり〈カ号〉のまま話を続けます。〈オ号〉とはオートジャイロの〈オ〉です。日本陸軍は英語表記を嫌い漢字表記に改めるという、今日の人々には理解しがたい努力を重ねておりました。この場合は他に適当な表現がなく、苦し紛れに〈オ号〉にしたのだと思われます。当時の関係者たちは一般に〈オートジャイロ〉ではなく〈回転翼飛行機〉〈回転翼機〉もしくは略して〈回転翼〉と呼んでいたようです。

モダンと言われた海軍においてさえ、ゼロ戦ではなくレイ戦と最後まで呼んでおりましたから事情は似たようなものでしょう。漢字表記は中国語表記だと言ったらぶん殴られたという人もいたという、訳の分からない時代の話であります。

試作機を含めて〈カ号〉という呼称が確認できるのは昭和十七年三月七日と日付のある資料からです。ただしそれは〈カ－１〉とあるのみで、それを〈カ号一型〉と呼びならわすようになった時期は、もはや不明としか言いようがありません。

ついでに申し述べておけば、〈テ号〉とは低速固定翼機の略であるとされております。両者とも昭和十七年初頭には命名が決定していたと考えます。

萱場製作所としては完成品の航空機を作るのは初めてですから、社長以下張り切っておりました。技術力において自負するところが大きい会社ですから、時々航空機特有の製作基準に戸惑うことはあっても、ほぼ順調に進行したようです。ただ、様子を見に顔を出す三木教授には、経験不足による作業のあり方が、見てはいられないというところがあったようで、点数評価は厳しいものを残しております。

神戸製鋼所におけるエンジンは、おそらく千賀中尉による記述と思われる資料があり、

現況　1．昭和十七年三月七日現在、図面大部完成

2．〃　四月一日ヨリ製作ニカカル予定

と記録されておりますので、その進行が確認できます。これは試作エンジンのことで、とりあえず三台の製作となっております。

赤倉大尉や千賀中尉、あるいはこの後に登場する松野中尉にとって重要な仕事の一つは、航空機製作の材料基準や、工作物検査基準を調べることでした。なにしろ彼らは大学を卒業して間もない青年であり、工学系の学問は修めておりますが航空機に関わった経験などまだないのです。航空機理論は阪大の教授たちから教えてもらえますので問題はなくとも、現実的対処に関しては別種の情報や規程の知識が欠かせません。

彼らはそれを航空本部に求めました。それぞれの担当者は実に親切に教えてくれ、資料なども出し惜しみすることなく提供されたとのことです。

筆者は〈カ号〉や〈テ号〉にキ番号が付かなかった経緯から、航空本部と技術本部の間に冷たい対立があったのではないかと推察する立場だったので、少し意外な気がして証言者の

方々にしつこい質問を重ねました。

証言は航空本部との悶着などを感じる場面はまったくなく、仕事は友好的に進められたと一致して述べておられます。それならばそれで得心して引き下がるべきなのでしょうが、生来素直であることとは縁のない性分で、どうしてももう一つの記録のほうが頭から離れないのです。

それは「カヤバ工業五十年史」の中にある一節で、

「この開発は、航空本部と技術本部の意見対立があって、当社独自の仕事となったため、生産資材・エンジンなどの入手に苦労し、開発に反対の航空本部との間にトラブルが発生したりしたが、（以下略）」

と書かれており、まるっきり波風が立たず平穏のうちに進行したとはとても思えません。萱場製作所の創立は昭和二年（一九二七年）で、「五十年史」は昭和五十二年か五十三年頃の発行でしょうから、製作当時の事情を良く知っていた方がまだお元気だった頃のものです。苦労やトラブルをもう少し詳しく書き残してくれればと思うのは当方の欲で、記録というより昔を懐かしみながらの証言を記されたもののようで、社史としてはこのあたりが限界だったのでしょう。

また、三木教授も所感として、

「従来航空機として異端視されていた回転翼機は、充分その存在価値のあることを認める。陸軍では航空から除外され、海軍では興味薄のため、全然航空機に関係のない会社が関係したので、思うように研究が捗らなかった」

と、正直に胸のうちを書いています。よくよく読むと当時教授の置かれた立場が見えるようであり、苦虫を噛みつぶしたような教授の顔が目に浮かび、つい苦笑してしまいそうです。

思うに、航空本部は二つの顔を持っていたようです。上層部の裁定があったために表立って反対もできず、技術本部との対応者はそんな事情は知らずに要望に応えたのでしょうし、資材などに関わる部署は相手が民間企業であったために、本音が出て強面になってしまったというところでしょうか。

また〈カ号〉については、あれは航空機ではないという理由を立て、無視することで面目を保ったのだと考えれば納得のできることです。それに萱場製作所は四月七日、海軍航空本部から機体製作会社と同格の扱いをする旨通達されていて、あまりいじめると具合が悪くなりそうな雲行きもあったのです。

日米開戦と同時に、萱場製作所は脚や油圧部品の生産を、三年後には六倍、五年後には二〇倍に増産するように要求されました。昭和十六年度分でさえフル操業しても目標に届かなかったにもかかわらず、萱場にとっては見上げてもその先端が霞んで見えないほどの数字が示されたのです。

航空機六社に示された目標も似たようなものです。量の増減を説明する場合、線グラフを使い、増分が続くことを右肩上がりなどと言いますが、陸海軍航空本部が示してきた数字はグラフ用紙を上に二、三枚継ぎ足さねばならないような量で、建築基準法に照らせば絶対許可にならない急階段のような図表になっておりました。

航空機を増産しても、萱場の脚が間に合わなければ飛び立てないのだと陸海軍に説得されて、萱場社長は後々のことを考える暇もなく引き受けることになり、日本軍用機の八〇パーセントを越える脚の生産を決意せざるを得なかったのです。

第二次世界大戦を通じてアメリカ軍が生産した航空機はたしか二五万機ほどであったと記憶しております。対する日本軍の生産は大まけにまけて五万機前後であります。人口を日本一億、アメリカ二億と大雑把に数えてみると、単純計算でアメリカの生産性は二・五倍だったことがわかります。

生兵法は大怪我の元と言いますし、あちこちから袋叩きにあいそうなことを覚悟して言うのですが、戦略理論教科書の中に三対一の法則と呼ばれる初歩原理があります。これは戦力比が三対一になったら少数軍は絶対に勝てないという第一次世界大戦の経験から導き出された一般則です。

現実には五対一と推移し、結果論的には勝てるはずがなかったと非難されております。将校クラスならば一回ぐらいは教わったはずと思われるのに、ほとんど顧みられることがなかったと言われれば、航空機生産に携わった将官たちは心外でしょう。想定では一対二ぐらいの比率に持ち込むつもりでしたし、それが違反建築の階段のようなグラフとなったのです。

後は優秀な軍用機を開発し、操縦士をビシバシと鍛え上げ、そこにヤマトダマシイを注入すれば負けることはないというのが陸海軍のコンセプトでした。

余分な話ですが、アメリカ大統領ローズベルトが航空機を二五万機生産すると演説した時に、担当のアメリカ将官ですら悪い冗談だと思わしめた量ですし、イタリアが寝返ったりドイツが降伏して、ヨーロッパと太平洋に別れていた連合軍が、全部日本へ攻めてくるなんて全然考えていませんでした。

〈B－29〉による無差別爆撃や、原爆の投下はどう考えてもルール違反で、ましてソ連軍が火事場へ踏み込んでくるなどは、ルールも信義もあるものかという行為であって、これを全部開戦時に予測できる人がいたとすれば、ノストラダムスを凌ぐ二十世紀の大予言者として歴史に名を止めたでありましょう。

弁護するつもりはないのですが、航空本部は限られた資源や生産事情の中で、最大限に努力したのであって、萱場製作所とトラブルがあったのは航空行政一元化で目の色が変わっている時の災難かもしれません。萱場は脚だけを作っておればよいというのが本音でしょう。

軍政における一元化は、航空に限らず技術本部にも及んでおります。話が混乱しそうなのでこのことはもう少し後に述べることにします。

七月二十日、神戸製鋼設計応接室において、発動機性能実験室を建設するための打ち合わせがもたれました。エンジンの製作は進んでおり完成すれば性能審査が必要ですからそのための試験、審査施設を作るのです。技術本部からは千賀中尉が駐在していて、その建築から電気等諸設備の監督から検査機器、エンジン付属部品等の手配など、何から何まで初めての仕事を広瀬准尉とともに一生懸命にこなしております。

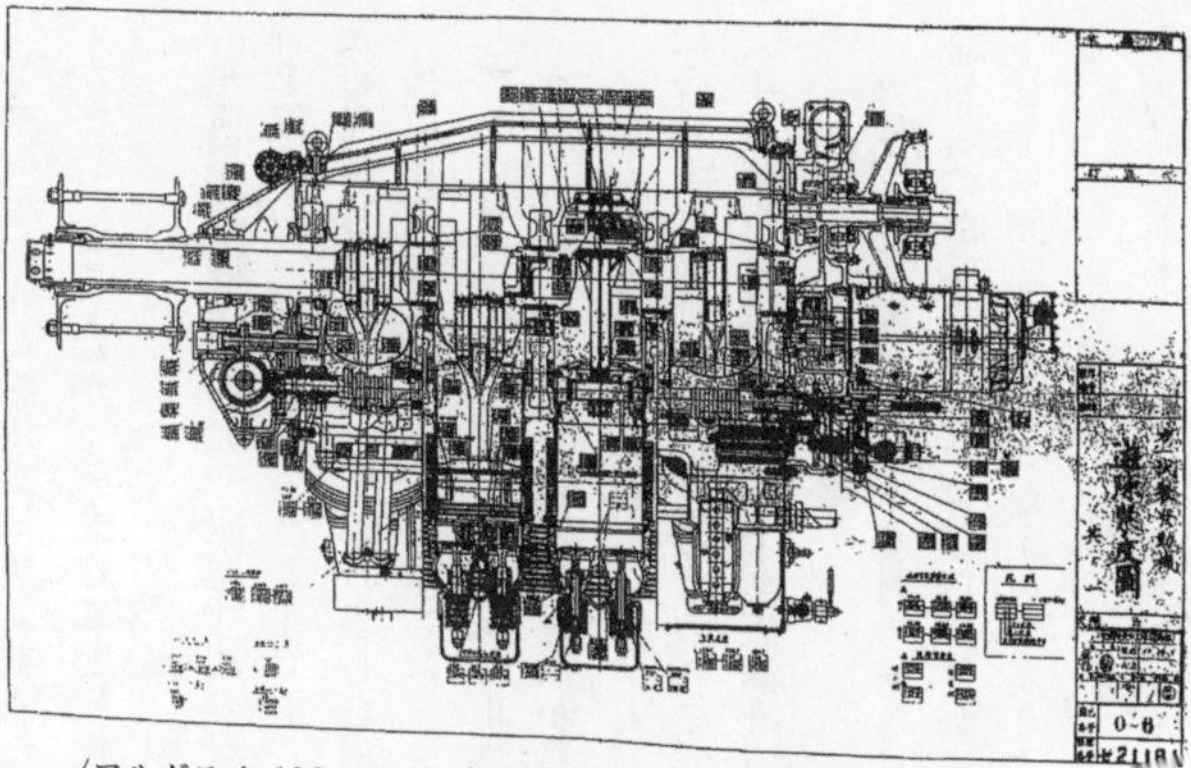

〈アルグスAs10Cエンジン〉製作図の一部。遊隙緊度というのはギャップクリアランスのことである。原本そのものが不鮮明であるため細部は全く読み取れないが、細々と指定が入っていてエンジン製作の難しさを実感させられる。日本軍の使用した航空エンジンのほとんどが星型であったことを考えれば、精緻に過ぎ、不相応な気もする。しかし、航空本部から供給を拒絶され、適合するエンジンはこれだけで、選択の余地はなかったと伝えられている。

エンジンは第五機械課、ロータ一駆動装置は第七機械課が製作を進めておりました。神戸製鋼所は優秀な加工設備を持ち職工も熟練者が揃っておりますが、航空機エンジンには様々な戸惑いがあったようです。

萱場製作所の試作機は九月末頃には完成し、あとはエンジンと駆動装置を組み込むばかりとなっておりました。戸田技師の奔走により、金属材料のほとんどは住友金属より供給を受け、計器類も田中航空計器その他から掻き集め、羽布貼用塗装材料などは藤倉ゴムなどから手配したようであります。

もちろんプロペラの手配も抜かりなく、金属製とはいきませんでしたが木製に再設計し、被包式乙型として日本楽器製造株式会社つまり今日の株式会社ヤマハから納入されております。一瞬、あの尊敬する故佐貫亦男氏の手になるものではないかと思いましたが、残念なことに氏はその頃ドイツに出張中で、関係ないことでした。

垂直尾翼面積の増大や座席寸法の変更等は〈ケレット〉機を使って飛行実験を行ない、具合を確かめつつ進めていたようです。操縦は飯沼飛行士の後任として、同じ朝日新聞社の長友重光飛行士が担当しておりました。

神戸製鋼所は頑張って試作エンジン三台を十月頃には完成させました。四月から始めたとして七ヵ月ですが、オリジナルの現物があって試行錯誤が少なくてすんだためではないでしょうか。とりあえずの馴らし運転が終わった状態で萱場製作所に届けられてきました。

エンジンの運転試験はこの二ヵ月後に実施されます。これはおそらく試験設備の整備が間に合わずに遅れたのだと考えられます。技術本部としては初めての仕事ですし、検査器具の入手も簡単ではなさそうで、広瀬准尉などはそれらの収集に駆け回ったのではないでしょうか。

〈カ号〉は準備が整い十一月のある日から飛行試験が始められたとされております。しかし証言者のお話では一ヵ月ぐらいは全然飛べなかったのではないかと伺っております。オーバーヒート問題が起こったからであります。せいぜいタキシング程度でお茶を濁したのでしょう。

当時にあってはエンジントラブルでもたつくなど珍しいことではなかったので、そのうちなんとかなるだろうと思っていたようなフシがあります。そのためか陸軍兵器行政本部より昭和十八年中に〈カ号〉を六〇機生産せよとの発注がなされました。

陸軍行政に詳しくありませんので、陸軍兵器行政本部について正確な解説はできませんが、昭和十七年十月十五日、陸軍省兵器局、陸軍技術本部、陸軍兵器本部を統合してできたものとされております。つまり〈カ号〉の発注をした頃はできたての組織でありました。

世の東西を問わず軍隊組織にあっては、変化する状況に対応して様々な部署が新設されます。

アメリカとの対決が現実味を帯びてきた昭和十四年頃になって、陸軍上層の一部は日本軍装備の体系が近代化から大きく遅れていることを自覚いたしました。兵器の開発、生産、供給に関して一元的統一を計ろうと、組織構造改革論がようやく浮上しつつあった矢先にノモンハン事件が発生し、慌てふためく部署が出てきて、ようやく実行の環境が整うようになります。

日本軍の組織を律していた根本は慣習法というべきものかと思われます。一度できてしまった部署を効率的に再編成するには時間がかかり、陸軍省内局と調整を重ねるうちにアメリカと開戦してしまい、さらには南方作戦の戦訓などを背景にようやく実現したのが陸軍兵器行政本部であります。

これに伴い〈カ号〉開発グループは兵器行政本部に属する第二陸軍技術研究所第三科として編成替えとなりました。

第三科長はもちろん戸田技師であります。

それぞれの昭和十七年

〈キ－76〉にとって昭和十七年は試験飛行に費やされた一年でした。立川飛行場における基本審査が終わると、水戸海岸、高崎市近郊の鳥川原、厚木市の相模川河原などあちこちに飛び、主に離着陸に絞って試験飛行が継続されております。寒冷地使用を想定して北海道に飛び、札幌郊外でのスキー脚試験も実施しました。

地上部隊に付属させる前提で設計されておりますから、主翼は短時間で機体側面に折りたたむことが出来、トラックの荷台に尾輪を乗せれば気軽に運搬が可能で、富士山周辺を巡りながら実戦的運用試験を行なうなど、軍用機ならではの過酷な審査が続きました。もちろん益浦技師もそのほとんどに同行し、機体の改善に努めております。

図面も写真も残されていないので断言できることではないのですが、原型機の脚構造はかなり早い時点で大幅に改造されました。整地などまったくされていない荒れ地に着陸する場合もありますから、脚荷重は主翼桁で受けるように変更したのです。そのため長い脚柱となっておりますが、石だらけの河原に着陸してもトラブルは起こしておりません。

低速性能は見事なもので、公式の最低速度は時速四〇キロですが、計器速度ながら時速三六キロを出したことがあります。これは対気速度であって対地速度ではありませんから誤差はあるはずです。しかし、人間が走り得る最高のスピードに限りなく近い数字であって見事という他ありません。

ただ低速である分、すべての舵が利きにくくなって益浦技師を悩ませました。低速旋回時に横滑りが止まりにくいというのもその一つで、初級操縦者ならパニックを起こしそうな現象です。主翼上反角を〇・五度増やし一・五度に修正してなんとか悪癖を押さえはしたものの、利きの問題は最後までついてまわりました。

〈フィーゼラー・シュトルヒ〉は敗れましたが、設計者はそのあたりのことは承知しており、舵の利く範囲での低速性しか考えていなかったはずですから、簡単に優劣を言える問題ではありません。ドイツ人にとっては離着陸距離が問題なのであって、低速性は副次なことでしかなかったというべきでしょう。

さて、航空本部に対してどのように言い繕ったか非常に興味のある固定翼航空機〈テ号〉ですが、神戸製鋼所によって製作され昭和十七年十一月頃には完成し、試験飛行を実施いたしました。〈カ号〉と同じ〈アルグス〉エンジンを搭載しておりますが、オーバーヒート問題で悩むことはありませんでした。

しかし、〈テ号〉の試験飛行は失敗でした。試験場所の記録は見当たりませんが、朝日新聞社の協力があったと考えられるので、おそらく伊丹飛行場ではなかったかと推理いたします。着陸時に脚を折って大破してしまい、〈テ号〉の物語は実質的にここであっけない幕切れとなります。

この経緯についても戦後に書かれた三木教授の短い文章があります。

実際完成した試作機は材料入手の不都合、計画の粗漏等により著しく予定重量より超過した。飛行試験も行ったが下げ翼操作試験迄至らず一応打ち切り終戦になった。（略）設計の狙いは重量増加の為大半阻害されたが戦争末期の資料不足、製作上不慣等がなければ相当優秀な飛行機になる目安がついた。設計陣は全々素人ばかりだし、注文主が航空の埒外のため、凡ゆる点で支障が多く、立場上苦しく、且つ仕事が捗らず困った。尚最初予定されていた試験飛行の飛行士の戦死は事の遂行を一層困難とした。

やはり不満顔の三木教授が目に浮かびそうですが、これで〈テ号〉の進行のおおよそを想像することはできます。観測機の座を狙って開発された〈テ号〉はそれでその機会を失い、〈カ号〉は不戦勝のような形で観測機の栄冠を手にしたのであります。

記録を見るかぎり〈テ号〉は本命である〈カ号〉の失敗に備えて計画されたもののように思われます。戸田技師にしてもあまり力が入っていたようには見えません。もし両機の立場が逆転していたら、航空本部とのもう一悶着は避けられないところだったでしょう。

担当が違うため、証言していただいた方々も〈テ号〉の詳細はご存じありません。興国研究所内試作工場にあったのを数回見ていることや、担当者が病気で他の技師と交代したらしいことがわずかに記憶されていただけでありました。

〈陸軍神戸製鋼テ号試作観測機〉。いろいろ工夫の込められた機体のように見受けられるが、試作のままで終わってしまった。

〈テ号〉の開発はここで中断されることなく、修理した上で細々と続けられます。三木教授の言によれば、また違った意味での面白い低速機ができた可能性もありますが、益浦技師のような行動的な牽引者を得なかったことが〈テ号〉の不幸で、神戸製鋼所としてはさぞかし無念だったでありましょう。

三木教授が、失われたと言って嘆いているのは、朝日新聞の川崎飛行士のことではないかと思われます。このことは〈カ号〉ともちょっぴり縁のある話で、次の展開を少し変更させました。

朝日新聞社には、東京―ニューヨーク無着陸飛行という計画がありました。そのため〈A－26〉という、木村秀政氏が設計し立川飛行場で製作中の機体があったのですが、日米開戦により中途半端のままになっておりました。それが陸軍によって〈セ号飛行〉と名付けられた極秘計画に転用されることになったのです。

〈セ号飛行〉とは連絡が途絶えてしまったドイツと最低限の往来を保つために、〈A－26〉を使用して要員の輸送を計ろうというものです。朝日新聞は陸軍に協力を約束し、運用人員も朝日新聞から提供することにしました。選ばれた中には長友、川崎両飛行士と塚越機関士の名がありました。

三人とも技術本部、のちは第二技術研究所と変わりましたが、嘱託として〈カ号〉開発に協力しており、普段なら人を変えずに続けられなければならない仕事でした。

しかし、〈セ号〉計画は東條首相直命の国家的重大任務であり、朝日新聞としても要員に余裕があるわけでもなく、また技術研究所も了承しましたので、この人事は実行に移されたのです。

そのため河内航空本部長は社外から補充人員を求めるよりなく、昭和十七年の暮れ近く、友人の協力で紹介されてきたのが西堀善次飛行士でした。西堀飛行士はオートジャイロのことなど何も知りませんでしたから、河内本部長に、「オートジャイロのテストをやらないか」と言われても、突然すぎて即答できなかったと後に書いております。

しかし、相手が説得力では定評のある河内本部長ですから、結局は承諾させられて翌年二月から〈カ号〉試験飛行に参加することになります。西堀飛行士は〈カ号〉の本格的テストパイロットとしてその熟成に貢献いたしました。

暮れ近くなって忙しくなったのは萱場製作所も同様です。〈カ号〉の量産命令が出た以上、早々と人員、設備、材料、下請との打ち合わせなど準備をしなければなりません。

量産は仙台工場と決定しております。すでに昭和十六年一月から仙台市小田原で操業を開始していて、脚や油圧部品以外にも軍部よりの業務拡大要請で倉敷紡績から長町にあった工場を譲り受け、十二月二十一日に引っ越しを完了したばかりでした。

工場の工員は地元採用です。指導する熟練工は東京から派遣するとしても、工員は教育から始めなければ使いものになりません。ですからさらに一年前の昭和十五年四月、仙台技術員養成所を作って一三〇名の教育から立ち上げてきたのです。

これは寄宿舎なども付随しますから工場建設は大ごとであります。

本当は仙台に工場を作るつもりなど全然なかったのです。

昭和十年頃からでしょうか、時局産業に対する貢献度という不思議な調査がありました。その際、宮城県は後から数えて五番目と判定され、つまりお国の役に立っていないという意味ですから、宮城県は発奮しました。そこで仙台出身の萱場社長に目をつけ、仙台市長や県知事が工場誘致に押しかけるという騒ぎになったのです。

東京工場はパンク寸前の操業を続けていて、どちらにしても拡張しなければならない状態ですが、仙台ではあまりにも遠すぎて萱場社長は断わっておりました。

宮城県はそんなことでは諦めず、仙台出身の上級軍人やら政治家にも応援を頼み、あれやこれやと手を尽くして拝み倒し、とうとう承諾させております。当時の人にとって地縁というのは今よりずっと重かったのです。

久保技師は製造部長として〈カ号〉製作の指揮をとることになり、仙台工場へ移ります。小原技師も仙台出向を命じられ、東京との往復に忙しくなってゆきます。

小原技師は仙台に縁の深い人です。生まれは東京の駒込神明町ですから江戸っ子と言って良いのですが、父省三郎が大蔵官僚で転勤の多い職種だったらしく、幼少のころは勤務地を転々として育ちました。八人兄弟中の五男というのは、当時にあって珍しいことではなく、どの家も子だくさんが普通だったのです。

長じた彼は親戚に預けられて仙台二中から仙台高専（学制が違うので現代の高校と単純に同じとは言えません。戦後は東北大学工学部に吸収されました）機械工学科に通学しておりました。これは父が宮城県桃生《ものう》郡出身であったためというより、仙台藩士族であった誇りがそうさせたように思われるのです。

小原家には伊達政宗の弟小次郎に仕えた忠臣・小原縫殿助に繋がるという悲壮な伝承があり、このことは代々厳粛に語り継がれてゆき、彼も家柄については大切に思っていたようです。仙台藩は大藩でありましたから総じてゆったりとした士風を育てました。彼が無口で物静かな人であったのは生まれつきの性格として片づけるには少し無理があります。これは幼少時からの教育によるものと考えられます。

明治維新に際して仙台藩は官軍にちょっぴり逆らったので六二万石から二八万石に減封されてしまいます。いわば賊軍として明治政府に冷遇される側にあり、新政権参加の道を閉ざされてしまいました。父省三郎が生まれたのは明治十年から二十年頃と推察されますので、新政府に対する士族の不満が渦巻いている頃に当たります。

薩長藩閥政治に対抗するため、賊軍とされた藩の士族たちは子弟の教育に力を注ぎました。学問から立ち居振る舞いまで厳しく躾けられ、全人的な人格の獲得を目指し、子供世代の行く末を新政府や中央機構の中に求めようとしたのです。温厚な仙台藩士族も屈辱と賊軍の汚名を晴らすために教育の鬼となりました。登用されれば藩を代表するものとみなされますから、行儀作法にもうるさかったと言われております。現代の日本の中にそのような教育を家風あるいは一族の習いとして残しているところがあるかどうかは不案内ですが、とりあえず思い当たるとすれば英国のジェントルマン教育のようなものです。

士族、つまり武士階級は無意識の動きを卑しみます。無駄口や貧乏ゆすりなどもっての外でありまして、まずは考え、最も無駄のない動作で用を達するというのが武士たる者のたしなみで、本来は暇だからといって寝そべることさえ許されないものなのです。子供たちにとってても相当にきつい日常だったでしょうが、それでキレたりするような例は寡聞にして聞きません。

父省三郎が大蔵官僚たり得たことは猛烈教育によるものであり、結果として学問にも優れ、人柄としても大成しそれなりに評価されたからでありましょう。小原技師の時代には藩閥など影が薄くなっておりましたが、兄弟たちと共に受けた幼少期の教育は父親の影響が無かったはずがありません。日常における彼の挙措動作が落ちついていて泰然としていたのは、生まれ合わせ（丑年の生まれでした）ではなく、運動神経の事でもなくて、かなりの部分は仙台藩士族としての教育に負うところが大きかったと思われます。

趣味としては、どういう訳か生涯を通して馬が好きでした。競馬のことではありません。その理由は家の方もご存じありませんので、今となっては確かめようもないことながら、わずかに想像を巡らせてみると、桃生郡は名馬の産地として名高い岩手県に近く、身近に接する機会があったのか、もしかすると家門の血が騒いだものかとも思うのですが、確かなことではありません。

乗馬して林のなかを散策しているような後年の写真が残されており、スポーツなどという思い入れはなく、あまりにもさり気ない姿なので、時代が数百年逆行しそうな雰囲気があります。

彼には江戸っ子というより仙台人としての自覚が強かったはずで、やがて〈カ号〉製作のため仙台工場へ出向を命じられるというのも面白い巡り合わせでありますが、それはもう少し後のことです。

今は試作機製作のため忙しい毎日でした。

〈カ号〉発動機

筆者は若いころ自動車修理工場で短い期間働いたことがあり、エンジンにはちょっと近親感があります。もちろん航空用エンジンとは別種な物で同日に論ずるつもりはありません。ただ〈アルグス〉エンジンはV型八気筒でしたから構造が類似している部分も多く、やや肩の力を抜いて書けそうな気がしております。

いろいろなエンジンの分解を手伝いました。古いところでは、超デラックスなパッカードのクラシックカーや、シボレー、ダッジなどの乗用車、ジープ、ランドローバーなどの軍用車、その他トラックやらルノーなどの小型車等々、分解してみるとそれぞれの面白さがあって、油だらけになっていじりまわしていたような気がします。部品名などは自然におぼえました。

今でも鮮明に憶えているのは、寿司屋のあがり茶碗のようなジープのピストンと、日本小型トラックの情けなくなるほど小さなピストンの対比です。さらにはジープのボルトは何の手加減も必要なく捻じ込めるのに、日本車は回しはじめの時に注意しないとネジ山を壊してしまうような不親切さがありました。国力とか技術力とかの言葉にある種の実感があるのはこの経験によります。

〈カ号〉の頃のエンジンに思いを巡らせていた時、ふと思い出したのはイギリスのランドローバー・エンジンです。形態はまったくの別物ですが、技術センスがとてもよく似ておりました。アメリカの大雑把なエンジンと違い、深い知性を秘めているようなメカニカルな美しささえ有しております。

〈アルグス〉エンジンにも同様な機能美があり、当時のメカニックに対する感受性の高い者に、芸術作品に匹敵するような感動を与えたのではないかという気がします。まだ機能美という概念が薄く、美学的立場からエンジンや航空機の形態的美しさを説明するには難しい時代でありました。

余分なことと思いつつ以上のことを書いたのは、エンジンテストの雰囲気をちょっぴり伝えたかったからです。関係者たちは胸が弾んだに違いありません。この様子はガリ版刷りの秘密文書が残されていて、概要を想像することができます。

弐技研三画第一号（◎気3）

昭和十八年一月
第二陸軍技術研究所

「カ」号発動機性能運転試験計画

第一　試験ノ目的

カ号ニ装着スベキ「カ」号発動機試作完了ニ付キカ号用発動機トシテノ性能ヲ具備スルヤ否ヤヲ試験シ軍用トシテノ適否ヲ判決スル資料ヲ得ルニアリ

第二　主要試験項目

一、最大馬力、公称馬力、常用馬力及ビ各馬力ニ於ケル回転数ノ決定

二、微速運転

最小回転数運転時ニ於ケル爆発状態逆火振動ノ有無ヲ試験ス

三、円滑運転

各回転数運転時ニ於ケル爆発状況逆火振動ノ有無ヲ試験ス

四、絞弁全開運転

絞弁ヲ全開トシ水馬力計ノ荷重ヲ増減シ各馬力ニ対スル回転数ヲ決定ス

五、公称馬力絞弁開度運転

公称馬力ヲ発生スル絞弁ノ開度ヲ一定ニ保持シ前記同様ノ試験ヲナス

六、常用馬力絞弁開度運転

常用馬力ヲ発生スル絞弁ノ開度ヲ一定ニ保持シ前記同様ノ試験ヲナス

七、「ムリネ」切断運転

所定回転数ニテ定格馬力ヲ吸収スル如ク「ムリネ」ヲ切断スベク運転ス

八、絞弁開閉運転

「ムリネ」ヲ装着シ絞弁開度ヲ変化リセ馬力ト回転数トノ関係曲線ヲ求ムベク運転ス

九、超速運転

軽荷重ニテ最大回転数ノ一一〇%及ビ一二〇%ノ回転数ニテ運転異常ノ有無ヲ試験ス

第三　供試兵器

名称	員数	試作工場
「カ」号発動機本体	―	神戸製鋼所
磁石発電機	左右各一個	三菱電機株式会社
右用昇圧器	―	仝右
始動発電機	―	仝右
充電発電機	―	仝右
充電用継電器	―	仝右
気化器	左右各一個	三国商工株式会社
燃料ポンプ	―	日本エアブレーキ株式会社
燃料管制器	―	萱場製作所

第四　試験装置及計器

一、送風装置一組

右ハ風速一〇米／秒ヨリ七〇米／秒ノ送風可能ノモノナリ

二、水馬力計（五〇〇馬力用）

三、発電機試運転台（星型V型装着可能ノモノ）

四、計器

測定用計器ハ次表ノ如シ

名称	型式	個数	製作工場
燃料圧力計	五四直径	一	品川製作所
滑油圧力計	〃	一	〃
油温計	〃	一	〃

気筒温度計			北辰電機
回転計	航空機用A型		横河電機
吸入圧力計	九八式八二直径		品川製作所
ハスラー回転計			安全自動車
積算回転計			萬歳自動車

第五　試験実施要領

一、試験ハ前記試験項目ニ付左記ノ予定ニテ実施ス

日次	歴日	曜日	実施事項
1	昭和十八年一月十九日	火	最大、公称、常用馬力決定運転

2	〃	二十日	水	微速運転　円滑運転
3	〃	二十一日	木	絞弁全開、公称馬力開度常用馬力開度運転
4	〃	二十二日	金	「ムリネ」切断運転
5	〃	二十三日	土	仝右
6	〃	二十四日	日	絞弁開閉運転
7	〃	二十五日	月	超速運転
8	〃	二十六日	火	分解及寸法検査
9	〃	二十七日	水	仝右

第六　試験日及場所

一、試験期日

自　昭和一八年一月一九日

至　昭和一八年一月二七日

二、場所

神戸製鋼所　深江運転場

第七　試験員

科長　陸軍技師　戸田正鉄

陸軍兵技中尉　千賀四郎

陸軍兵技准尉　広瀬　晃

陸軍嘱託　児玉元一

仝　山本恵七郎

筆者の学力で解説をするのは無理があります。ただ読まれる方の専門によっては明確にご理解いただけるはずですから、当方のレベルに合わせることなく全文を掲載いたしました。また専門外の方でも本格的に手順を踏んで真剣に取り組んでいる様子が、雰囲気として伝わってくるのではないでしょうか。

文中「ムリネ」とあるのはエンジンに負荷を与えるためのもので、通常プロペラを半分ほどに切り落としたような形状のものだそうです。また、試験場設備や、装備品、検査器具なども本式に揃える努力をしたために、運転試験が大幅に遅れた理由として理解できるものです。

計画は予定通り実施されました。松野氏のお話によると、この試験結果により、工作、材質、設計等の改善すべき貴重なデータの数々を得ることが出来たということです。

しかしそのころ羽田飛行場では、小原技師がオーバーヒートするエンジンを前にして油汗を流しておりました。機体に取り付けられたエンジンは整形カバーされており全体に過昇気味だっただけでなく、シリンダー温度の片寄りが回転を不安定なものにしていたのです。カウルフラップを全開にしたところで解決されるようなものではありませんでした。もともと基本設計に問題があったのです。

オートジャイロの特徴は低速性にあるのですから、空冷エンジンとの相性は必ずしも良いとは言えません。まして積み替えた〈アルグス〉エンジンはV型八気筒ですから空気の流れを均等に集中させる工夫がなければなりません。

〈ケレット〉は正面断面積の大きい〈ヤコブス〉星型空冷七気筒エンジンに合わせてあるために機首部が太く全体が丸々としております。〈アルグス〉は正面断面積が小さいので、ほっそりとしたデザインの機体の方が無理なく冷却空気を流すことが出来ます。〈カ号〉においてス〈アルグス〉のシリンダーを冷やした空気は、一度〈ヤコブス〉エンジン用防火壁に突きあたり、それから左右のカウルフラップを通って排出されるという流れになり、スムーズな通風ラインは望むべくもなかったのです。

同じ〈アルグス〉エンジンを積んだ〈フィーゼラー・シュトルヒ〉は低速時の温度上昇に堅実な認識があり、排熱構造を見れば適切な対応をしていることが分かります。ロンメル将軍を乗せての苛酷なアフリカ戦線における活躍は有名ですが、エンジン温度上昇の話は聞きません。

ついでに述べておけば、オートジャイロにおける空冷エンジン運用はもっと苛酷なのです。〈カ号〉の主目的である弾着観測時にはホバリングまがいの飛行が理想となりますが、この時ローターは一五度も後へ傾けられ、エンジンは出力を大きく上げなければなりません。すなわちこの時シリンダーを通過する風量は、極端な場合プロペラ後流のみとなってしまい、筒温は急激に上昇します。

したがって、ホバリングまがいや三六〇度変針飛行は、エンジン温度との相談で決めることになり、過昇問題は命取りになりかねないことでした。小原技師にとっては頭の痛い問題であります。

ところで、エンジンのできばえはどうだったのだろうという疑問も残ります。証言によれば、とても一〇〇パーセントとはいかなかったというお話でした。それは工作技術とか材料とかで単純に割り切れるものではなくて、いろいろと複雑な事情があるようですが、もう少し後のほうでお話しすることとします。

〈カ号〉試験機調整中

昭和十八年初頭、羽田飛行場における〈カ号観測機〉の試作機が、いつごろオートジャイロらしく飛行できるようになったのか記録も証言もありません。前後の事情から、あれやこれやとトラブルが発生し、その対策に悪戦苦闘が続き小原技師は心身消耗の毎日だったことは確かです。

冒頭に紹介した小原技師の短文のなかに、次の一節がありました。おそらくその頃の様子を伝えている唯一の資料だと思われます。

私は戦後、米空軍の仕様、規格、品質管理を勉強し、私共のやった事は、将に天を恐れない暴挙であったことを思い知らされた。

今でも当時のテストパイロットや監督官に会って話をするが、無知無謀というか、特攻精神というか、よくもあんなものに乗ったものだと語り合っている。

発動機の過熱、回転翼や操縦桿の振動、伝導軸の切損等原因不明のまま時が経つ。この年になってもあれはこうではなかったかなど思いめぐらしている。

〈カ号〉開発に携わった人々は、戦後のいつのころからか年に一度思い出を語り合うささやかな会を設けるようになり、文章はその時のことを念頭において書かれております。

日本人は戦後になって品質管理の概念を主としてアメリカから学びました。特に軍事製品規格の厳しさで知られ、ミル（MIL）規格といえば暴れん坊将軍と旗本退屈男と水戸黄門が三人並んで葵《あおい》の紋を振りかざすより威力があったのです。小原技師が嘆いているのは、技術力を誇った萱場製作所といえどもアメリカ民間会社の技術力に及ばなかったことを指しております。

真面目を絵に描いたような人ですから、設計主務者としての責任感からも寝食を忘れてトラブルと取り組んだに違いありません。いろいろと助言してくれる人はいたとしても、事例のないトラブルであり技術の蓄積も少ない中で、人知れぬ苦労をしたのではないかと想像するばかりであります。

〈アルグス〉エンジンに換装され、カウリングやカウルフラップを設計する時に流入風量を計算しなかったはずはありませんから、過熱問題は一般的な理論だけでは対処できません。

陸軍機整備の大ベテランであった刈谷正意氏によりますと、

「空冷の空気は押し込むのではなくて、吸い出すのだ」

「若い設計者は理論と計算だけで設計してしまうので、場合によっては実情を無視したものを作ってしまう」

と教えていただきましたが、この時このような実務の人を得なかったことは〈カ号〉の不幸でした。

〈カ号〉試作機の写真を見ておりますと、カウリング側面前方寄りで排気管カバー上下に判別不明な見慣れないものが付いております。航空機の一般構造では理解できないもので、ずいぶんと首をひねったのですが、これは後から増設された排熱シャッターです。

たぶん最初のトラブルは、エンジン前列シリンダーが過熱状態になり、それに対処したのでしょう。頭の中だけで考えていると後列シリンダーが先に過熱しそうに思われます。風洞実験で確かめたわけではありませんが、実際にはありがちなことです。

さらに機首前部カバーにはメインの空気取入口の他に意味不明な穴がいくつもあけられております。〈アルグス〉エンジンは該当する部分に冷却を必要とするものはありませんので、少しでも空気流入を許ろうとして仕方なしにあけられた穴です。

振動の問題も随分と頭痛の種であったろうと考えられます。これはローター回転による共振なのか、機械的な原因によるものか判断材料はないのですが、初めて経験した人はかなり驚いたようです。〈カ号〉試験飛行初期の頃、濃密に関わっていたと思われる島飛行士も、エンジンによる予備回転時の振動は凄いものだったと人に伝えております。ただ、オートローテーションの時は気にならないほどだったとのことなので、振動問題は予備回転時のことと考えて良いのではないでしょうか。

島飛行士は大阪の富裕な商家に生まれました。何が悲しくて飛行士などになったのかと思われるのは、航空機の魅力を知らない人の言であります。男子として生まれた以上、大空を駆け巡ることこそ本懐であるというダンディズムとそれを支える経済状況に恵まれた人ですが、常に冷静で操縦の腕も確かでした。

日本初の無尾翼機専門パイロットであり、戦後は極東航空の設立などに関わりました。人柄が良かったため萱場社長に重用され、萱場製作所の航空研究には大きな貢献のあった人であります。

島飛行士にオートジャイロ操縦を伝習したのは、草分け的存在の新野次長と長友飛行士です。同じ頃生徒になった人がもう一人おりまして、それが西堀飛行士でした。二人ともベテランですからマスターするのに時間はかからず、おそらく数日で自由自在に乗りこなせるようになったはずです。

〈カ号〉試作機は危なっかしくてまだ使い物になりませんから、練習機としては〈ケレット〉がその役目を努めました。

羽田飛行場は少しずつ拡張され滑走路も二本になった上、長くもなりました。にもかかわらず戸田技師は〈カ号〉の本拠地を世田谷区二子玉川近くにあった読売新聞社の飛行場に移しております。多摩川河川敷内にあり、兵庫島と呼ばれている場所です。

ここに移された時期や理由の記録は見当たりませんが、昭和十八年一月には使われはじめた形跡があり、それ以前から少しずつ移動していったような印象を持っております。理由としては羽田飛行場は萱場製作所の試作機開発の拠点であって、〈カ号〉が採用されればそれを運用する人材を教育せねばならず、先を見越して場所の確保を考えたのでしょう。

陸軍飛行場ではなく、それが読売新聞社の民間飛行場となったのは、航空本部の統制外であったためで、戸田技師などは「観測機材の実験になぜ飛行場が必要なのか」と皮肉の一つも言われたのではないかと想像しますが、もちろん確証のあることではありません。朝日新聞に続いて読売新聞にも協力を求めたわけで、戸田技師の奮闘が目に浮かぶようです。ただ、この飛行場は周囲の民家からは丸見えであって、秘密保守もなにもあるものかという環境だったのは、このあたりが妥協点だったのでしょう。

西堀飛行士の業務引き継ぎやテスト飛行の様子は「オートジャイロの思い出」と題して、ご本人の手記が残されておりました。オートジャイロの操縦特性を見事に伝えてくれるものです。

引き継ぎは二子玉川の川原の飛行場で行なわれた。飛行前の整備に時間がかかり、長友飛行士との同乗飛行は、薄暗い川原で、二、三分の飛行で終わった。続いて「君一人で飛べ」といわれて、真っ暗い空に初飛行をやったが、明日からは君に任せると言われたのには、いささか驚いた。それまでに整備については塚越賢爾機関士から教えられていたので、これで引き継ぎはすべて終わった。

それからは訓練を続けながら回転翼機の特性をつかむため、いろいろな実験飛行をやってみた。水平飛行をしながらエンジンを止め、機首を上げると、そのままの姿勢で失速しないで沈下して行き、その時、多少の風があると垂直に降下して行く。垂直降下しながら方向舵を踏むと、機体は垂直軸を中心にして回転を始める。固定翼機では考えられない回転翼機の特性である。このような実験を続けて行くうちに、宙返りは出来ないだろうかということで、いろいろ研究したが、それは危険だということで中止された。

時期の特定は出来ないものの、一六ミリ映像により、夏近い頃と思われる飛行場の様子を今も見ることができます。ゴム掛けパチンコ式でエンジンを始動するところや、ローターの予備回転試験中のもの、機体のまわりでニコニコしている軍人の姿などが記録されております。

貴重なのは〈カ号〉の離陸シーンの映像が残されていたことでした。萱場製作所社員により撮影されたもので、現在でもVTRとして市販されております。停止、滑走、離陸、高度五メートルほどの飛行、着陸という一五秒ほどの短いカットで、〈カ号一型〉飛行中の唯一の映像ではないでしょうか。最初に見た時は試作機なので慎重に操縦しているのだろうと思ったのですが、実際はエンジン出力が足りなくて精一杯の飛行だったのです。

修復された〈ケレットKD－1A〉の姿も映っております。後に製作される〈カ号二型〉とそっくりなので間違えられそうですが、この頃はまだ影も形もありませんからこれは正真正銘の復元機です。〈ケレット〉はこれがオートジャイロだと言いたげに元気一杯の飛行を見せております。

〈カ号〉試作機が未完成であったために、しばらくはこの復元機が代役を務めることとなりました。このとき主要な役割を果たすようになったのは西堀飛行士であります。

この当時を窺い知る資料はまことに少なくて、西堀飛行士がともかくも日本航空ジャーナリスト協会の会報に書き残しておいてくださった事に感謝しなければなりません。

萱場製作所の社員によって撮影されていた16ミリ映像。〈カ号一型〉の離陸寸前のもの（上）と、予備回転試験中のもの。多摩川飛行場の様子や開発時の雰囲気を伝えていて貴重なものだ。

引き継いでからは、専ら回転翼の特性を調べるために種々雑多な実験飛行を重ねた。特性が把握された頃、弾着観測の実験が行なわれることになった。

習志野演習場では夜間の移動目標に対する砲撃の観測、富士山演習場では観測と敵機からの急速退避実験が行なわれ、一応の成果があったようである。

実験はおそらく三月から五月いっぱいにかけてのことではなかったかと推定されます。実験を、つまり協同演習ということになりますが、主催したのはノモンハン事件に動員され多大な犠牲を経験した、千葉県国府台の野戦重砲兵第一連隊でありました。

昼間の弾着観測だけでなく、夜間の移動目標まで対象としているのは、当時の新戦術というべきで、ノモンハンの戦訓を忘れずに、難しい課題に取り組んでいたのだと考えられます。当然夜間飛行となりますから実際には興味深い事実が語られるべきはずのものであります。また急速退避実験なども、〈カ号〉が実用化できるかどうか存在を問われるところでありますから、詳しい評価が残されていないのは残念としか言いようがありません。

この時の第二技術研究所（以下二技研と略記します）担当者は赤倉中尉だったと思われます。後に彼は戦死してしまいますので、協同演習立会いのことがあまり伝わらなかったのはそのためかもしれません。

もう一つ考えられることは習志野で演習中に立ち会っていた小原技師が頭に大怪我をしてしまったことです。経緯は述べられていないのですが、ローターの先端に当たって頭蓋骨の一部が陥没する重傷を負ったのです。そのためそれ以後の演習を見ておりませんので、これも伝わらなかった理由の一つでありましょうか。

とりあえず下志津の飛行学校に担ぎ込まれ、応急手当てを受けていた小原技師が幸運だったのは、人脈の豊富な戸田技師が居合わせたことです。

「千葉医大の外科部長は私の同級生です、私の車ですぐ行きましょう」

処置が悪ければ〈カ号〉開発に影響を与えそうな事故であったにもかかわらず、適切な手術を受けることができ、小原技師は何の問題もなく現場復帰ができたのであります。

頭の傷は生涯残りましたが、戸田閣下は私の命の恩人であると感謝の念を示しております。

この頃の萱場製作所では戸田技師などと呼ぶ者はなく、閣下と殿様とか呼ばれるようになっておりました。

「陸軍空母」での実験

〈ケレット〉による協同演習が終わったころ、砲兵隊とは別に回転翼機への興味を示した部署が現われました。広島県宇品港に本拠を構える船舶司令部というところからです。

船舶司令部とは、参謀本部輸送課の分課として船舶による輸送を管掌するもの、と説明されております。つまり陸軍に関わる物資の輸送船司令室で、海軍とは一線を画した組織です。

ここは戦略外の捨て子、つまり中央部の考えが及ばず捨てておかれた組織というべき強い印象が残ります。お借りした資料本の中に日本船舶戦時遭難位置図というものがあって、一隻を小さな黒丸としてその全体を示しているのですが、あちこちにもはや点では示しきれず、まっ黒に塗りつぶしたような箇所がたくさんありました。

船に馴染みのない者にとって日本船舶喪失量八四三万三三八九トンと言われてもピンとき

ませんが、この図表は衝撃的な説得力を持っております。この点の一つ一つが無数の人命の喪失を意味しているのだと思う時、慄然とした気持にさせられるのは筆者一人ではないはずです。

戦史を繙《ひもと》けば悲惨な戦いは数えきれぬほどありました。しかし、戦時輸送船任務に従事した人々の死は、それとは別種の切なさがあります。その切なさの頂点にあったのが船舶司令部だったと言えなくもありません。

戦争の推移に伴って輸送船の潜水艦による雷撃被害が増えはじめておりました。船舶司令部はこれを事前封殺するための機材を模索していたのです。本来ならば海軍に護衛を頼むか航空部隊の哨戒飛行を要請すべきなのですが、護衛艦は地味な仕事を嫌がりますし、航空機は四六時中付き添ってくれるわけではありません。

当然、自分のことは自分でするという軍隊生理が頭をもたげ、何か良い機材はないかということになるわけです。そんな時に回転翼機という使い勝手のよさそうなものがあると耳よりな話を聞いたのです。

船舶司令部は〈あきつ丸〉という、通常、陸軍空母と呼ばれる回転翼機を運用できそうな船を持っておりました。これを空母というには若干疑いがあり、海軍における機動作戦に従事できるような機能も性能も持ち合わせておりません。

正式には陸軍特殊船と呼ばれ、排水量九一九一トン、速力二一ノット、日本海運からの徴用船であります。もともとが上陸用舟艇運搬の貨物船と思えばよく、飛行甲板があるのは航

陸軍特殊船〈あきつ丸〉。昭和19年7月には着艦制動装置を備えていたとされるので、上の写真はそれ以後の姿。左は〈カ号〉の発着艦試験が行なわれた昭和18年6月4日の〈あきつ丸〉甲板風景。中央の背広姿は小原五郎技師と思われる。着艦の際邪魔になったマストが中央白線の先にボンヤリと写っている。

空機輸送のためで、〈九七式戦闘機〉などのような翼面荷重の小さい機体の発艦専用ですから空母と呼ばれたのはニックネームぐらいに考えるべきでしょう。

船舶司令部からの実験要請に一番喜んだのは戸田技師でした。早々と打ち合わせを進め、六月四日を実験日として準備を進めさせております。

広島の宇品港に参集したのは戸田技師や二技研のスタッフのほかに萱場社長、整備スタッフと共に傷の癒えた小原技師などでした。操縦はもちろん西堀飛行士であります。

宇品港は多くの輸送船が集

められていて、物資の積み降ろしや運搬車輌の行き交いで賑わっており、船の出入りも多く活気に溢れておりました。〈あきつ丸〉は岸壁近くに繋留され、この停船中の甲板で離着陸の実験をするのです。

使用機はこれももちろん〈ケレット〉が代役を努めております。西堀飛行士の文章で話を進めましょう。

甲板の長さは一二三米、幅二二・五米（但し甲板上に司令塔・煙突があるので使用可能な幅は一四～五米）。それでも復元機の離着艦性能は無風で離艦五〇米、着艦六米、風が強いと離艦一二米、着艦〇米であり、回転翼の直径は一二米ほどであるから甲板の広さは十分であった。ところが船尾に高いマストが建っている。これを撤去して欲しいと要求したが、艦長は二、三日後には出航するので撤去できないと言ってきた。この実験は危険だから中止せよという意見もあったが、結局左舷斜め後方から進入して甲板上空で急旋回して着艦という危険な方法を選んだ。

六月四日、煙り模様の空を「あきつ丸」に向かった。第一回目の着艦で甲板に近づくと目の中に前方の司令塔煙突が飛び込んでくる。右手にはマストがからんでくる。甲板が真下に見えた瞬間、左に急旋回してドタンと着艦、左脚が左舷の端から一米ほどのところに着いていた。命がけであった。

当然のことながら記憶を辿りつつお書きになっているわけですが、当事者でなければ書けない、迫真力に満ちた文章であります。

船尾に高いマストが立っているなどということは、空母まがいの船だったとしても不思議な話で、発艦専門にしか考えていなかったための椿事です。また着艦時に急旋回をするなど、固定翼機では絶対真似のできない芸当であって、さらにはオートジャイロを知り尽くした西堀飛行士の腕前が可能にさせたものです。

〈ケレット〉は複操縦方式になっておりますので、前席からでも操縦は可能です。この時は西堀飛行士が前席で、錘がわりに後席に乗っていたのは戸田技師でした。着艦の時は殿様も相当に肝を冷やしたようです。

前に紹介した映像にも停船時の着艦の様子が映っており、船橋側によって撮影したためか邪魔になったマストは見えません。この実験は数回繰り返されていて、映像は何度目かのものらしく最初の着艦シーンではないようです。それでも左後方から接近して着艦寸前に左へ舵を切って進行軸線に合わせていることと、甲板中央白線を越えて左舷側に着艦しており、文章と一致しております。

「オートジャイロの思い出」にはさらに続きが記述されていて、興味深い実験だったことが判ります。

……午後から航行中のテストに移った。

航行中のテストが停船中と違うのは、離艦のときである。船速と風速が加わると、復元機は風に向かって機首を九〇度、左から風を受けるようにして、回転数を上げ、二〇〇回転になると、回転翼のクラッチを切り、右ブレーキをはなして、機首が風向きに向かうと同時に、エンジンを全開にしてスタートすることになる。

陸上でも風速によってはこの方法をとる。それは離陸前に回転数を上げて強い風を受けると、不安定な姿勢になるからだ。風上に向かって機首を右に向けるのは、回転面が左に傾斜しているので、回転数を上げても風にあおられる事はない。

航行中のテストが終わり、こんどは魚雷攻撃を避けるための蛇行しながらのテストもやってみた。これは離船、着船時のタイミングが操船とうまく組み合わされないと時間がかかる。

テストの結果は一分とはかからない好成績であった。……

この文章は大切な事を伝えております。〈カ号〉には風速一五メートル（秒）以上の時は飛行しないという、とりあえずの規定がありました。〈あきつ丸〉の船速は二一ノットとされておりますから、そのスピードで航行すれば甲板上は無風時でも一〇・八メートル（秒）の風が吹きます。海上では珍しくもない秒速五メートルの風と正対すれば、合成されてすぐに規定外の風速となってしまうのです。

しかしこれは、地上における取り扱いに由来する規定であって、飛行中最高速度を出せば秒速五〇メートル近い風に機体を晒すことになるのですから、運用に工夫があれば規定は一つの目安にすぎません。

地上静止状態の時のローターの中立位置は前進方向に大きな迎角を作ります。正面から風を受ければローターは自然回転を始め、迎角がそのままで秒速一五メートルの風ならば、機体を持ち上げるに充分な揚力を発生させます。操縦桿を前に倒して風とのバランスを取るにしても、地上の風は実験室で作られるような一様流とは限りませんから、瞬間の変化に即応するのは難しいことです。また、ローター前後にはプロペラや胴体があるので、左右方向よりは作動範囲に制限があります。

さらに、ローターは上部から見て反時計廻りとなるように設計されていて、フラッピングヒンジにより左に傾こうとする力を消しておりますが、若干その要素は残っており、もし思わぬ乱流によりヒンジ角限界を越えれば確実に左横転してしまうでしょう。つまり、強風下に静止している回転翼機にはいろいろ不安定要素があって、運用を難しくしております。

とはいっても軍用機である以上そんな軟弱なことを言ってはいられませんから、風も左側から受けるという工夫が生まれたのです。ローター回転面は操縦桿ニュートラルの状態において横方向には迎角零なので、左傾の癖も含めて対応するためには合理的であります。

西堀飛行士がこの状態の時にどれほどの向かい風があったのかは分かりません。ここでは仮に秒速一五メートルから二〇メートルほどの風であったと考えれば、強風下におけるオートジャイロ運用の知恵が明確になると思い、そのように解説をしてみたいと思います。

記録が残されていないために私見ながら、おそらく風の秒速二〇メートルをいくらも越えないあたりが運用の限界ではないでしょうか。ローターの直径がきっちり四〇フィート（一二・一九二メートル）ですので、これを円形翼と仮定するならば、約一一六・八平方メートルというトンデモない翼面積を持っていることになり、これは〈九九艦爆〉と〈一式陸攻〉を足してもまだオツリが来るほどの広さなのです。回転翼と固定翼をこんなふうに比較すれば、絶対に卒業できませんから学生諸君は注意して下さい。

この大翼面積を一トン少々の機体に乗せて秒速二〇メートルの風の中に置いた状態をイメージしてみると、どう考えてもそのままでは糸の切れた凧のように吹き飛ばされてしまいそうな気がします。にも係わらず機体左側面に直角の風を受けて止まっていられるのは何故でしょうか。

西堀飛行士はこの時駆動装置によりローターを回転させており、しかも左に傾けています。回転面角度は風に対してマイナスの迎角となっていたはずです。つまり、ローター上面から風を受けていた事になります。

飛行中のオートジャイロがそのような事になれば墜落という結果が待っているだけで、絶対に出来ません。宙返りが中止されたのもその恐れがあったためです。オートジャイロの弱点ですが、強風下ではそれを逆手にとって風の中に止まっていたのでした。

仮定の円形翼面がマイナスの迎角となれば揚力もマイナスとなり、その分力の一つは機体を押さえつける力となります。さらにローター回転による揚力は風に向かう分力ともなり、ジャイロ効果なども加わってバランスをとっていたのであります。台風などの時に傘を傾けて風雨に向かうのと似たような知恵でしょう。この力学的関係を図示する能力は筆者にはありません。しかし、実数を挙げて解析するとなれば、専門家といえども手こずる問題であろうと思うばかりです。

不可能を可能にするというのはよく聞く言葉ですが、先人の知恵には驚くより他ありません。このような方法は誰が考えだしたのだろうかとしつこく調べてみたのですが、ここまで踏み込んだ資料は洋書にも見当たらず、もしかしたら日本独自のものだったのだろうかなどと思案しております。

復元機上の西堀善次飛行士。着艦実験時のものである。ローターマストや燃料タンクの細部がよく分かる。この時の操縦体験記は貴重な記録として残されている。

以上の事は理論上の事で、実際に実行するとなれば大変な事でありましょう。パイロットになったつもりで想像シミュレーションをしてみても、機体を風に向けるまでの動作が繋げにくく相当に難しい操作であるような気がします。もし失敗すれば大事故となることは間違いありません。

通常離陸時におけるローターの予備回転は一八〇回転であるところ、二〇〇回転という限界数まで回しているのは、おそらく風との関係でありましょう。西堀飛行士はオートジャイロの操縦を始めてまだ半年にも満たないのに、ここまで乗りこなしているのは、やはり天性の才能としか言いようがなく、さすがであります。

広島湾内での航行実験中は、大小の船艇が元気一杯に動き回っていて緊迫感が漂い、小原技師には印象深い風景だったようです。〈あきつ丸〉における実験は無事終了しても〈カ号〉試作機の不具合を思えば心は晴れなかったはずで、エンジン過熱問題はいまだ道遠しの状態でありました。

そんな小原技師の心配をよそに船舶司令部側は大満足でした。なにしろ〈あきつ丸〉に初めて着艦できる機材が出現したのです。回転翼機の低速度性も彼等に運用しやすい親密感を持たせたと思われます。

この時〈カ号〉装備の希望だけでなく、運用人材教育の話にまで進み、戸田技師を慌てさせたのではないでしょうか。実際に事態はそのように進み、二技研はその対応に大忙しの準備に追われております。

実験終了の四日後、六月八日、柱島泊地に停泊していた戦艦陸奥が謎の大爆発を起こし沈没してしまいます。日本海軍は公表は伏せながらも大捜索を開始して、広島湾は一時蜂の巣をつついたような大騒ぎとなるのですが、〈カ号〉関係者は引き上げたあとのことですから戦後までこの事実は知りません。

〈あきつ丸〉での試験時の映像。右は発艦風景で、追い風にも関わらず艦中央からの滑走で甲板先端部では約5メートルの高度を得ている。左の着艦風景は最初のものではない。慣れてきたために大きな左旋回も操縦は滑らかである。オートジャイロの特性がよく理解できる。

船舶司令部の装備を考慮したためか、先の見通しが立ったためか、兵器行政本部は〈カ号〉の長期供給計画を立て萱場製作所に対して生産命令を発しました。昭和十八年度は前の通り六〇機ですが、十九年度からは月産二〇機として二四〇機とするというものです。ちなみに一機あたりの価格はエンジンとプロペラを除外して九万五〇〇〇円と決定しました。

兵器行政本部は本気であったようで、七月九日、本部長木村中将自ら萱場の仙台工場を訪れ、その他の製品も含めてですが〈カ号〉製作に全力をあげるように要請をしております。

しかし、〈カ号〉は航空機であり、高度な技術製品の集積であって、生産体制を組むだけでも大仕事なのです。いちいち例をあげるまでもなく、それぞれの部品の生産にはそれを支える広い裾野がなければならず、号令一つで一夜にしてできるというものではありません。

萱場社長は技術部試作工場の坂本龍太工場長以下数名のスタッフを応援部隊として仙台工場へ派遣し、〈カ号〉生産立ちあげに協力させております。

宮城県の主要産品はいまだ米だった時代で工業基盤はささやかなものでした。萱場の社員が相当な苦労をしたであろうことは容易に想像がつきます。

伊達興宗伯爵が名誉顧問として仙台工場に迎えられたのは、こうした事情の延長線上のことであったのでしょう。旧仙台藩主伊達家の当主であった人で、一応旧家臣筋の推薦によるものであるとされておりますが、殿様としての威風は充分に保たれており、高度な政治的判断や人心の掌握には欠かせない人でした。地元なりの応援体制の一つと考えてよいはずです。

このお殿様は余程茶目っ気のある人であったらしく、退屈すると役員にあだ名を作ったりして楽しんだそうです。萱場社長も「獏《ばく》さん」という名を頂戴いたしました。夢を食う動物とされる獏のことで、萱場社長の本質を見事に言い当てており、見るべきところは見ているわけで、やはり殿様というものはたいしたものであります。

伊達伯爵は遊んでばかりいたのではなく、重要な交渉事などは立派にまとめるなどして生産拡大に寄与しております。

萱場製作所は生産命令に従ってあちこちに工場を作っておりますが、七月十八日には岐阜に大規模な工場を開設いたしました。開所式終了後、すぐにフル操業に入るという慌ただしさであります。

前にも触れましたが、陸海軍航空機用脚部品の八一パーセントが萱場製作所に集約しており、萱場社長はその要請に誠実に応えるため、増設に次ぐ増設を繰り返しております。統制経済の中で、合理性追求の結果ではあるにせよ、ここまで集約されると異常としか言えません。国の運命を一社に賭けたも同然で、日本軍の脚部品は一系統しか持たなかったことになります。常識的には三系統ぐらいの余裕を持つべきでした。

それにしてもこの無茶苦茶な要求を実現しようとした萱場社長はたいしたものであります。「獏さん」というあだ名は、それこそ伊達ではありません。

少し前の七月七日七時十分、ドイツ連絡飛行の任を帯びた〈A－26〉がシンガポール空港を飛び立っております。長友飛行士、川崎飛行士、塚越機関士の他五名と八・五トンの燃料を積んで、重々しくインド洋上空を目指し、ゆっくりとその姿を小さくして行き、ついに見送る人々の視界から没し去りました。

これ以後、彼等の姿を見た者は誰もおりません。今日に至っても〈A－26〉の飛行がどのような結末を迎えたのか、まったく不明となっており、航空史以外で彼等のことは語られる機会もないようです。奇しくも〈カ号〉誕生の大切な時に手を差しのべた人々は、このようにして失われました。

〈カ号一型〉ついに飛ぶ

〈カ号〉の試作機が飛行場を離れてなんとか飛び回れるようになったのは、昭和十八年の早くとも夏頃だったろうかと思っております。しかし、エンジンの調子が安定せず、ちょっと遠出ができるようになるには秋近くまではかかったらしく、搭乗体験談義もこのあたりからチラリホラリと残されるようになります。

〈カ号〉開発の陣容は夏頃から充実していきます。あまりにも〈アルグス〉エンジンのご機嫌が斜めなので、このエンジンに慣れているという後藤敏夫飛行士が嘱託として満州航空から招かれました。

さらに六月に二技研付操縦士として赴任してきた倉田勝平少尉は、この後、終戦までオートジャイロ一筋の教官として元気に活躍することになります。この人は日大の機械科に学び、航空研究会に所属して学生時代からグライダーや陸軍払い下げの練習機で操縦経験を持った、根っからの飛行機好きであります。後に「オートジャイロの搭乗回数と飛行時間の日本最多記録は私である」と、文章も残したほどの人です。ただし、飛行時間に関しては菊谷操縦士に異論があるように見受けられるので、判定するつもりはありません。

時折、読売飛行場に訪れる朝日新聞社の河内本部長や新野部長とは学生航空連盟時代からの顔なじみでありました。オートジャイロの操縦は新野部長からも手ほどきを受けたようです。

もう一人、忘れてならないのは松野博中尉の存在です。

松野中尉は早稲田大学で応用金属学を修め、昭和十七年十月、兵器行政本部幹部候補生隊に入隊。技術士官といえども軍人である以上、一般軍務を体得すべきであるとされるようになり、二ヵ月の軍事教練を経て兵技中尉に任官、さらに将校教育として引き続き六ヵ月、兵器学校において兵器学、戦術等の教育を受けました。七月に二技研に入所、あちこちの研究を手伝った後、三科戸田技師の下に配属されたということです。

さっそく読売飛行場に駆り出され、八月中はここに通って試験飛行や機体の解説を受けながら回転翼機の理解に努めました。

まことに不思議なのですが、後藤飛行士が操縦する時に限って〈アルグス〉エンジンは機嫌を直すのです。八月のある日、松野中尉は二子玉川から新宿伊勢丹上空まで同乗飛行を経験しました。いささか緊張感あふれる飛行であったと想像します。

山中大尉も少佐に進級し、阪大から戻っていて船舶本部練習部から派遣されることになっている練習生の受け入れに忙しくなっております。山中少佐にしてみれば、まともに飛べるのは〈ケレット〉だけで、肝心の〈カ号〉はまことに心細い状態と言わざるを得ません。〈アルグス〉エンジンの気まぐれは相変わらずで、エンジン全開で発進したものの、ついに浮上せず、滑走路の端まで行って停止するなどということが時々あったのです。こんな有様でどうやって教育をするんだと山中少佐にはボヤキの毎日であります。

この頃になってようやくエンジン選定についての反省が現われはじめました。性能向上を目論んでのことというより、航空本部にエンジンの供給を拒まれたためのやむを得ない選択ではありましたが、このままではエンジンのために計画そのものが自滅しそうであります。

機体関係は振動問題も少しずつ改善されており、他は満足すべき状態となってきております。そうなると自然に目が行くのは当然のように〈ケレット〉復元機であり、これぞ軍用機の鏡と言っていいものです。

ケレット社はこのあたりのことは熟知したうえで〈ヤコブス〉エンジンを選択したのです。兵器行政本部の生産命令は出ているのですから、〈アルグス〉エンジン生産を止めるわけにはいきませんが、次善の策も打たねばなりません。こういう時の戸田技師の行動は実に素早く、早々と根回しをして密かに〈ヤコブス〉エンジン生産の手配を進めてしまっております。

ただ、そのためには復元機の〈ヤコブス〉エンジンを製作サンプルとして下ろさなければなりませんが、それには〈カ号〉試作機が練習機ぐらいには使えるようにしなければならず、また、〈アルグス〉エンジンの性能も徹底的に見極めておく必要があります。

八月も終わろうとするころ、松野中尉は神戸製鋼駐在を命ぜられ、深江運転場において児玉教授指導の下に冷却改善の研究と、耐久試験を実施することとなりました。

ところで航空本部は二技研における回転翼機開発の進行をどのように見ていたのでしょう。航空行政一元化の立場からはなんとも面白くない存在ではあるにしても、同じ陸軍内部のことなのでまったく知らぬ顔もできなかったようです。かなり事務的な感じで航技研の操縦士を飛行試験に参加させております。

その人は前にノモンハン上空飛行の時に紹介した大久保曹長で、この頃は准尉に昇進しておりました。「陸軍航空総監部附兼陸軍航空研究所附飛行班」という長々しい変わった辞令を持たされていて、航空総監部附操縦士というのが本業で、手の空いている時は航技研の仕事を手伝うという、航空機に囲まれた羨ましいかぎりの人生を送った人です。

つまりそれは航技研本流の人ではなかったということでもありますから、航空本部としての本音がこの一事の中にも秘められているような気がします。

大久保准尉は偵察席に乗って飛んだだけということでしたが、その振動の大きさには驚かれたようで、計器盤も読めないほどであったと言っておられます。よほどその印象が強かったらしく、これが実用化されるとは信じられなかったとも語っていただきました。

振動のほとんどは予備回転時のもので、松野氏やその他の方々が乗った頃には、気になるようなものではなかったと証言されております。この問題は徐々に解決されていったと考えて良いようです。

深江運転場ではナッパ服に身を包んだ児玉教授と松野中尉が〈アルグス〉エンジンの風洞実験に取り組んでおりました。主な目的はシリンダー温度のバラツキを防止する方法の発見です。児玉教授はこのような実験が嫌いではなく、油汚れも気にせずに率先して指導をするような教え方でした。

まずはカウリングにおけるエンジンシリンダー温度の偏在を精密に測定し、バッフルを使ってシリンダーフィンに流れる風量を調整して全体の温度バランスをとるという実験が、根気よく続けられました。

と書くと、いかにも筆者がこの種の実験に詳しいのだと誤解されそうです。実際は諸先輩たちからいろいろ教えていただいたのですが、解説してくださっている方の頭の中にあるはずの映像が、物理音痴受像器しか持たない当方の頭の中では、まるで映像を結びません。温度センサーはアルメル・クロメル・サーモカップルとか熱電対と言うのだと言われても、放送終了後のブラウン管状態であります。

バッフルとは日本語で導風板と訳し、軽飛行機のむきだしのエンジンにときどき付いているものがあるだろうと教えられ、おぼろげな記憶を辿って思い出し、ようやく納得するという始末でした。したがってこれは、徹底した本格的実験だったのだとしかお伝えできません。

ともかく、本格的実験の結果として有効な方法と思われる情報は、松野中尉から東京の小原技師に流され、小原技師はそれに基づいて改修を加えるという作業を何度か繰り返すうちに、〈アルグス〉エンジンの不機嫌さは少しずつ解消されていったのです。

整備中の復元機。垂直尾翼の文字は〈カ号一型０号機〉と読むべきで、まだ名称などが整理されていない初期の撮影であろう。

〈カ号〉最初のころの設計には排気管カバーが付いております。これは流体的整形であると同時に消音器の意味もあっただろうと考えられます。適地上空近くでこれ見よがしに爆音を響かせるなどというのは任務の性質上無用のことですし、スピードも早いとはいえませんから、それなりの意味もあったのだろうと思います。

ついには排気管カバーまで外してしまい、当初の目論見は果たせませんでしたが、このあたりで万全ではなくとも、とりあえずの飛行に差し障りがない程度にエンジンの調子は改善されました。

さらに〈アルグス〉エンジンは五〇〇時間耐久試験にかけられました。一日一〇時間運転して延べ五〇日の苛酷な試験にも耐え、一応問題のないことが確認されたのです。

柿木坂に新居を構えた新婚ほやほやの山中少佐が、日曜日の休息を楽しんでいるところへ、倉田中尉と広瀬准尉が〈カ号〉に乗って表敬訪問をしたという話は、この頃のことでしょう。山中少佐は奥さんと一緒に家から見ていたのですが、上空からは見えなかったらしく二、三回垂直降下を繰り返して飛び去ってしまい、後で広瀬准尉から「出てきて手を振ってくれてもいいじゃありませんか」というような文句を言われたそうです。広瀬准尉とは階級は違っても兄弟のような付き合いで、准尉としてはせっかく祝福に訪れたのに反応がなかったことが不満だったのです。

〈カ号〉は固定翼機のように翼を振って挨拶することはできません。垂直降下が回転翼機操縦士の挨拶でした。

小原技師も芝浦の萱場製作所本社工場上空を飛んだ話を残しております。これには日付がないので、もしかするともっと以前の〈ケレット〉復元機によるものだった可能性もあるのですが、ようやくまともに飛行できるようになったことを社長に報告したくて実行したようにも思われます。

飛行中、高輪上空で皇族屋敷の中に立派な馬場が見えたことを書いているのは、馬好きの彼としては当然のことでしょう。

密かに連絡をしておいたので、萱場社長が本社屋上で待っておりました。風がなかったため少し下降気味のホバリングしかできませんでしたが、ホラ見てくださいと言わんばかりの小原技師の顔は、うれしさで一杯だったはずです。その夜、金杉橋の銭湯では奇妙な飛行機の話でもちきりだったと、これもうれしそうに書いてありました。彼はようやく愁眉を開くことができたのであります。

これから以後、復元機の話題は記録に登場しませんので、エンジンコピーのため神戸製鋼所に送られたのだろうと考えられます。エンジン換装の計画が持ち上がったことで外形も変わりますから、両者を区別する必要が生じました。〈アルグス〉エンジン搭載のものを〈カ号一型〉、〈ヤコブス〉エンジン搭載のものは〈カ号二型〉とすることになりました。

第5章――〈カ号〉戦記

教育訓練と量産

船舶本部が〈カ号〉を運用するに当たって、その要員の教育をどうするのかという問題が持ち上がりました。戸田技師以下〈カ号〉開発で全員頭がいっぱいでしたから、そんなことは考えてみてもおりませんでした。しかし航空本部が引き受けてくれるなどということは絶対にありませんから、二技研が考えるより他になく、結局は二技研が担当することになりましたが、まさに泥縄を絵に描いたような事態となったわけです。

教育をするにしても、教育方法も教科書もありませんし、機材さえも〈ケレット〉復元機（このころはまだ読売飛行場にありました）と、試作機二機しかないのです。今までは操縦経験者への伝習だけですんでおりましたが、今度は全員素人ばかりです。

こういうことで音を上げるようでは軍隊組織とは言えません。戸田技師はその準備のために忙しくなり、外出したまま戻らない日が多くなりました。またしてもどこで話をつけたものやら、読売飛行場にプライマリー・グライダーを運び込んでスタッフを驚かせたりしております。

航空理論教育は最適任者として山中少佐が指名されました。彼は教えることを前提に学んでいたわけではありませんので、それだけでも頭が痛いというのに、教育全体の責任担当者として教育班長を命ぜられたのであります。

その他にも千賀中尉がエンジン理論、田中中尉が整備理論というふうに役割分担が決められ、それぞれ講義資料を考えたり作ったりして教育体制を整えるのに苦心いたしました。

船舶本部は、将校・下士官合わせて五〇名を一年間に養成することとして、九月になってとりあえず坪井中尉以下将校一〇名を操縦・整備の要員として派遣してきました。つまりまずは将校の教育から始め、訓練期間は半年ということになります。彼等は選抜された優秀な将校ですから、二技研技術士官は緊張せざるを得ません。ともかく日本で初めての回転翼機練習教育が開始されたのであります。

戸田技師は飛行場の片隅に鉄塔を作らせるなどということもしております。先端から地上にロープを張り、滑車より吊り下げられたゴンドラに生徒を乗せて降下させる装置でした。高所とスピードに慣れさせるための親心のようなものかと思うのですが、どの程度役に立ったものかはよく分かりません。

初級グライダーは、機体の組み立て、分解、ゴム索発進など、一定の規律の元に行なわれるので、きちんとした指導が必要です。その点は学生航空連盟出身の倉田少尉がおりますので、運用に苦労することはなかったでしょう。操縦訓練も最低速度が時速四〇キロぐらいの機体なので、着陸時の感覚を養うには効果があったと思われます。

山中少佐は生徒の訓練中の怪我を恐れ、失速理論の説明をしながら操縦桿の引きすぎにくどいほど注意を与えたそうです。なにしろ初めての教育任務なので、気の休まらないことばかりでした。

教育だけではなく〈カ号〉をさらに実戦機としての磨きをかけるための研究も進めなければなりません。

その一つに夜間にも行動できるようにしたいということがありました。低速の回転翼機でも、夜間ならば敵戦闘機に発見される確率は限りなく零に近づきますから、活動範囲を広げることができます。夜戦を得意とするのは日本陸軍の伝統ですし、作戦を進めるにあたっていろいろな応用が考えられます。

夜間飛行は、西堀飛行士によって砲兵隊との協同演習の際に何度か試みられておりますが、それは経験を積んだ西堀飛行士の技量に負うところが大きく、これを誰にでも実行できる形にしなければなりません。

現代のように電波誘導装置が整っていなかった時代は、夜間に飛行するというだけでも大変だったのです。新月の夜の闇は深く、地上だって灯火の溢れる現代とは様子がまるで違います。夜間飛行は経験の積み重ねによる文字通り体得することによって獲得するものであり、運のよい者だけが生き残ってそれを伝えてきたという面があります。戦時運用だから人命がある程度危険にさらされるのはやむを得ないという考えは絶対にありません。それだからこそ完璧を期すというのが軍隊であり、完璧さによって任務を遂行するというのが本筋です。

夜間飛行を体験させる第一歩は離着陸で、飛行場照明のことを考えなければなりません。

多摩川河川敷内にあった読売飛行場での練習風景。当時、多くの人々がこれを目撃したという証言が残されている。

現代の滑走路照明を想像してもあまり役には立たないでしょう。灯油缶の焚き火の灯ひとつを頼りに着陸したという伝説はともかく、軍用である以上、天に向かってこれ見よがしに光り輝くわけにはいかないのです。目立たず、しかも確実に上空から滑走路を視認させるというのは結構難しい問題でした。

二技研は夜間離着陸を考えるに当たって、あちこちから情報を収集しました。いただいた資料に着陸誘導装置は高田モーターホームライトを使ったとあります。どんなものなのか分からないのですが、航空母艦の船尾にあるようなもので、自機の進入角度を確認させる装置のようなものでしょうか。他に投光機、誘導ランプ、着陸地点を示す電灯などを設置しました。おそらく眩《まぶ》しくならないような工夫を凝らし、電源は直流であったと想像します。

十月のある夜、西堀飛行士の操縦により〈カ号〉は読売飛行場を飛び立ち、小さな尾灯を見せながら夜の闇に消えてゆきました。五分もたったころ、闇の彼方に航法灯の微かな点滅が見え、エンジン音に混じる独特のローター音と共にゆっくりと近づいてきて、わずかに銀色塗装の機体が見えたときには、フワリと着陸指示ラインに舞い降りておりました。

さすがに見事な着陸であり、固定翼機のような数百メートルもの滑走路照明を必要とせず、小規模な設備で運用できることを示しており、実戦場においては有利な働きができそうな確認ができました。〈カ号〉は少しずつ逞しく育ちつつありました。

急ごしらえの教育システムでも、一度動きだしてみればそれなりに作動するもので、まずは戸田技師も山中少佐もホッといたしました。生徒は選抜されてきただけのことはあり、操縦生徒は高所恐怖症の者もなく、整備生徒も〈アルグス〉エンジンの理解に難渋する者もありません。とりあえずは順調に進みはじめたと言えるでしょう。

しかし、問題もありました。練習教育の場としてはまことに不都合なのです。飛行場は民間に間借りしている状態であり、宿舎も離れた野砲兵第一連隊に間借りということで万事意のままにとはいかず、何かにつけて不合理でした。

関係部署上層部による相談の結果、愛知県豊橋市郊外にある大清水村の老津陸軍飛行場が良いだろうということになりました。場所は渥美半島付根付近で豊鉄渥美線大清水駅から南に歩いて五分ほどの所にあったということです。

旧軍の施設や基地、飛行場などは軍機という壁が張りめぐらされていて、終戦とともに解体されたために市役所などにも資料が残っていないことが多く、現代の地図や資料で特定するのは容易なことではありません。もはや当時の様子は関係された方々の記憶によってしか知ることが出来ないという例が多くなりました。

何の縁によるのか、渥美半島には陸軍の施設や用地がいろいろあったようです。高志ヶ原《たかし》には演習場や予備士官学校、伊良湖岬には大砲射撃場があり、その間に兵営やら研究所などが置かれたため訓練には適地であるということだったのかもしれません。

老津飛行場は東西に長く、大型機も着陸できる広さがあったと言われ、どのような役割を持っていたのかは資料がありません。ここに中部百部隊と呼ばれる飛行場建設を専門とする工兵隊が駐屯していて格納庫や空兵舎を使用しつつ訓練をしておりました。かなり詳しいと思われる資料にもこの部隊は欠番となっており、具体的な実態は不明です。

この格納庫と空兵舎の一部を回転翼機訓練施設として使用する許可を陸軍から取り付けましたので、その伝達は教育班長である山中少佐の役目となりました。

老津飛行場へやってきた少佐と対面した工兵連隊長は露骨に嫌な顔をしたそうです。連隊長にも理由はあるのでしょうが、陸軍省の許可もあり、このような交渉事が苦手な技術少佐としても引き下がるわけにはいかず、強引に押しきって移転通告をいたしました。

一期の訓練学生教育は読売飛行場で完成させることにして、宿舎の整備等にかからせることとなりました。老津飛行場はやがて、〈カ号〉教育と研究、そして対潜哨戒機部隊の太平洋岸における基地となってゆきます。

〈カ号〉の対抗馬である〈キ－76〉は、この年の十二月になってようやく〈三式指揮連絡機〉として制式化されました。

〈フィーゼラー・シュトルヒ〉との比較審査から二年の歳月が流れております。その後の性能審査が徹底的なものであったとしても、これは腑に落ちぬ長さであり、さぞかし益浦技師を苛立たせたと思われますが、昭和十七年度は航空本部が「連絡機等は当分現用機を使用し、新規の開発は行なわない」と内部決定をしております。昭和十八年度は第一線機の手当てに忙しく、南方作戦において砲兵部隊必ずしも有利ならずという状況となっておりましたので、しぶしぶながら少数の生産を認めたような具合かな、という気がします。

〈三式指揮連絡機〉は生産の資料が失われてしまったらしく、どの資料にも生産機数の記録がありません。私見ではおそらく五〇機内外、一〇〇機を越えることはなかっただろうと思われます。あまりにも参戦事例が少なくて〈カ号〉同様に実態が見えないのであります。

筆者は〈三式指揮連絡機〉や〈フィーゼラー・シュトルヒ〉〈テ号観測機〉を調べているうちに、精密模型として作ってみたいと思うようになりました。三機並べて眺めてみれば、きっと面白い発見がいろいろと出てくるでしょう。しかし、詳細な資料は失われてしまっており、低速機に興味を示す人などいないでしょうから、これは夢のまた夢でしかなさそうです。

十二月も押しつまったころ、萱場製作所仙台工場の様子はどうだったでしょうか。

この年のうちに六〇機生産というのが兵器行政本部の命令であります。萱場にも生産記録は残されておりません。関係者は必死だったはずです。にもかかわらずせいぜい二、三機、おまけをしても五、六機が完成間近というところだったと思われます。材料の調達もままならず、部品精度の不良、そして集まりの悪さ、製作、組み立て上の混乱、時間もなく地理的な不利を抱えての生産開始ですから、問題のないわけがありません。

小原技師は安間所長から、

「お前は全力を出しきっておらんではないか」

と叱られたと書いておりますが、それはこの時期だったに違いありません。

安間所長はいつもニコニコしている温和な人であったと伝えられており、この人にそれを言わしめたのはよくよくのことで、状況がそこまで切迫していたからでしょう。

また小原技師はこういう場面の時には損な人です。他の人が目の色を変えて走り回っているからといって、それに群れてうろうろするような人ではありません。そんな時にこそ息を深くして、最も合理的な思考の中に己を置くという士族教育が生きていたのです。

良かったのか悪かったのか、エンジンと駆動装置を担当する神戸製鋼所においても状況は似たようなものでした。エンジン製作はこの年の五月、岐阜県大垣市に作った新工場で生産されるようになっております。

移転にはちょっとややこしい理由がありました。神戸工場では陸軍用も海軍用も作っていたのですが、よく知られているように製作工場における陸海軍は実に仲が悪いのです。互いに生産目標があり生産工程の優先や工員の配分をめぐって争いが絶えません。他の企業では工場の真ん中に壁を作ってまったく別々に操業をするなど不合理、非効率を強いられた例は山ほどあります。

神戸製鋼所エンジン部門はもともとが海軍用の生産からはじまっており、陸軍はそこへ割り込んだような形になっておりますのでもう少しややこしく、調整に窮した会社側は大垣市にあった帝国人造絹絲株式会社（現テイジン）の工場を買い取って陸軍専用工場を新設したという経緯がありました。

そんなごたごたがあって準備に時間を取られた他に、部品検査が厳しくてなかなか生産が進まなかったという事情も重なり、予想を越える遅れとなってしまったのです。

検査の担当は千賀中尉で、厳しかったということもありますが、製作する側も航空エンジンの何たるかを知らず、その知識が行き渡るまでには、机上の計画だけではどうにもならぬ難しさがあったのです。

〈カ号〉量産機は一台の完成も見ることなく、昭和十八年を送らなければなりませんでした。

船舶飛行第二中隊の誕生

戦争の推移は日本軍不利のままに進行し、軍部の顔つきは日を追うごとに変わってきました。一億総蹶起《けっき》などという言葉が新聞紙面に躍るようになり、昭和十九年は重々しい空気のなかに明けてゆきます。

萱場製作所では社長以下現場責任者は帰宅できない日が多くなり、会社で仮眠をとりながら生産ネックとなっている問題を解決しようとしております。工場も昼夜二直作業、つまり一日二四時間操業となり、工員は一二時間労働で交替するというローテーションで増産に励んでいたのです。全国の軍需産業がすべて同様な生産体制となっていたことはいうまでもありません。

このような緊張した時局の中で、読売飛行場の操縦教育は最終課程に進んでおりました。たった二機しかない〈カ号〉試作機を使って、操縦も基礎的な飛行場場周飛行から単独飛行に進み、事故もなく操縦一期生を育成してきたのです。整備も機材の不足する中でよく学び、神経質な〈アルグス〉エンジンをよく理解したようであります。

二月に入り半年の教育終了期限が来て、いよいよ卒業ということになりました。山中教育班長がこういう場合はどうすればよいのだろうかなどと考えているうちに、世の中には心利いた人がちゃんといるもので、卒業証書を作り机など並べ替えて式場を作ると、卒業式らしい雰囲気が出てくるから不思議なものであります。

残念ながら詳しい式次第は伝わっておらず、山中少佐はただ立っているうちに終わってしまったということで、卒業式の様子は書けません。たぶん所長、戸田技師以下二技研のスタッフ、それと西堀、後藤飛行士が並び立ち、坪井中尉他一期生は感激のうちに卒業証書を受けとったのでありましょう。

これが日本初の回転翼機装備、船舶飛行部隊誕生の嚆矢《こうし》の瞬間であります。

けれども教育班長にはここでホッと息を抜いている暇などはありません。船舶練習部、本橋大尉以下四〇名が二期生として到着したのです。

今までは一〇名の生徒ですから手作り教育でも何とか間に合いましたが、今度は四〇名という大所帯ですから、本格的に取り組まねばなりません。老津飛行場の施設が整わず、しばらくは読売飛行場を使用することとなりました。教育器材も少ないままどうすればよいのか、山中少佐の悩みは深くなるばかりでした。

このように軍隊内現場での〈カ号〉の受け入れ態勢が進むうち、量産機生産はどうなっていたのでしょう。事態は萱場製作所にはラッキーに、神戸製鋼所には具合の悪い進行となっております。エンジンの生産がまるで間に合わなかったのです。

昭和十九年二月、神戸製鋼所大垣工場は兵器助成法により、神鋼兵器工業株式会社として官有民営の独立した会社に改変され、相模造兵廠の管理下におかれました。要するに民のゴチャゴチャした事情は白紙にして、官が生産の主導権を握るということでしょう。戦争中ですから目的合理性を追求するとだいたいこうなります。

引っ越しも別会社にすることも長期的展望などは無いに等しかったらしく、萱場製作所が養成所を作ったような周到な準備もないまま、頭数が揃ったところで操業となってしまったようです。もちろん少数の熟練技術者が神戸工場から来てはいるものの、あとは学生と女子挺身隊と商店街の旦那衆というのでは、そもそも工場と呼べるようなものではありません。作るものが鍋釜の類いならばともかくも、ハイテクノロジーの航空エンジンときては、計画が進まなかったとしても当たり前としか言えません。いくら戦争だからといって民間の経営者だったらこんな杜撰《ずさん》なことをするわけはありませんから、よほど声の大きなヤマトダマシイの持ち主がいたということでしょう。

神鋼兵器は、工員が学生たちに工作機械の取り扱いを教えることから始められ、学校なのか工場なのか分からないような状態を辛抱強く続け、涙ぐましい努力を重ねて少しずつ生産を立ち上げてきたわけであり、責任を果たそうとしてそれなりに一生懸命だったのです。

この会社は戦後、変遷の末、神鋼造機株式会社となって今日に至っております。創業三〇年を記念して社史を発行され、その中で戦中のオートジャイロエンジン生産事情に触れておられるので、貴重な記録が残されることになりました。

それによって〈カ号一型〉に積んだ〈アルグス〉エンジンを〈オハ1〉、〈カ号二型〉の〈ヤコブス〉エンジンを〈オハ2〉と呼んでいたことが分かったのです。オハとはオ号の発動機という意味でしょう。〈オ号〉が一般に使われない呼称であることは前に書きましたが、エンジンにはそれが残り、終戦まで関係者の間で使用されました。

もう一つ重要なことはエンジン生産の概要が書かれていることです。それによると〈オハ1〉は昭和十九年二月から生産を始め、九月までに二七台を製作し、それ以後は〈オハ2〉

に転換したとあります。

これでようやく〈カ号一型〉の製作台数が特定できるようになりました。試作に作られたのが三台、量産されたのが二七台、合計すれば三〇台という切りのいい数字ですが、試験運転用と〈テ号〉用の二台を引かなければなりませんから、残りがすべて合格品だと仮定しても、〈カ号一型〉の生産数は試作機を含めても最大二八機ということになります。

オートジャイロはエンジンがなければ飛べないという、単純にして冷厳な事実の前には余分な理屈はいりません。萱場製作所仙台工場ではエンジンのない機体を黙々と作り続けていたことになります。といっても調子良く進んでも一週間に一台完成がようやくであったと言いますから、萱場側にしても生産目標には遠く及ばず、苦しみは同じだったのです。

〈オハ1〉エンジンの量産が二月から開始されたといっても、ゼロからの立ち上げではなさそうです。量産命令は二年前の十一月には出されていたはずで、これはいわば軍命令ですから、その間、部品製作が全然なかったなどあり得ない話です。部品が完璧に揃っていなかったにせよ、二月から始まったのはエンジンの組み立てであろうと考えられます。

組み立てといって現代の自動車工場のライン生産を思い浮かべても意味はありません。当時のエンジンはプラモデルのようにピタリピタリと組み上がるものではなく、むしろ組み立て工房のようなものだと思って下さい。神鋼兵器には神戸から移ってきた池田さんという海軍用エンジンを組み立てていた熟練技能工がいたそうです。名人としか言いようのない人で、このような人が一台一台、職人芸というべき技で組み立ててゆくのです。

二月から九月までに二七台生産したということは、最初は月産二台か三台、当然人にも手伝わせておりますから、見よう見まねで腕を上げる者もあり、最後近くなって四台とか五台完成するようになったというペースなのです。

他のエンジンメーカーだって、これほどではないにせよ似たようなものです。この頃の日本のエンジン産業はこれらの技能工によって成り立っていたのです。これを無視して声高に増産を号令してみても、無残な金属塊の山を築くだけのことでした。

兵器行政本部の計画は絵に描いた餅にすぎず、〈カ号〉生産状況は関係者の必死の努力にもかかわらず、その実情を越えて増産などできるはずもありませんでした。

〈カ号一型〉量産機第一号がいつ初飛行をしたのかも確かな記録はないのですが、勝手な想像で言えば、早くとも四月頃ではないでしょうか。完成検査を終えて岐阜から仙台に送られ、機体に搭載されて領収検査を受けるまで、当時の事情を思い巡らせながら順を追って辿ってゆくと、どうしてもその辺りが妥当な進行のような気がします。

したがって一号機が教育班の移動を完了した老津飛行場に到着したのは、桜の花もとうに散って新緑眩しい四月後半というのが、とりあえずの結論です。教育班は四〇名の生徒を抱えているのですから、さぞかし山中少佐の首は長くなっていたことでしょう。

〈カ号〉による爆雷投下試験はこの頃のものだろうと考えられます。船舶本部が〈カ号〉を必要としたのは対潜水艦警戒用の任務を期待したからであり、そのために航空機専用の爆雷を開発しておりました。細長い円筒形で重量は六〇キロという可愛らしいものですが、直撃はもちろん五メートルぐらい外れても敵潜にとってはただではすみません。爆雷投下の際に爆発の余波を受けてはなりませんから、攻撃コースや投下高度など、手順を研究設定する必要があり、西堀飛行士、倉田少尉などが実験を行なうことになりました。場所は伊良湖岬上空であったということであります。
オートジャイロは有効搭載量の小さいのが欠点です。爆雷投下係を前席に乗せ正規搭載量に六〇キロの爆雷を積むと離陸滑走距離が倍近くになってしまうのです。〈カ号〉は八〇メートルほどの滑走の後、ようやく飛び立ちました。
攻撃スピードとか投下高度とかが気になるのですが、記録はまったくありません。ただ、爆雷を担当した三浦氏の話として、投下時の様子が山中氏によってわずかに伝えられております。

投下と同時に「スー」と体がエレベーターが上昇する時のような感じがした。次いで機雷が爆発し、菊の花の様な模様が海面に浮かんだ。その花のような模様に向かって吸い込まれるように、引き付けられていった。つまり機雷投下点に向かって吸い込まれるように降下して行ったことになる。

爆弾投下によって機体が軽くなりスッと高度が上がることは爆撃機パイロットだった方に

胴体下部に爆雷搭載装置が見えている。機体重心のことを考えると少し腑に落ちぬ場所に取り付けられているが、研究課題としてとりあえず付けたものと思われる。

伺ったことがあります。オートジャイロの場合はそれよりも過剰に反応するもののようです。吸い込まれるように降下するのは、上昇の反動で降下にも惰性が付くからであろうと山中氏は解説しておられます。

それはともかくとして、このあたりでオートジャイロを乗りこなし、実戦運用技術は修得したと言っていいのです。

〈カ号〉による哨戒機は前席を廃し、投下操作は操縦士一人で行なうようになったため、正規重量内に納まったので、この現象は少し緩やかなものになったと思われます。実験の結果は有効と認められ、操縦生徒たちに伝習されていったことはもちろんです。

時々なのでしょうが、この爆雷演習は食料調達の助けとなりました。浜の漁師と組んで漁場で投下訓練を実施したのです。浮き上がった魚を分けてもらい、質素な食卓をたまには賑わすこともあったと、小原技師は書いております。

七月、兵庫県播磨灘を航行中の〈あきつ丸〉に対して〈三式指揮連絡機〉二機による離着艦試験が実施されました。

ここに至るまでの航空本部や船舶本部との経緯は伝聞さえも伝わっておらず、完全な沈黙の中にあります。いずれにしても対潜警戒機としての実用性を検証しようというもので、船舶本部が潜水艦対策に苦慮していたことのあらわれでしょう。

甲板上には萱場製作所の〈ケ七〉着艦制動装置による制動索四本が張り渡されていて、本物の空母のようになっております。邪魔だった後部マストが撤去されていた事は言うまでもありません。着艦フックを取り付けられた〈三式指揮連絡機〉は何のトラブルもなく離着艦をこなし、やはり対潜警戒機として採用されることになりました。

航空本部にしても二技研にしても、各々が角突き合わせて進めてきた低速機が、このようなところで鉢合わせになるとは夢にも考えていなかったはずで、不思議な糸がどこかに結ばれていたのかもしれません。

この時の実験のもようは、わちさんぺい氏の「空のよもやま物語」(光人社)に詳しく紹介されております。興味のある方はこちらもごらんください。

〈カ号一型〉の補充はポツリポツリと続き、二期生卒業の頃には五、六機ぐらいは揃ったようです。それで九月の卒業期限までにけ操縦教育を完了させることができ、二期生の卒業を以て二技研による教育訓練は実質的に終了いたしました。

操縦訓練では何度も横転事故を起こして戸田技師を心配させましたが、怪我人を出すこともなく、また整備生徒は事故機を完全に修理できるまでに成長し、教育訓練の成果は実ったのであります。

〈あきつ丸〉の飛行甲板上に駐機する〈三式指揮連絡機〉。写真を見るかぎりでは、これを空母と呼ぶのは酷であろう。

船舶練習部の一期、二期生、計五〇名を中核として船舶飛行教育から作戦展開まで独自の運用が可能となり、船舶飛行第二中隊として編成されました。〈あきつ丸〉において離着艦検閲を受け、それぞれの任地に展開してゆくことになります。おそらくそれは、十月後半の頃と思われます。

ここに至って西堀飛行士は、退職して朝日新聞社に戻ることになりました。

整備に関しても地道に協力していた人々がおられたはずですが、なにぶんにも資料がなく詳しく書けなかったことは残念です。山本恵七郎、坂本定次両機関士のお名前をわずかに見つけただけで、具体的な活躍については空白というほかありません。経験も実績もない陸軍組織に、習熟した技術を伝えた朝日新聞社航空部の貢献は大きなものがあります。

倉田中尉と後藤飛行士は船舶練習部へ派遣となって、教官として引き続き後進の指導にあたることになりました。

十月二十五日、神風特別攻撃隊による初の突入が敢行されました。日本が立たされた状況を、これほど鮮烈に示した例は他にありません。船舶飛行第二中隊の前途には暗雲渦巻く戦場が待っているはずであります。

エンジン生産の難しさ

話を昭和十九年八月までもどします。

〈オハ2〉試作エンジン三台は八月初旬に完成し、深江運転場に運ばれ、松野中尉主導のもとに試運転要領書の手順にしたがって試験が始められました。

このような試験には手間と時間、そして周到な準備を必要とします。松野氏の記憶には、村杉、大野両氏など若いスタッフの一生懸命な努力の姿が残されております。数日は順調に回転を続け、何事もなく終了するかに見えていた矢先、耐久試験中の八月十九日、エンジンが急停止してしまったのです。

この時の調査報告書が残されておりますが、あまりにも専門的内容なので省略いたします。ピストンとコネクティングロッドを結んでいたピンが破損し、ピストンがシリンダーを破損するという事故でした。そのために内部は変形、破損部が多く、実験は中止のやむなきに至りました。

根本の原因はピストンピンの脱落防止用割ピンが抜け落ちたためで、その他にもよく調べてみるとプロペラボス部の取り付けが狂っていたり、精度、工作不良が多数あり、松野中尉は前途を思いため息は深くなるばかりであります。

事故はピンの脱落で起こったとしても、満足な治具もない状態で組み上げたものであったことや、その他精度の不良が重なり合って遠因となっている可能性もあり、この試験結果を活かし治具などを整備することで対策とする方針が立てられました。

しかし、一機でも多い生産を催促されている仙台工場からは、そんな事情の斟酌《しんしゃく》はありません。それこそ矢のような催促があり、やむなく残った二台の試作エンジンは仙台に送られました。

航空機工業においてこのような無茶はあってはならぬことで、今度は仙台工場がため息をつく番となります。

〈オハ１〉も〈オハ２〉も外国エンジンのコピーであります。コピーといえども大変な難しさを伴うことは、前にも書きました。けれども〈カ号〉製作の困難を語ろうとすると、もう少し当時のエンジンについての周辺事情を具体的に語る必要を感じます。

神戸製鋼所は船舶用ディーゼルエンジンでは日本有数の技術力を誇り、相当の実績もありました。その会社が何故航空エンジンでは手を焼いたかといえば、それはまったく別種ののだったからです。

現代では自動車用エンジンをホームビルト機に搭載する例があるようで、両者に厳密な区別はないと思っておられる方も多いのですが、自動車用は大量生産とメーカー間の競争により改良が進み、航空機用は生産量も競合も少なくてほとんど進歩せず、いつのまにか両者の性能が接近してきたという事情によります。

エンジンはそれぞれ使われる条件によって設計から違うのです。たとえば漁船を対象としたものならば、まず堅牢であり経済性が最優先の課題になります。長時間運転でも故障せず、丈夫で長持ちし燃料消費量の少ないものということになりましょうか。そのためピストンからクランクシャフト、その他エンジンを構成する部品は、強度が必要なら必要なだけの太さや厚さにすることができ、大きさも無理に小型化などせず、故障を起こしそうな要素は排除して信頼性の高いものとして設計されます。

当然重くなりますが、一般に船は積載能力の高い輸送構造物ですから、そんなことは意に介しません。

これに対して航空機用エンジンは、わがままというか欲張りというか、言いたい放題の要求を突きつけてきます。軽量、高出力、小型、耐久性、低燃費、安全性さらには価格やメンテナンスコストを安くしろなど、虫のいいことを並べ立てます。

これらの要件をすべて満たすことなど到底不可能ですから、戦闘機用とか輸送機用とか、使用する機種により優先の度合いに順位をつけ、さらにあれこれと折り合いをつけながら設計されるわけです。

しかし、航空機用エンジンに共通しているのは、軽く作らなければならないということです。航空機の設計は常に軽く丈夫に作るという、相反する命題を抱えておりますが、エンジンも例外ではありません。航空機にとって重いというのはすべてがマイナス要因となり、その条件を無視すればロクな結果を招きません。したがってその重量管理の厳しさは女性の体重管理の比ではありません。

では、どのように軽量化してゆくかといえば、骨身を削るという表現がぴったりで、余分な贅肉は一切排除し、部品の一つ一つまで軽量化の可能性をチェックされます。材料となる金属の特性を調べ、必要最低限の強度を計算してギリギリに作り上げるわけですが、これだけでは誰が設計しても似たような結果にしかなりませんから、競合する会社などがあれば負けてしまうかもしれません。

そこでもっと軽くするための工夫が必要になります。骨身まで削っても物理的限界がありますので、もっと軽くて適当な材料はないかとさがしまわり、もっと丈夫にする方法を求めてあちこちの技術に目を配ることになります。

たとえば焼き入れを施せば同じ材料でもさらに軽くできますし、鍛造などという技術もあります。さらには専門家の方に説明していただかなければならぬ難しそうな技術により、軽量化の方法は多様であります。

しかしそれらの技術をどのように施すのかといえば、各社なりの長い経験や試行錯誤の歴史があり、エンジンがノウハウの塊りと言われる所以です。

航空機用エンジンに負わされた宿命として、熱の問題があります。

航空機は必要な機能さえ整えば大きくなることも嫌います。もちろんエンジンも、正面面積を小さくしたいという設計者の切なる願いにより、またそれは軽量化の手法でもありますから、ひたすらに小型化に努力を重ねてきました。それもただ小型化すれば良いというものではなく、それに正反する出力の向上は時代の要請です。一〇〇馬力を作れば次は二〇〇馬力を作れと言われ、それを何とかすると次は三〇〇馬力が欲しいという具合です。

小型化した上に出力向上を計るというのは、回転数をさらに上げるとか、圧縮比を上げる等の方法になりますが、厄介なことに両方とも発熱量の増大を迎えます。

エンジンが機嫌良く回ってくれる適正温度幅は限られておりますので、焼きつくなどのトラブルは問題外としても、これを空冷で解決しようとすると悪魔と取り引きするような難しさと遭遇することになります。〈カ号〉は液冷には関係ありませんので、空冷だけの話とします。

一般にエンジンの解説は熱力学や材料工学的にされることが多く、もちろんそれも大切ですが、エンジン工学の総和として寸法精度のことがあります。

専門家は「回転中のエンジンはぐにゃぐにゃしている」と言います。これは熱による変形を分かりやすく説明するための比喩であって、コンニャクのようなものだと言っているわけではありません。あたりまえですが。

連続的燃焼による、熱やピストンの上下運動から発生するアンバランスによる多様な変形要素を、エンジン機能の範囲に保つためのポイントは、クランクシャフトとその周辺部品の精度によります。当然材料問題もかかわり、専門技術者たちの脳髄を絞り取るような難しさが集中していたと言っていいのです。

〈アルグス〉エンジンは二五〇馬力程度ですから、そんなに難しいものではなさそうに見られがちです。しかし、このエンジンは一〇〇〇分の一ミリまで管理されることを前提として設計されたものであり、当時の日本にとっては高度な技術的集積物であったのです。これが管理されることで、はじめて小型軽量で信頼性のあるエンジンが生産できるのだということを、生産計画者はどれほど理解していたでしょうか。

精度によって機械的抵抗を押さえ込み、〈シュトルヒ〉のような、低速であるために空冷条件の悪い中でも使用に耐えた〈アルグス〉エンジンの素晴らしさは言うまでもありません。

神戸製鋼所から神鋼兵器に製作は引き継がれて行きますが、生産担当者や技能工たちに航空エンジンが理解されるまでには、検査側と製作側の一方ならぬ揉めごとがありました。

製作する側も言葉として理解してはおりますが、実際に製作を始めてみるといろいろと勝手が違うのです。寸法精度そのものは熟練技能工ほどになればあまり苦にはなりません。

戸惑いがあったのは重量検査の厳しさでした。航空エンジンは小さな部品になるとグラム単位で検査されるのです。

製作は図面を元に進められます。図面には寸法のほかに質量計算による重量も記載されていて、これを合致させるのは大変でした。

神鋼兵器の技能工にとって重量を考えて工作したことなど、ほとんどなかったでしょう。単純な形の部品ならば短時間でのみこんで工作できたでしょうが、形が複雑になれば簡単ではありません。許容誤差が何パーセントであったかは分かりませんが、重すぎても軽すぎても不合格です。重すぎるのが駄目であるのは当然としても、軽すぎれば強度不足としてハネられます。重すぎた部品をもう一度削るというのはたいていの場合不可能で、工作機械に再装着できず、もう一度作り直しとなるのです。

神鋼兵器では陸軍運輸部発注の上陸用舟艇用〈SB－C－DE〉六〇馬力ディーゼルエンジンも作っており、こちらの方は何の問題もなくスイスイと出荷されて行きます。それにひきかえ〈オハ1〉はトラブル続きのうえ亀の歩みより低速で、先の見通しがつきません。技能工は誇り高く気難しい人が多いのです。それぞれに独自の気風があって製作現場では強い権威を持っており、工作の実際を知らない新人の設計者など相手にされません。

日本の航空機設計者で主務者となったほどの人は、ほとんどが工作実習を体験しております。名人と呼ばれる職工と対等に渡り合えるようになれば一人前とされ、有名大学出身であるとか、社長の親戚であるとか、声が大きいなどのことはまったく通用しない本当の技術の世界なのです。

製品検査には、技術に詳しく経験豊富な管理職が中間に入って製作現場と繋いでいるのですが、時々あまりの不合格品の多さに現場造反が起こりました。抑えきれなくなった花井所長や検査課長、現場担当者が検査官室に乗り込んできたのです。

軍の権威ということもありますが、千賀大尉にしても松野中尉にしても、ここで腰が引けてしまっては責任が果たせません。技能工というのは自分の技術がすべてであって、大将が出てこようが元帥が出てこようが、それがどうしたというところがあります。技術には技術でこいというわけです。

もちろん検査官側にも技術を以てお国に奉公しているという自負があります。製品に対する要求が根拠のないものではなく、航空機エンジンのなんたるかを部品各々の機能、必要条件を説明しつつ、説得しなければなりません。

また一方、所長にしてみれば軍の仕事は出来高払いで、検査で生産が進行しないということは、お金が全然入ってこないことを意味し、工場運営に大きな支障がありますから、検査基準を緩めてほしいというのもまったく無法な要求というわけでもないのです。

しかしそれは〈カ号〉の性能の信頼性に関わりますので検査官としては譲れないところであり、所長および生産現場との対立は容易なことでは解決できそうにありません。それぞれにとって、ここは所を変えた戦場でした。

松野氏によりますと、〈オハ２〉に転換した頃はだいぶ楽になったという話です。〈ヤコブス〉星型七気筒エンジンが、実用性に徹したアメリカ製であったということもありますが、検査官室において互いの主張を続けるうちに、現場側にも航空エンジンに対する理解が深まったことと、検査官としてもそれらの声に耳を傾けていたことから工夫が生まれ、無用な混乱が減少したということのようです。

フライトインプレッション

千賀大尉と松野中尉は検査官として神鋼兵器に常駐を命ぜられ、九月十五日に着任いたしました。〈オハ2〉の転換生産が始まろうとする頃であり、試作エンジンの失敗を繰り返さないためにも責任は重大であります。現場との関係は多少マシになったとはいうものの不合格品が多いのは相変わらずで、特に規定重量内に押さえるのが難しいことでした。神鋼兵器としても期待に応えたいところですが、技能工の決定的な不足、土地柄ゆえに基本的工具にまで不足をきたし、会社を挙げての努力にもかかわらず生産状況の好転の兆しは見えておりません。〈オハ2〉が終戦までに作られた台数の記録はないのですが、月産五台が限度であったとされておりますので、量産一号の組み立て完成が十二月という事実から、どんなに多めに見積もっても四〇台前後でしかないはずです。それすらも血の滲むような努力の結果であることを忘れてはならないでしょう。

航空機用エンジンを作る難しさを、専門外の身としてはなかなか実感できず困っているなかで、中空バルブの話を伺ったときに妙に納得してしまいました。これはシリンダー内排気側のバルブで、苛酷な熱にさらされる部品です。そのため内部を中空にしてナトリウムなどを封入し、熱の伝導率を高めてバルブの熱変形を防いでいるのだそうです。

そんなものをどういう方法で作るのだろうかとか、それによってどれ程の効果があるのだろうと疑問は湧きますが、自分で答えを見つけることは永久にできそうもありません。これ

神鋼兵器における記念撮影。前列左３人目から十賀四郎大尉、松野博中尉、二人ともまだ二十代の若さであった。まわりに並んでいるのは〈オハ〉エンジンを作った男たちである。

は外注品だったそうで、こういう部品を集めるにも松野中尉等の苦労の積み重ねがありました。

　きつい催促で萱場製作所仙台工場に送られてきた〈オハ２〉試作エンジンを受け取ったのは向海男、中村進両検査官でした。第二陸軍技術研究所の相模造兵廠技官としての立場で出向してきておりました。

　定められた手順に従って重量測定から検査を進め、やがて機体に搭載されます。取り付けボルトがピタリと合うことなどはなかったということで当時の寸法管理が分かり、その程度で驚く人はいなかったようです。この組み上がった機体が〈カ号二型〉一号機ということになります。重心位置などの関係から、限りなく〈ケレットKD－1A〉に近いものとなったはずです。

初飛行の操縦は浅利飛行士でありました。

どのような人であったのかあまり伝わっておりませんが、

「片足を大怪我して手術したら短くなってしまった。仕方がないからもう一方の足も手術して両足の長さを揃えたんだ」

という、嘘とも本当ともつかぬ冗談を言って、みんなを笑わせるのが好きな人であったということです。なんとなく飄々《ひょうひょう》とした人柄を感じるのですが、もしかしたら読売新聞社航空部の人だったのではないかという気もします。

読売新聞といえば、昭和十八年に社有機〈ワコＹＰＦ−７〉複葉機を陸軍に譲渡し、そのエンジンが〈カ号二型〉に使用されたとする資料があります。同型の〈ヤコブス〉エンジンを搭載していることは確かですが、後部からローター回転のための動力を取り出せる構造にはなっていないはずで、〈カ号〉に使ったということには疑問があります。ただ、そうではないという証拠も見つかりませんでしたので、そのような話もあると言うに止めます。

萱場社長は用心のいい人だったのか、仙台の長町工場を買うときに隣地にも広い面積を確保しておりました。完成した機体はここで試験飛行ができたといいますし、三キロも東に飛べば霞ノ目飛行場があり、受領試験飛行はここで実施できるという〈カ号〉にとっては便利このうえない環境となっていたのであります。

自分の検査した機体は自分が乗って受領試験飛行をするという建前であったそうで、向検査官は性能確認を兼ねて霞ノ目飛行場を飛び立ちました。

行き先は松島湾上空であります。新しいエンジンの性能検査を兼ねていたことが向検査官の幸運だったようで、普段は昇らない、おそらく二〇〇〇メートル以上と思われる高度を飛行しておりました。

検査官の仕事と言ってもすべては飛行士任せですから具体的に何かをするということではありません。観測員席で松島湾を一望に見下ろす眺望を楽しんでおりますと、突然〈オハ2〉はガクガクという短い振動とともに停止してしまいました。

エンジン音のない航空機は実に静かなものです。浅利飛行士はゆるりと機首を仙台市内に向け、それからは軽やかなローター回転音と機体を過ぎてゆく風の音ばかりでした。

「向さん、落下傘で降りてみますか」

浅利飛行士の飄々とした声が伝声管を伝わってきます。思わず海上を見下ろすと、二〇〇〇メートルを越えた高さなのでキラキラと光る海面を見ても高さの実感が湧かず、「ハテ？」と、考え込んでしまいました。

今腰を下ろしているクッションがわりの落下傘は、たしか一年以上開いたことがないシロモノで、開くという保証はありません。だいいち降下訓練さえしたことがないのです。弱冠二十四歳になったばかりの向検査官にとって恐怖感という実感も湧きにくく、もう一度海面を見下ろすと少しだけ足元がスーッとした感じがありました。

「このままいきますよ」

別に声が高ぶりもせず伝声管に応え、後は景色でも眺めているより仕方がありません。浅利飛行士はこの静けさを楽しんでいるようで、何の緊張感も伝わってきません。

こういう時のオートジャイロは進行感もなく、ホバリングしているようでもあり、空中を漂っているようでもあり、不思議な浮遊感に満たされます。

それでも最良の滑空比で前進していることは間違いなく、やがて海面が過ぎ地上が見え、霞ノ目飛行場と正対した時は、まだ充分な高度を保っておりました。

降下角が深くなり、それがしばらく続いた後、ストンという軽げな音で見事なにごともなく着陸したのであります。

エンジン停止で降下して来るのに気付いていた地上員が駆けよってきます。地上に降り立った向検査官はその安堵感よりもはじめてオートジャイロの特性を実感し、不思議な気持でローターを見上げておりました。

浅利飛行士は、故障のことはあんたの仕事と言わんばかりにスタスタと歩いていってしまい、受領飛行は未完のうちに終わったのであります。

〈オハ2〉は、後ほど分解検査にかけられましたが、原因は簡単明瞭でクランクシャフトがポッキリと折れておりました。

最近になって向氏は、〈オハ2〉がどのような状況で送られてきたかを松野氏から聞く機会があり、当時の工業事情の貧しさと命懸けだった日々に思いが行き、あらためて浅利飛行士が腕のいいパイロットであったために生き残れたのだと思うようになったと語っておられました。

ただし〈オハ2〉はそれ以後、磁気探傷検査などを厳重に実施することにより、同じトラブルを繰り返すことはなかったと証言していただいております。繰り返さないための努力が日夜それぞれの場所で続けられていたということであり、〈カ号〉を飛行させたのは科学的所産であると同時に、人々の責任感と精神力というものの大きさを考えないわけにはいきません。

資料としての〈カ号〉搭乗感想は意外に少なく、萱場社長の残された文章が搭乗シミュレーション想像の手がかりに一番近そうです。

> 私は仙台工場に行くたびに、カ号観測機に乗って浅利飛行士の操縦で新しい操縦法を試したし、実用上の欠点を見出すことにつとめていた。即ち急上昇や急降下、敵機に襲われた場合の急旋回避退、地上への緩降下、地上に降りないで文書や物品の手渡しを自分でやってみたし、又高空で、その場緩旋回をし乍ら双眼鏡で四方の景色を精密観察してみた。一〇月の末頃、折からの綾錦《あやにしき》に色どられた青葉山系の深い谷をたどりながら殆ど音もなく低速漫歩した時の繚乱たる美しさは、今に忘れ得ない最高の景観であった。

この時の萱場社長は四六歳の働き盛りで、溢れ出る好奇心と実行力が一体となっていた時代です。オートジャイロの飛行を満喫しながらも次のアイディアで頭の中が忙しくなりつつありました。オートジャイロをもっと便利に改良しようということであります。

この物語は〈カ号〉に絞って進めておりますので、萱場製作所における回転翼研究の話には踏み込まないように用心をしてきました。しかし〈カ号〉がやがて発展型に進もうとする時の話のために、ちょっとだけ触れておかなければなりません。

萱場社長の発明意欲には幅広いものがあり、様々な方面の異色ともいえる人材をいろいろ集めておりました。その中に山口一太郎技師というヘリコプターの研究者がおられ、私的な論文を書かれたことがあります。この論文が横浜高専航空学科の広津萬里《ひろつまさと》教授の目にとまり、いろいろな経緯の結果、昭和十七年から横浜高専でタンデムローターのヘリコプター試作機を作るきっかけの一つになりました。この縁で萱場社長も資金提供することになり、部品製作などにも多大な協力をしております。ヘリコプターマニアの皆様には有名な〈特殊蝶番試作レ号第一機〉のことであります。

腹を抱えて笑ってしまうようなエピソードに満ちておりますが、この話は日本のヘリコプター史という別の視点から物語られるべきでしょう。

山口技師や広津教授の話から萱場社長はヘリコプターの問題点はよく理解しておりました。それをベースに〈カ号〉の発展型を考えていたわけで、アイディアが煮詰まると戸田技師と三木教授に相談を持ちかけ、実験の許可をとり付けたのであります。

〈カ号〉の教育が終了しても、対潜警戒部隊が編成され老津飛行場に常駐していたこともあったのか、二技研第三科の本体はこちらのほうに移動しつつありました。萱場製作所の山口技師と太田三郎技師はここに出向を命じられ、〈カ号〉跳躍飛行の研究と取り組むことになります。

〈カ号〉開発を裏から表から実質的に支えてきた戸田技師ですが、この頃のお殿様は荒れておりました。神鋼兵器に顔を見せた際に、困ったことを口走るようになったのです。時節がら慎むという時でも殿様には遠慮などありません。

松野中尉や顔見知りの人々をつかまえて、

「松野君、日本は負けるよ、日本は負けるんだよ」

などと言っては周囲を困らせました。憲兵などに聞かれたら大騒ぎになります。戸田技師は立場上秘匿情報を聞くことが多かったのでしょう。普段なら絶対口外できない事柄ですが、殿様のメンタリティーは別のところにあったのです。

〈あきつ丸〉沈没

昭和十九年十一月十五日、ヒ八一船団はフィリピンのマニラを目指して一二ノットの速力で西へ進んでおりました。「ヒ」とは本来は門司、シンガポール間の航行を意味し、番号の「八一」は必ずしも連番ではなく識別の必要によるものかと思われます。フィリピン行きなのに六〇度も進路がずれているのは、偽装航路であるためであります。

輸送船は一〇隻、船団護衛は七隻の本格的船団で、輸送船の一隻は陸軍特殊船〈あきつ丸〉でありました。十月二十日、フィリピン・レイテ島に上陸したマッカーサー司令官に「私は帰ってきた」などと大見得を切らせたあげく、日本海軍は十月二十四日、レイテ沖海戦で壊滅的打撃を受け、主要な戦闘能力を失うに至りました。米軍の次の目標はルソン島に違いないということになり、陸海軍双方から急遽、兵員、物資が送られることになったのであります。

まさに国運の賭かる輸送であるために護衛は海軍の空母〈神鷹〉と海防艦で編成し、日本軍としては精一杯の手当てをいたしました。〈神鷹〉からは対潜警戒機が飛び立ち、護衛は万全のはずでした。

〈あきつ丸〉は上陸用舟艇運搬を目的に作られているので、小型舟艇やその運用部隊と、ノモンハン事件で苦闘した第二三師団第六四連隊の主力が、軍馬や資材とともに立錐の余地なく詰め込まれております。

この中には〈カ号〉と〈三式指揮連絡機〉、両機の操縦士と運用要員、そして二技研の赤倉大尉も乗船しておりました。分かっているのはそれだけであります。機体数も、将兵の数も、運用の目的もまったくの不明であり、乗船したという事実が残されているにすぎません。

わずかに推測が許されるのは所属部隊を推理してみることぐらいでしょうか。

〈あきつ丸〉において〈三式連絡機〉を運用したのは、独立飛行第一中隊であったという資料はあります。下志津陸軍飛行学校銚子分教所で教育を受け、昭和十九年七月二十五日、四三名からなる中隊として編成され、〈あきつ丸〉搭載の八機をもって主として朝鮮海峡で哨戒任務についたとされています。これは船舶練習部から派遣された人員と思われ、航空本部主導によって教育され、船舶本部の指揮下にあったと考えられます。

〈カ号〉については前に、船舶飛行第二中隊の成立として述べました。どうやら〈カ号〉部隊には〈三式連絡機〉部隊という兄貴分がいたようです。部隊規模も似通っており、船舶本部が二セットの対潜警戒機部隊を持っていたのは間違いないようです。独立と冠したのは臨機応変に必要部署の指揮下に入れるという意味でしょうし、船舶となったのは運用範囲を限定したためでしょう。両機併用としたのは、あれもこれもと欲張ったわけではなく、それぞれに思惑があったように感じられます。

空母の護衛がついているのに、両隊をすし詰めの船内に同行させたのは、帰路に護衛の付く保証がなかったためかとも考えられます。このことで船舶本部は何度も苦い目にあっており、用心深くなっていたとしても無理はありません。

しかし確証はまったくないことながら、どうしても捨てきれぬ可能性が残ります。それは両機ともフィリピンに送るつもりではなかったかということです。特に〈カ号〉にはその疑いが強いのです。

両機とも、尾翼まで分解して積み込んだとしても、それぞれ五、六機でしょう。帰路の護衛用に少し残したとしても二、三機、〈カ号〉の場合は全機送られることになっていたとしてもあり得る話だと思います。

〈あきつ丸〉には馬も積まれておりましたが、これは砲兵隊の運用馬です。アメリカ軍優勢なのは隠しようもない事実ですから、少しでも劣勢をはね返すため、砲兵隊の有効な器材を投入しようとしても不思議ではありません。むしろしないほうが不思議なのです。

ただし、それはどの部隊に所属し、運用はどの部隊によるかと聞かれれば沈黙せざるを得ません。技術士官である赤倉大尉が乗船していたというのも、あれこれ理由を考えてはみたのですが、得心できる答えは見つかりません。

ヒ八一船団の進む玄界灘はこの季節のモンスーンのため波頭が白く砕け、警戒機による監視にも船上からの見張りにもやや困難な状態でした。この時飛んでいたのは〈神鷹〉所属の警戒機だけであったようです。無用の混乱を避けるための処置でありましょう。それに〈あきつ丸〉甲板上は、小型舟艇が敷きつめられるように並べてあって使いようがなく、もともとこの航行中に〈カ号〉や〈三式連絡機〉を飛ばすつもりはなかったのです。赤倉大尉以下、機体要員は寒風を避けて船内にいたはずです。

正午近くなったころ突然、対潜警報が船内に響きわたりました。波に邪魔されて発見がよほど遅れたのか、すぐに大きな爆発音とともに船体を揺らし魚雷が命中したことを全員に悟らせました。悪いことにそれは船尾左舷で〈あきつ丸〉最大の弱点箇所でした。そこには上陸用舟艇発進のための大きな開口部があったのです。

そのため船底は船尾から船首方向まで防水区画を作ることができず、爆発と同時に海水が一挙に流れ込み、みるみる間に船体を左に傾けます。悪いことは重なって後甲板装備の迫撃砲弾、爆雷等が左傾斜によりころがり出して同時爆発し、船体後部から急激に沈みはじめ、船底を一度晒した後、あっけなく沈没してしまいました。

この間二、三分の出来事であったと生存者の証言が記録されております。沈没が急速であったことは、当然多数の乗員の脱出を不可能にしました。赤倉大尉はこの多数の中に呑み込まれ、ついに生存の道を絶たれてしまったのです。

〈カ号〉も〈三式指揮連絡機〉も膨大な資材とともに海中に没してゆきました。かけがえのない生命と多大な労苦を集結した資材が、意味らしい意味も与えられず数分の間に消滅してゆく、この一船の事例を辿っただけでも慄然たる思いにとらわれてしまいます。

この消滅が人の記憶にほとんどとまる事もなく、同様のことが果てしなく繰り返されていった事実を、我々は後世にどう伝えてゆけばいいのでしょう。

ヒ八一船団はさらに輸送船〈摩耶丸〉を失い、空母〈神鷹〉も数発の魚雷を受けてガソリンで火の海となった地獄のような光景の中で没し去りました。船舶砲兵による砲撃と、各船、海防艦による爆雷投下によって必死の防戦を重ね、船団はフィリピンにようよう辿りつくのです。

〈カ号〉はフィリピンに輸送され、砲兵隊の弾着観測に活躍したという話が残されております。おそらくそれは、〈あきつ丸〉沈没の事実が長く秘匿されたために、いつとはなく流れだした虚構でありましょう。〈あきつ丸〉に〈カ号〉が積み込まれたことを知っている人々の中に、いつまでも帰らぬ〈あきつ丸〉の記憶が消去され、〈カ号〉だけが思い出されて、いつの間にか形を成したイメージだったのではないでしょうか。

その方がなにやら明るい風景で、本当はそのままにしておいたほうが良いのかもしれませんが、凄惨なフィリピン戦線の事実を手繰れば、筆者の中ではもっと暗い絵の切ない風景となってしまい、それよりは玄界灘の海底深く沈んでいる〈カ号〉の方がイメージとしては救いがありそうな気がします。

北緯三三度一七分、東経一二八度一一分、五島列島福江島京ノ岳西北四〇キロ——赤倉大尉と他の乗員、乗組員の方々、そして数機の〈カ号〉と〈三式指揮連絡機〉はここに仲良く眠っております。

〈カ号〉部隊出動

昭和十九年十一月二十四日、〈ボーイングB-29〉による東京初空襲の爆弾が投下された時刻は正午ごろであったと記録されております。主目標となったのは中島飛行機武蔵野製作所で、航空機生産施設破壊を目的としておりました。日本軍航空機にとって失ってはならないエンジン製作工場が目標とされたことであり、戦争は終局に向かって静かに歩みはじめることになります。

白銀の翼をきらめかせて白昼堂々と侵入してくる〈B-29〉に対して、日本軍の迎撃力はあまりにも微力でした。それを見上げる国民の目にも時局の推移がもはや容易ならざるところまで来ていることが見え、前途に対する不安が急速に高まって行きます。

重要な軍需産業を守るため、地方への移転、分散が実施されるようになり、二技研もその本体を本格的に老津飛行場へ移動することになりました。

〈カ号〉にとって重要な試験がこの頃実施されました。一般に〈カ号二型〉と呼ばれる機体の性能確認試験であります。これも記録からご紹介いたします。

昭和十九年十一月

二技研三要第　号　　第二陸軍技術研究所

オハ二型星型発動機装備オ号機（オ五〇四〇号）性能試験要報

第一　試験の目的

試作セルオハ二型発動機ヲオ号ニ装備シ離着陸性能及飛行性能ヲ試験シ実用ノ適否ヲ判定スル資料ヲ得ルニアリ

第二　判　決

機体及発動機ノ性能共ニ良好ニシテ實用ニ適スルモノト認ム

第三　試験成績ノ概要及将来ニ対スル処置

一　試験成績ノ概要

飛行試験ノ成績ハ末尾ニ附セル成績表ニ詳述セルモ実施セル試験ノ大略左記ノ如シ

(イ)プロペラ推力試験（発動機回転数一八〇〇回／分ニテ）約四七〇瓩

(ロ)ローター推力試験（ローター回転数一八〇回／分ニテ）約三二〇瓩

(ハ) ピトー管位置誤差修正試験　別表掲載ノ如シ
(ニ) 上昇予備試験　九〇粁／時上昇ヲ可トス
(ホ) 全力上昇試験　高度約五五〇米迄　約三分一五秒
　高度約一〇五〇米迄　約四分三〇秒
　高度約二〇五〇米迄　約一〇分〇秒
(ヘ) 水平全速飛行試験　高度約　五〇〇米ニテ　約一七三粁／時
　高度約二〇〇〇米ニテ　約一五五粁／時
(ト) 沈下速度試験（発動機回転数八〇〇回／分）高度五〇〇米ニテ
　沈下率九米／秒
(チ) 水平巡行試験（発動機回転数一六〇〇回／分）高度五〇〇米ニテ
　約一〇〇粁／時
(リ) 安定試験　別表掲載ノ如シ
(ヌ) 離着陸試験（風速五米）　離陸滑走距離　約五三米

二　将来ニ対スル処置
(イ) 本試作機ニアリテハ機体ニ発動機ヲ装着スル部分ニ配管其他ニ若干ノ困難アルヲ以テ整備機ニ於イテハ之ヲ除去スル如ク設計変更ス
(ロ) 爾今整備機ハ本型式ノモノヲ採用スルヲ可トス
　第四　供試兵器

試作オハ型発動機装着機（オ五〇四〇号）

第五　試験期日及場所

一　期　日　自　昭和十九年十月廿五日

至　仝　十一月十日

二　場　所　老津試験所

第六　試験員

科　長　陸軍技師　戸田正鐵

陸軍技術大尉　千賀四郎

陸軍技術大尉　新美達也

陸軍囑託　三木鐵夫

陸軍囑託　後藤敏夫

（以下略）

オ五〇四〇号機とは三台作られた〈オハ2〉試作エンジンの最後の一台を搭載した機体ということになります。どうやらこのエンジンはアタリだったようです。番号の意味は不明です。軍用機におけるこの種の番号は製作台数などが察知されないように配慮されておりますから、まともに考えない方が良いのです。

記録全文は松野氏が保管しておられ、かなり詳細にわたるものだと伺いました。文書が古すぎてコピーも困難な状態で、何とか始めの部分を読ませていただきました。しかし、これで大要を理解することができます。

性能も、今まで流布されてきたデータよりも低めになっておりますが、これが最も真正なものであろうと思われます。それによって〈カ号〉の存在価値が損なわれるものではありません。むしろ二技研としては、これでようやく本格的なオートジャイロが完成したのだと宣言しているのであります。

十二月一日、千賀大尉は少佐に、松野中尉は大尉に昇進します。

日本の苦難に追い討ちをかけるように、十二月七日、東海地方に大地震が発生しました。戦時中であったため詳しい報道は規制され、被害の実態は不明ながら、津波による死者だけでも九九八人という大災害です。

当然被害は神鋼兵器にも及び、死傷者こそ出さなかったものの、増築した第三工場は倒壊し、電線の切断、工作機械の据え付けが狂うなど生産に打撃を与えました。

復旧に大童の中、十二月九日、〈オハ2〉量産エンジンの試運転が開始されました。〈オハ2〉エンジンはトラブルもなく力強く回ってくれ、ようやく〈カ号〉の動力問題に片をつけたのです。

ただ、結果として〈カ号二型〉の航続距離をかなり縮めることとなりました。〈オハ２〉の原型エンジンがアメリカ製だったからというつもりはありませんが、燃料効率が良くなかったことは確かです。記録や資料に矛盾があり正確な数字はあげられません。エンジンの信頼性を第一とせざるを得ない以上、まことにやむを得ない選択でありました。

昭和二十年が明け、正月気分など一切抜きで日本軍は臨戦態勢に入りました。先に展望が開けているわけでもないのに、連合軍に人量の出血を強いるというだけの悲壮な決意のみで軍民総動員の準備にかかったのです。町内婦人会の竹槍訓練があちこちで始められるのもその一端です。

千賀少佐は〈オハ２〉エンジンの成功を見届けたように転出して行き、一人残された松野大尉は重責を担って奮闘することになります。

船舶第二飛行中隊は、〈あきつ丸〉の沈没以前はしばらく船舶本部のある宇品港隣地を根拠地として吉島《よしじま》埋立地を飛行場に使いながら錬成に励んでおりました。老津飛行場にあって対潜哨戒飛行をしていたのは、おそらくここの分隊であったろうと思われます。

九月になって、船舶本部に付属するオートジャイロ運用部隊として正式に独立し、吉島飛行場に全機能を移し、総員一九八名規模の大所帯となったのです。

しかしこれは、当時の日本陸軍部隊としては相当に毛色の変わった軍隊となりました。なにしろ今まで触ったこともない機材を扱うのですから、士官も一般兵も手さぐりの有様で、自信を持って行動出来るのはほんの少数の者しかおりません。したがって、上級者が下級の者を指導も出来ず、箸の上げ下しにまでうるさかった内務班教育のごとき陰惨なシゴキもありませんでしたし、作業手順なども下級者の合意で決まっていったことも多かったと言われております。

満州の前線から配属されて来た砲兵士官などは、

「これが軍隊と言えるだろうか？」

と首を捻っていたという話が残っていたほどです。

吉島飛行場における訓練は、敵潜水艦に出合った時どうするかと言えば、それは爆雷攻撃しかありません。用意されたのは、潜望鏡に見たてた丸太とそれをベニヤ板に打ち付たものを、トラックに引かせるというアイデアでした。それを狙って〈カ号〉は急降下しつつ爆撃高度や距離を体得させるのです。

この頃、山中少佐は船舶練習部と材料廠の研究部に移っていて、船舶本部ただ一人の技術佐官として慣れない仕事に苦労しておりました。回転翼機研究が続けられると思って喜んで赴任して来たのですが、まるで分からない船舶艤装品の改良依頼などでがっかりしている時、四機編隊の〈カ号一型〉を見たということです。〈カ号〉は実戦機として育っていたのです。

朝鮮海峡哨戒飛行が実施されたのも、この頃だったかと考えられます。福岡市北部にラグビーボールを蹴っているような形の半島があり、そのふくらはぎあたりの地に陸軍雁ノ巣飛行場があって〈あきつ丸〉沈没後の〈カ号一型〉と〈三式連絡機〉は他の軍用機に混じりながら任務についております。

〈B－29〉はときどき中国大陸からも飛んできて、長崎県大村にあった海軍航空廠を爆撃するなどしております。船舶第二飛行中隊は前線基地を玄界灘に浮かぶ壱岐島筒城浜に設営することになり、二月二十二日に移動を開始しております。

この島には壱岐要塞守備隊が置かれ、壱岐要塞重砲兵連隊が配置されていて、全体がそれこそ要塞のような感じであったと伺いました。

日本海はアメリカ海軍潜水艦部隊から〈エンペラーズ・バスタブ〉と呼ばれているほどで、日本にとって比較的安全な海域でした。朝鮮海峡はその喉元にあたり、満州、朝鮮からの輸送航路としても、日本海航路の安全のためにも重要な防衛海域です。

アメリカ軍潜水艦長にしてみれば獲物の多い絶好のハンティングフィールドであります。実際に侵入して、安心しきっている大型輸送船を数隻仕留め、良いスコアを稼いで生還した勇敢な艦長も少数存在します。物資が豊富と言われる彼らにもちゃんと経済感覚はあって、一本一万ドルもする魚雷を一〇〇〇トン足らずのボロ船と交換するのは嫌だったのです。

そんな物騒な連中に入り込まれては厄介ですから〈カ号〉にとっても〈三式連絡機〉にとっても哨戒飛行は重要な任務でした。伝えられているところでは〈カ号〉が出動している限り、敵潜の攻撃は一度もなかったということです。

潜水艦は潜ってしまえば全く見えないかというと、天候の具合では二、三〇メートルぐらいならボンヤリ見える時もあるそうですし、上から低速でじっくり観察されるなどは気分がいいはずはなく、潜水艦の意外な弱点だったのかもしれません。

船舶本部としては沖縄まで出動して哨戒拠点を築くつもりでしたが、もはやその時期を失しており、思い切って壱岐まで下げたというのが実情のようであります。筒城飛行場を基地として飛行第三中隊の〈カ号〉による哨戒がはじまりました。雨が降ったり風の強い日であったりしても、輸送船の護衛や哨戒飛行に黙々と従事しております。

今や南方航路は壊滅に近く、石油はおろか食料にも欠乏しており、満州からの大豆や雑穀を運ぶ朝鮮海峡ルートは最後の生命線でした。来る日も来る日も親鳥が雛を庇うような飛行を続けたのであります。

基地の設営は実戦向きであったと言われております。想像ですが機体の隠蔽なども木の枝で覆うとかカムフラージュネットをかぶせるなどではなく、丘陵に横穴を掘って格納するようにしたのです。これなら艦砲射撃を受けても直撃弾でもない限り生存性はずっと高くなります。海の要塞の飛行基地ですからそんな形になりました。

その粘り強い精励ぶりからでしょうか、三月四日、第十四船舶団長指揮下に代わり朝鮮海峡だけに絞った哨戒任務となりました。そのため対馬の厳原《いずはら》にも分隊基地を設営するように命令が下されることとなったのです。

厳原は対馬南部下県郡東方海岸にあり、やはり要塞守備隊があって対馬要塞重砲兵連隊が配備されており、防衛拠点の一つでした。もはや資材にも事欠く時であったにも関わらず、工夫を尽くして作業を進め命令した方が驚くような短い時間で、しかも唸りたくなるような堅固な飛行基地を作り上げてしまったのです。

内容は分かりませんが自戦自給の方策も確立されていたと周囲を感心させております。もちろんこの基地の完成により哨戒密度が高まり、輸送の安全性がより確かなものになりました。

〈カ号〉という空を飛べる機材を持つことで新しい軍隊機能が成立したのだと考えてよいのではないかと思います。航空一筋の系統からではなく、言わば零から生まれた飛行隊ですから、地味ではあっても一味違う空の男たちでした。

〈カ号〉は弾着観測機として構想され、妙な成り行きで哨戒機として実戦機となり、それがまた砲兵隊員のように運用されるというのは、考えてみれば不思議なことで奇運という以外、言葉がありません。

格納庫へ運び込まれる〈カ号一型〉。航空機は運用に携わった人間の優劣によって評価が定まる。その意味では〈カ号〉は幸運であった。

壱岐はよいよい

〈オハ2〉エンジンの増産に苦心している松野大尉の元に、〈カ号一型〉による事故の情報が入りました。三月三十一日、船舶飛行第二中隊の隊長本橋大尉（この頃少佐に進級しているはずですが確認できません）が墜落して重傷を負い、四月八日、同じく墜落事故により山本大尉と相原軍曹が戦死したとのことです。〈カ号〉開発の関係者にとってこれは深刻な出来事でした。今まで様々な故障や事故は発生しても、死者を出すような事態は一度もなかったのです。オートジャイロは生存性の高い航空機だったはずでした。どのような状況が死に至らしめたのでしょう。

事故原因はいずれも〈オハ1〉エンジン不調に関わるものらしく、専門技術者を壱岐基地に派遣して調査に当たらせたいところですが、ざっと考えても一〇日近い日数がかかりそうで、今はそれが許される状況ではありません。

萱場製作所仙台工場ではエンジンが届かないために、首なしの機体の列ができているという事態であり、松野大尉は一台でも多く完全な〈オハ2〉エンジンを出荷しようと、運転試験室で工員と一緒に油だらけになっている時ですから、どうにも対処できないことでした。三月十日には〈B－29〉による東京大空襲があり、爆撃は無差別となり日本の主要都市は焦土と化しつつあるのです。松野大尉には増産に励む以外、責務の果たしようがありません。

四月二十一日、老津飛行場で萱場社長提案による〈カ号〉の性能向上実験が行なわれました。この時萱場社長も立ち会っていて、後に克明な記録を公表しておりますので、内容については正確にお伝えすることができます。ただ、これに関わった人々の記録はなく、大田技師が主導したとのみあるばかりです。

萱場社長は〈カ号観測機〉のライバルである〈三式指揮連絡機〉を冷静に観察し、正確に評価をしております。性能諸元の他、価格もエンジン等の官給品の値段も含めると前者が一五万円で後者が一〇万円であることまで調べており、相対的には〈カ号〉にやや分が悪いことを見定めていたのです。このバランスを、少なくとも均等に保つためには、回転翼機としての特質をさらに進化発展させる以外にはないと考えていたようです。

実験にはA案とB案があり、それぞれがジャンプテイクオフと離陸距離をさらに縮めるのが目的です。

A案のジャンプテイクオフは前にご紹介したシェルバ式とはシステムが違います。機体にローターによるトルクを与えないということは同じですが、そのためにローター自体をロケットによって増速させようというものです。

ロケットは推力一六キロ、燃焼時間五秒、薬量〇・五キロ、重量一・五キロ、外径八〇ミリ、長さ三六〇ミリという小さなものです。翼端はローターの構造上取り付けが難しいので四〇〇ミリほど内側に寄せ、それぞれのローター下面に二本のネジで固定されました。

着火は電気式でローター内部に電線を通し、操縦席のスイッチに繋がっており、機体は地上に打ち込まれた杭と浮力計測計器を介して車輪と結ばれて固定されております。

エンジンが回りローターの予備回転が一八〇回転／分に達した時、クラッチを切って三基のロケットに着火されました。シューッというロケット音と排煙がローターによって吹き下ろされ、回転が三一〇回転／分に達した〈カ号〉は動きを制止されているのが嫌だといわんばかりに秘められた力で身悶えしているように見えます。

この五秒間を萱場社長はしっかり目に焼き付けるとともに、浮力が一・四トンと計測されたことも深く脳裏に刻みつけております。A案は実際に飛行する実験も行ない、四五度角で二〇メートルを急上昇しました。

B案はやはりロケットを使い胴体左右側面の機体重心点に一基ずつ取り付けられ、これも実際に飛行した実験であろうと考えられます。ロケットは推力二〇〇キロ、燃焼時間五秒、薬量五・五キロ、重量二〇キロ、全長五五〇ミリ、直径一〇〇ミリというものでした。

B案の実験結果はA案と同様な飛行であったと記録されておりますが、萱場製作所は大型爆撃機の離力補助装置としてこのシステムは技術的にも完成し、実用化も果たしておりますので、見るまでのこともない結果であったようです。

萱場社長は忙しかったので前二回の実験を見ただけで帰京しました。彼にはそれで充分だったことと、増産や品質向上に関わる抱えきれぬほどの公職を押しつけられ、超過密なスケジュールの毎日だったのです。この実験の立ち会いは無理矢理に作りだした強行軍でした。この種の実験についてはローターの直径を六〇センチ大きくするとか、ジャンプテイクオフをローターハブの改良によって実現しようとして、萱場製作所と神戸製鋼所がそれぞれに設計製作を進めていたらしいのですが、現代に伝えられた記録は見当たりません。

〈カ号一型〉育ての親と言っていい戸田技師閣下は五月に突然辞表を提出いたしました。二技研としてはこのような実行力のある人の引退には随分困ったであろうと考えられますが、伯爵家の一門であり軍人でもなかったので、止めようがなかったのでしょう。この時戸田閣下が何を考えていたのか誰も知りませんし、荻窪の自邸にこもったまま、ほとんど人に会うこともなくなりました。

六月に入って〈オハ2〉エンジンの生産は少しだけ流れがスムーズになってきました。松野大尉が目を光らせていなくとも、定められた基準で自主的に工員たちが工作精度を維持できるようになったからです。航空エンジンがようやく理解されつつあったということですが、こうなると技能工たちの技術力や工夫が生産に活かされるようになり、ここから先は日本人的律義さで進展して行きますので、松野大尉にも少しだけ目を他に向ける余裕が生まれました。

そうなれば何をさておいても壱岐に行かねばなりません。神鋼兵器からも製造責任としてお詫びをするということで、草刈善次仕上組立課長が同行することとなりました。

まずは汽車で広島まで行き、宇品港埠頭近くにある船舶司令部に出頭いたしました。東京駅に似た建物だったということです。壱岐出張を申告すると参謀は〈カ号〉の活躍をよく知っているようでした。再び広島から汽車で博多へ向かい、博多埠頭にある第十四船舶団に到着いたします。飛行第二中隊はこの指揮下にありました。

さっそく、船舶団長村中四郎大佐の元に出頭しますと、団長室の壁面には朝鮮海峡を中心とした大きな地図が貼ってあり、海のあちこちに無数のピンが立てられております。〈す号〉兵器によって探知された敵潜位置を示すものであるとのことでした。

松野大尉たちには雁ノ巣飛行場に〈カ号〉が二機迎えに来ていて、翌日それで壱岐に飛行するよう手配されておりました。二人はサイドカーに乗せられて、その日の宿舎ともなる雁ノ巣飛行場へと向かいました。

ここからはあとは〈カ号〉で壱岐までひとっ飛びと安心したいところですが、予定は未定というのが世の中というものです。飛行場に着いて間もなくグラマンの艦載機群による猛攻を受けたのであります。

太平洋側にいるはずの敵機動部隊から艦載機の侵入を許すなど、日本軍の制空権が消滅寸前の証です。お隣りの海軍さんも手も足も出ないようでした。

二〇〇〇馬力の戦闘機が一〇数機、翼を並べて飛行場上空を旋回する爆音だけで周囲を圧倒する迫力が充満します。それが獲物を定めて急降下してくる時など、ドップラー効果により迫力は倍加するのです。肝のあたりがピクピクするのはこんな時です。

松野大尉と草刈課長は近くの防空壕を見つけて飛び込みました。整然と並べられていた日本軍機は真っ先に銃撃され、それも何機も連なって銃撃してきますから破壊を免れる機体はありません。

銃撃を終えたグラマンは上空の列線に戻り、虎視眈々と次の獲物を捜し求め、飛行場の隅から隅まで銃弾をまき散らし、それも完了したと見ると飛行場の建物、施設、何を思ったのか周辺の松林にまで、手当たり次第の銃撃を繰り返しました。

グラマン群の轟音は絶対的破壊力を示していて、制空権を失うということの意味を具現化しております。

やがて戦果を確認した艦載機は、一糸乱れぬ編隊を組んで一斉に上空から飛び去って行きました。零戦から逃げ回っていた頃とは違い、アメリカ航空部隊の士気高く意気揚がる光景であります。

爆音が遠ざかって行く中、飛行場には一瞬の奇妙な静寂が流れました。それはすぐあちこちの防空壕から飛び出してくる将兵の消火号令やかけ合う声に破られ、飛行場は別の混乱で騒然となります。松野大尉は身を起こすと足元が砂に埋まっていることに気付き、自分がどのような場面に遭遇したのか実感いたしました。

〈カ号〉そしておそらく〈三式指揮連絡機〉も、この時火柱となって消失いたしました。これで壱岐へ行くべき方法が閉ざされてしまったのです。

幸運にもサイドカーは運転手と共に銃撃を免れ無事でした。村中大佐の元へ引き返し、状況を報告いたしますと、翌日博多を出航予定の〈す号〉兵器を積んだ特殊輸送船があり、それに壱岐に寄港するよう特別命令を与えてくれたのです。

出航した特殊輸送船には偶然にも同期の技術将校が乗り込んでいて、〈す号〉兵器は彼が研究開発したものでした。彼の説明によれば〈す号〉とは水中音響探知器（ソナー）で、発振する超音波を用心して敵潜も近づかないとのことです。その御利益があったためか船は何事もなく無事壱岐の宇土港にたどり着きました。

二人を出迎えた新しい飛行中隊長湯浅大尉の表情は複雑でした。万難を排して来てくれたことはうれしくとも、初代隊長を負傷させ、二名の戦死者を出した機体の担当者であれば、文句の一つも言いたくなるのが人情というものでありましょう。
この場合の謝り役は草刈課長で、見舞金を贈ると共にひたすら謝罪するばかりでありました。松野大尉はさっそく事故状況の聞き取りとエンジンの分解調査にかかりました。松野氏によってこの時の調書が保管されていたというのは、実にありがたいことです。これもこのまま掲載させていただきます。

オハ一発動機　故障調書

オハ一〇四二八
1. 故障状況
昭和二十年三月三一日　天候2米ノ西風快晴　8時本橋大尉搭乗　爆雷投下並ニ空中訓練実施ノ為離陸　高度100米程度ニ上昇（1800回転／分）第一旋回ニ移ラントシ巡航速度ニ直スタメ　レバーヲ若干シボリタルニ急激ニ回転減少セリ再ビレバーヲ引クモ回転回復セズ　ヤムヲ得ズ右旋回ヲシテ前方ノ乾田ニ着陸セントシタルニ　旋回意ノ如クナラズ松ノ木ニ回転翼激突破壊墜落セリ
直ニ発動機分解セルニ右気化器ノ針弁発銹シアリテ作動不良ナルヲ発見セリ
2. 故障原因
該機ハ三月拾七日全ク同様ナル事故ヲ惹起イタシ気化器針弁ノ銹落シヲ実施シタルモノ

ナリ　針弁分析セルニ不錆鋼ニアラズ結局針弁発錆ノ為気化器不調トナリ本事故ヲ惹起セルト思考ス

3. 対策

気化器針弁ノ材質改善ト同時ニ点検ヲ厳守スルコト

備考　故障マデノ発動機総運転時間81時間（除萱場製作所ニテノ運転時間）

オハ一〇四三四発動機

1. 事故状況

昭和二十年四月八日　天候春霞多クシテ視界明瞭カクモ概シテ良好　山本大尉　相原軍曹搭乗　飛三号無線搭載　二機編隊ニテ出発　巡行ニテ飛行中発動機急激ニ停止シ機体海中へ突入セル

2. 故障原因

発動機海没セルト共ニ搭乗者殉職セルタメ原因探究困難ナルモ　発動機急激ニ停止セリトノ僚機搭乗員ノ言ニヨリ内部故障ガ主原因ト思考ス

3. 対策

整備教育ヲ一層徹底セシメ整備員ノ技術向上ヲ計ルコト

五十時間部分分解ノ確立励行

備考　故障マデノ発動機総運転時間76時間28分（除萱場製作所ニテノ運転時間）

山本大尉はローターに摑まって死亡していたそうです。海水温度の低さが彼の命を奪ったのです。大尉は人望厚く将来を嘱望された人であったため、その死は飛行中隊全員を悲しませました。

もう一件あるのですが、似たような事故なので割愛します。やはり海没してしまったため燃料系統の故障と推察するより他なく、搭乗員が救出されたのがせめてもの幸いでした。ニードルバルブの錆など現代では考えられないことですが、当時の材料事情がいかがなものであったかを知るためには貴重な記録であります。

松野氏は〈オハ1〉エンジンは最後まで完璧ではなく、整備力強化としか書けなかったのは悲しいことであったと述べておられます。

六月十七日、船舶飛行第二中隊は、第十四船舶団長村中大佐より感謝状を受けております。ここには飛行中隊の事跡が丁寧に詳しく書かれていて感謝の気持が良く表われており、形式に流れない誠意に溢れる感じのいい文章です。

飛行中隊の活躍は、この感謝状の記述に拠るところが多いのです。本当は全文を掲げることで楽をしたかったのですが、旧漢字と軍隊文章であるため、読んでいただけなくなる場合もありそうと考え、断念いたしました。

さて、調査任務も謝罪も終了した二人は、帰りの方法がなくて困ってしまいました。通信施設だけは海底ケーブルによって確保されており、二技研からは早く帰るように何度も電話がありました。無理もありません。何とか時間を作って実現させた出張が予定を大幅に越えた長さになってしまったのです。用が済んでしまったためか船舶本部に帰路の便を依頼しても良い返事がありません。

困り果てた松野大尉を守備隊長が気の毒に思って、島の漁船を仕立ててくれました。制空権はおろか制海権も怪しくなった海に、小さな漁船で乗り出さなければならないというのは、どう考えても気分の良いものではありません。

しかし、宇土港を出て名にし負う玄界灘に入ると、気分のことなど言っていられない事態となりました。波の高さが五メートルを越えたあたりから、イカ釣舟ほどの小舟は空に向かって放り出され、次には谷底へ突き落とされるという三次元運動周期の中に置かれるのです。一分や二分なら誰でも耐えられますが、五分十分となると大抵の人は三半規管が拷問を受けたようになり、ダウンしてしまいます。

その間も波しぶきは船底に溜まって行き、放置すれば沈没を免れません。ちゃんと洗面器が二つ用意されており、それを使って松野大尉と草刈課長はずぶ濡れになりながら汲み出すのです。

草刈課長の排水作業は無駄がなく的確なものでした。松野大尉は宿で聞いた彼の経歴を思い出しました。昭和初期に一高生時代マルクスボーイとなって学校を追われ、早大機械工学科を卒業後陸軍に入隊、少尉に任官して支那大陸を転戦、大東亜戦争に突入してからは船舶司令部輸送船の船長……。なるほど度胸の良さは以上の経緯によるものかもしれません。今目の前で、玄界灘の荒波に平然と立ち向かっているのは、神鋼兵器仕上組課長とは別人のようでありました。

船は無事、長崎県呼子港に着きました。満員で混雑する汽車を乗り継ぎ、二人はへとへとになって、ようやく神鋼兵器に帰り着いたのであります。

この話は、〈カ号〉関係者のご苦労を実感として知っていただくために書きました。

〈カ号観測機〉の最後

向検査官も不思議な思い出をお持ちでした。

広瀬橋に近い五軒茶屋というところの旅館を宿にしていたのですが、ある時部屋から広瀬川を挟んだ長町側の対岸に、完成した〈カ号二型〉が一〇機ぐらい並べてあるのを見つけました。

工場敷地に余裕がないわけではありませんから、不思議なことをするものだと思いながら見ておりましたが、置かれている場所が河川敷内で、数日来の天候から増水の危険がありました。そのままずっと放置されつつあるような感じで、心配になった向検査官は工場に電話を入れました。

結局、萱場技術員養成所の生徒たちが駆けつけ、夜までかかって工場へ運んだようです。

なんであんなことが行なわれたのか、さっぱり分からないということですが、たぶん、よほど工場が混乱していたためのエピソードではないでしょうか。

たしかに仙台工場には戦時動員で管理者も労務者も雑然と集められていて、整然とはいいがたい様相を呈しておりました。間違った指示が間違ったまま伝えられれば、トンチンカンな事態も結構あったのかもしれません。

工場建物の外では土地の芸者衆が〈カ号〉の尾翼羽布貼を慣れぬ刷毛捌きでドープ塗装しているような風景が出現しました。〈カ号〉製作工場は他部門とは厳しく区分されたと言われておりますが、このころはすでに本来の意味は失われていたようです。

仙台工場は〈カ号〉の組み立てが主体で、機体の軸組や燃料タンクなどの他は、ほとんど外注品でありました。生産ラインというほどのものはなく、定板を並べてエンジン、配管、配線など各々の担当が順番に組み込んで行くというシステムで、寸法精度の必要な組み立て作業はトランシット測定によっております。

部品の製作などでは苦労することも多かったのではと思うのですが、その種のエピソードはもはや失われてしまっており、わずかに聞くことが出来たのは岐阜工場での事としての伝聞です。ローターに使われる六・一メートルのパイプを古井戸に吊るして焼き入れする工夫をしたということで、具体的にどのような方法だったのかは分かりません。詳しく記録されることが無かったのは惜しまれます。

模型製作者として気になっていたことの一つに、〈カ号〉に施された塗装色のことがあります。一般に色の記憶は対比するスケールが少ないため残りにくいものとされていて、模型を扱う者の悩みの種となっており、機会あるたびに色票などを持参して確認する努力は欠かせません。

仙台工場検査課長であった大藤揆一氏の娘、栄子さんは当時五歳でした。今日はお父さんがオートジャイロに同乗して社宅の上空を通過するというので、告げられた時間に家族揃って庭先に出て空を見上げていると、本当に低空で飛んできて社宅の上を通過して行きました。エンジン音とバタバタという音がうるさかったと記憶しておられます。

すかさず色のことを聞きますと、

「銀色……でした」

ということで子供の記憶力は侮れません。

向氏は「私の知っているかぎり、すべてが銀色であった」とのことなので、老津飛行場に運ばれるまでは銀色であったことは間違いありません。実戦部隊に配備された後は迷彩塗装となりましたが、正確な色彩については、確認の手段はありません。

この時期の小原技師は仙台工場を離れ、福島県須賀川で新しい仕事に取り組んでおります。陸軍航空機〈キ－115剣《つるぎ》〉の生産を立ち上げるべく、設計スタッフと共に奮闘中でありました。

〈剣〉は特攻専門に作られた没義道な航空機であると戦後非難されました。関係者が口を噤《つぐ》んでしまったので無理もないのですが、最近、主任設計技師であった青木邦弘氏の著作が公刊されたことによって、その実態がようやく分かりました。

航空機資材は尽き果てようとし、生産能力も低下する一方の現状を思えば、それでもなお戦いが続くのだとしたら、簡便な航空機を設計する他方法はないだろうとして考えられた、小型爆撃機というべきものです。目標は敵の輸送船や上陸用舟艇で、爆弾を落としたらトンボ返りして帰ってくるという筋書きでした。

〈キ－115剣〉。誰からも祝福されることのなかった航空機として歴史にその名を刻んだ。一度も戦場を飛ぶことはなかった。

軍部は、これで空母や戦艦に体当たりさせようと筋書きを変更してしまったのです。

昭和二十年二月二十七日、萱場社長は立川飛行場航空工廠から呼び出され、〈剣〉生産の強い要請を受けます。結局は引き受けることになり、小原技師が設計者と萱場従業員八〇名を率いて、爆弾降りしきる東京に駆けつけ、設計と生産の講習を二ヵ月間学んだ後、須賀川工場新設に取りかかるのです。

昭和二十年七月九日、もう真夜中で日付が十日と変わりそうな頃、〈B－29〉の大群が仙台市上空に現われました。一二三発の焼夷弾が投下されたと記録にあります。

〈B－29〉は燃え盛る市街地の炎を映し、暗黒の空にくっきりと浮かんで見えたそうです。迷彩塗装を施すこともなく、輝くジュラルミンの機体を堂々と晒し、圧倒的な力の差を誇示しております。この時、爆撃を見ていたある高校生は、それが敵機であることも忘れ、美しい造形物としてただ呆然と見上げていたということです。

市街地のあらかたは焼き尽くされ、萱場製作所仙台工場も別棟のメッキ工場に被弾しましたが、工場は無事でした。しかし、九機とも一〇数機とも言われる受領飛行試験中の〈カ号二型〉が焼失してしまいました。近くの林の中にまとめて隠しておいたため、直撃弾を浴びて一機も助からなかったのです。仙台は中央から遠く離れているので、まさか爆撃の対象になるなど考えてもおらず、ほとんど無防備であり、数万の人が一夜にして焼け出されました。

〈カ号観測機〉の正確な生産数は、萱場製作所の本社ビルが爆撃により焼失し、戦後の混乱も加わって失われてしまったようです。萱場社長の記録も記憶に頼って書かねばならぬところが多く、著書によって数字が違っております。

注文機数合計が三〇三機であったことは間違いないでしょう。仙台工場における生産数は、九〇機とも九八機とも書かれておりますが、これはエンジンの無い機体のみのものも含まれており、完成実機数にはなりません。〈カ号一型〉がエンジン生産数から類推して最大限二八機であることは前に書きました。

〈カ号二型〉については〈オハ2〉エンジンの最大生産数を四〇台と推定した数字から考え

ますと、終戦時神鋼兵器にあった完成品は二一台とされておりますので、出荷数は一九台となります。したがって〈カ号二型〉は最大限一九機しか完成しなかったと想定出来ます。

両機合わせて四七機という数字ですが、〈あきつ丸〉で海没した分と、仙台空襲で失われた分を類推して一五機とすれば、実戦に配備された機体はとりあえず三二機という数字になります。しかし、研究用として二技研に四、五機は残されたと思いますし、全機が飛行可能となったかどうかにも疑問があり、二五、六機というのが実質ではなかったでしょうか。

これから類推すれば〈カ号二型〉は八機または九機程度となり、実質五、六機と考えれば、二型は配備されなかったという伝聞にも、やや遠からぬ真実があったと思うべきでしょう。実際に配備されたかどうかはまったく確認できません。

実戦配備機数二五、六機としても、実数とそれほどかけ離れた数字ではないだろうと筆者は信じます。

さらに実戦配備でも、雁ノ巣飛行場における銃撃や事故による喪失により、終戦時には一〇数機の保有がようやくの状態ではなかろうかと想像します。

その後の船舶飛行第二中隊は、昭和二十年八月（もう終戦間近であります）、最終的に富山県高岡に本部機能を移動させられ、部隊の拡充を計るため石川県金沢に展開するつもりでありました。

〈カ号〉の実動部隊は七尾に本拠を置いて、飛行場と格納庫を能登半島の先端に近い松波に定め、八月一日から飛行を開始しております。任務は北部朝鮮東岸から貴重となった雑穀を運ぶ輸送船の護衛となり、富山湾から舳倉《へくら》島までおよそ七〇キロの距離を、警戒飛行をしながら随伴して行くのです。

その先は燃料が保ちませんから、付いて行くことが出来ません。この時輸送船を見送った〈カ号〉パイロットの一人に短歌を残した人がいて、八月八日の日付となっております。

つつがなく彼の地に渡す己《おの》が身の
　名残り果てなく任重くして

舳倉島より先は、鈍速の輸送船による日本海を越えて朝鮮までの、まる一昼夜護衛の付かない航海となるのです。それを見送る身としては無事を祈るしかなく、何とも切ない歌となっております。

これが〈カ号〉部隊の精一杯でした。

八月十五日正午、ラジオから天皇の終戦の詔勅が流れました。

ここに至るまで政府内部は戦争継続か降伏か、揉めに揉め議論百出のまま結論が出せなかったのです。国の最高決定機関が決定できないという事態は、もはやその機能を喪失したことを意味します。首相は最終決定を天皇に願い出ました。

これは、大日本帝国憲法においてはルール違反なのです。天皇に国政の決定権はありません。天皇はこれ以上の継戦が無意味であることをよくご存知でしたから、ポツダム宣言受諾の意味を伝えられました。日本は古代からの政体を温存する天皇制という不思議なシステムを持っておりましたので、これが政府決定という形になり、最悪の結末から脱することができたのです。

移転した新本社で萱場社長以下役員たちはボロボロと泣きながらラジオを聞いておりました。当時ほとんどの日本人には国との一体感がありましたから、歴史上初めての敗戦という事態は耐え難い悲しみだったのです。この戦争を終わらせたのは政府でもなければ軍部でもなく、もう架空と言ってもいいほどの古代的権威によってのみ可能だったことは記憶されるべきことです。

軍人の中には終戦に反対する者もおりましたが、一週間たち十日たつうちにいつの間にか治まって、日本における軍事は戦場においても生産の場においても終息いたしました。

萱場製作所須賀川工場も手を止め、〈剣〉は一機も配備されることなく名称だけが後世に伝えられることになります。

萱場社長も小原技師も特攻機製作について弁解がましいことは一言も述べておりません。前者は自分の関わった事実を淡々と書き、後者は自分に与えられた職責を誇りを持って果たそうとしていたことを短い文章で残しました。戦後もこの姿勢は一貫していて、変わり身の早さで世の中を上手く立ち回って行こうなどという態度はカケラもありません。

（前文略）

私はこの特攻機の計画仕様書の序文を忘れ得ない。この一部を次に示すが、読者はどんな風に感じられるだろうか。

「豊富なる物量を頼み局地空軍絶対優位主義の下に多数航空母艦を根幹として編成せる敵大機動部隊に対し吾に忠勇無敵の皇軍ありと雖も相当量の航空を以ってするに非ずむば、之が撃滅は困難なること既に戦例の示す所なり。然りと雖も現在……消耗の激しさを想へば航空機の必要量の保持に当っては遂に我が国力の及ばざるに到る……本機の着想せる動機は実にここに存し、その任務を本土に接近せる敵艦船撃滅の一事に限定し、他の機能は一切之を最小限に止む……

本機は唯一回の使用を原則とすることにより通常の着陸は考慮する必要なし。斯くすることにより、着陸装置は離陸条件のみにより決定し得て離陸直後之を投下せしむ。その結果緩衝機能を必要とせず……」

引用文の所々が途切れているのは小原氏の選択かどうかは不明です。

小原氏が自分の意見を述べず序文を示すことで文章を締めくくっているのは、読んでいてつらいものがあります。当時の自分の気持を言外に示すより意思表示の方法を持たない思考様式の人でした。彼は彼なりに戦争をしていたのです。

船舶司令部の命令により武装解除となった第二中隊は、整備の一切をそのまま松波に残し、広島へ原隊復帰することになります。

自動車や汽車を乗り継いで二年ぶりに戻った広島の姿は無惨でした。九月四日、広島駅南方の比治山から見た光景は、たった一発の原爆による廃墟だけの拡がりであります。もはや思考のレベルを越えており、ただ茫然と立ちつくすばかりだったのです。

九月八日、宇品港の司令部において、船舶飛行第二中隊は召集解除となり、〈カ号〉実行部隊はここに消滅いたしました。

連合軍が進駐して来るまでの間、軍隊や全国の工場では様々な書類の焼却が進められております。今までの敵対行為や生産状況を秘匿するため、命令により、あるいは自主的に片っ端から炎の中に投げ込まれました。それまで無我夢中で進めてきたものの成果を灰にするのですから、放心したように炎を見つめている人も多かったと聞いております。これにより大部分の貴重な資料が煙となりました。

それでも成果物への愛着が断ち切れず、密かに家に持ち帰ったり埋めてしまったりした人も少なからずおられたために、日本航空史の資料としてツギハギながら今日に残されたものがあります。〈カ号観測機〉もそれらの人々によって微かに残りました。

神鋼兵器では〈オハ2〉エンジンがアメリカ製のコピーであったために、無断複製で咎められることを恐れ、破壊すべきであるという意見が出ました。思い余って親会社である神戸製鋼所に指示を求めますと、土屋行蔵専務から実に明確な、以下の答えがありました。
(1) たとえ模倣製作したとはいえ、軍（国家）の命令で作ったものである。
(2) したがって、責任は国家がとる。

姑息なことをせず、毅然たる態度で米軍に見せよ。

(3)

土屋専務は海軍武官としてイギリスに留学、海軍造機少佐から神戸製鋼所に設計部長として入社し、日本の大型船舶ディーゼルエンジンの発達に寄与した人です。男子として筋が一本通っているということは傍目にも気持のいいもので、こういう話は長く後世に残したいものであります。

萱場社長の方も負けてはいません。進駐軍から航空機破壊の指示が来た時に簡単に諦めたりはしませんでした。〈ケレット〉機のコピーであることを隠しもせず、食料不足に悩む日本のために魚群発見用に使わせてほしいと願書を書いたのです。進駐軍にそんなつもりはありませんから当然却下され、数十台あったエンジンなしの機体は溶断器によって細々と屑鉄にされてしまいました。

敗戦から立ち直ろうと、全国の工場がか細いながらも少しずつ生産を再開して行く中、昭和二十一年二月二十四日、神鋼兵器工場にアメリカ軍政部から一人の将校が兵士二名と二〇人の日本人使役を連れてやって来ました。上陸用舟艇のエンジンは「船舶機関」として認められて破壊を免れましたが、〈オハ2〉は純然たる航空エンジンであったため、それを壊しに来たのです。

倒壊した第三機械工場跡に並べられた〈オハ2〉は次々と大きなハンマーで砕かれてゆきました。見守っていた人々は身を切られる思いであったと記録しております。

苦労を重ねたエンジンだけに愛着も深く、それを技術的に克服したという誇りもあり、一人一人の胸に残ったはずの口惜しさは察するに余りあります。

部品も壊すと言われ、慌ててピストンを灰皿に加工して手元に残しました。〈オハ２〉はもはや単なるエンジンではなく、彼ら自身が投影されたかけがえのないものとなっていたことを、このエピソードは伝えているのです。

これでシェルバから辿ってきたオートジャイロの奇運の系譜は途切れるはずでした。日本は進駐軍命令により、航空機はおろか研究まで禁止されてしまいます。

しかし、奇運の翼ですから形は失っても人の心の中に存在する力を秘めておりました。ちょっとだけ長い休暇をとることになりますが。

終　章——〈カ号〉に続くもの

日本の戦後は個人といわず組織といわず、名状し難い混乱の中から始まり、それがやや静まりを見せるまでには歳月が必要でした。

政府も国民も新しい再建の道を模索しなければならないことは分かっていても、産業基盤は崩壊し、先行きの方策が立たず、都市部では食にさえ事欠き世情不安のまま、いかにして生きのびるかで精一杯の毎日でありました。行き場を失った人々は絶望し、無軌道に流れる者も多く道義など顧みられることがない日常となっていったのです。

しかしまた、なぜこのような悲惨なことになってしまったのか真剣に考える人々も多く存在しました。たとえ新しい一歩を踏み出すにしても、取り返しのつかない過去をどのように思い定めておくべきかというのは、正々堂々と未来と向き合うための大切な心のあり方であります。

小原技師にとっても一生懸命努力をしてきたつもりではありますが、〈カ号観測機〉にせよ〈剣〉にせよ、期待された成果からは程遠い結果しか作りだすことができませんでした。他者の責任の中に紛れ込まずに自分の責任をつかみ出し、良くも悪くも自分としての決着をつけておかねばならないというのは彼の血筋でありましょう。

終戦数日後に、荻窪の戸田技師邸に心労でやつれ果てた表情の小原技師を訪ねさせたのは、そのような心映えではなかったかと思われます。

戸田技師と対面した小原技師は〈カ号〉の開発が遅れたこと、生産が思うように進まず迷惑をかけた自分の責任を率直に告白し、詫びました。戸田技師にしても立場上困り果てたことは多々あったでありましょうし、さり気なく皮肉の一つも言いたかったかもしれません。しかし、この人はやっぱりお殿様でした。そういうことには一切触れず、

「小原君、あれでいいんだよ。あれで良かったんだよ」

というだけでした。

小原氏はこの時のことを、仏様のお言葉を聞いたような思いであったと書いています。この寡黙な男の心情を良く理解していた戸田技師は、善し悪しを言わず過去のあるがままを受け入れてみせて、不毛な心のわだかまりを残させなかったのです。

テレビ時代劇に登場するステレオタイプの殿様を殿様だと思っている人には、人生の不思議は見えません。

萱場社長の戦後は大変の一言に尽きます。軍部の消滅により受注はバッタリ途絶え、一万数千人の従業員を抱えて再出発しなければならないのです。会社組織の統廃合、人員整理、

退職金の支払い、どれを取っても社長の椅子など放り出したくなるような事態を、彼は責任感だけで難題の一つ一つと取り組んでいきます。

二技研にとっても後始末は大変だったでしょうが、それもやがて整理がつき、それぞれに混乱の続く社会に復帰していきます。

それから五年の月日がながれた昭和二十五年（一九五〇年）六月、朝鮮戦争が勃発し進駐軍の動きが慌ただしくなってきた頃、日本の空を不思議な航空機が飛び回るようになりました。アメリカ軍のヘリコプターであります。会社再建最中の萱場社長もこれを目にしており、心中には複雑なものがあったでありましょう。

会社名も萱場工業株式会社と改められ、ショックアブソーバー、自転車、油圧ポンプ、農機具などを作りながら、少しずつ立ち直りを見せはじめておりましたが、資金繰りも苦しく労組交渉も難しく、まだまだ道遠しという状態で、厳しい経営が続いております。

しかしそれとは別に、萱場社長の胸の中には奇運の系譜を継ぐものが眠りから覚めようとしておりました。天性の発明家ですから前と同じものではなく、彼のイメージの中では大きく変容しつつ長い時間をかけながら育っていたのです。この間の経緯は彼自身の手で記録されていて、今読んでもその視点の高さとスケールの大きさには驚かされます。

やがて形となった設計コンセプトは、オートジャイロとヘリコプター、そして軽飛行機の欠点を修正しつつ、それぞれの特徴を最大限に活かすというものでした。おそらく自家用車感覚で乗り回すものをイメージしていたのではないでしょうか。

ネーミングはヘリコプター（Helicopter）とエアロプレーン（Aeroplane）を合成してヘリプレーン（Heliplane）と命名されました。

日本の国土は八割が山地となっているため、固定翼機の運用に適しているとは言えません。飛行場という広い土地を必要としない、しかもヘリコプターに準じた性能を有する航空機という意味では、ヘリプレーンには充分な存在理由があります。

ヘリプレーンは先端にラムジェットエンジンを装備した三翔のローターを持ち、それによってヘリコプターのように上昇後、機首プロペラによって前進しつつオートジャイロとして経済的に飛行する航空機として構想されました。

お分かりと思いますが、これは老津飛行場で行なわれた実験の系譜を引いております。噴進式エンジンでローターを回すことはアメリカでもヘリコプターとして実用化されており、このアイディアが特に新発明と言えるものではありませんが、オートジャイロからの発展型として構想されたのは、もしかすると初めてのものであったかもしれません。つまり〈カ号〉の発展型でありました。

萱場社長はヘリプレーンを社業を立て直すための最重要製品として開発し、日本だけでなく世界中に売り込むつもりでした。さらに凄いのはヘリプレーン二型の構想もあり、〈ベル47〉以上の性能を実現させせヘリコプター業界とも肩を並べるつもりだったのです。これは単なる空想や妄想ではありません。裏付けを取りながら進めた構想です。

航空機の研究は禁止されていたにもかかわらず、社内の技師などに密かに計算させアイディアを盛り込んでいくうちに、徐々に形を成していきました。
これから先は「カヤバ工業五十年史」が簡潔にまとめておりますので、そちらをご紹介いたします。

社内で内密に設計を進めていたこの構想は、二十七年に航空機製造が許可されると同時に、本格的な性能計算と噴流駆動方式の研究を開始、ただちに機体（セスナ170A）、発動機（コンチネンタルE190・八〇馬力）、ラムジェット（石川島重工業株式会社と共同開発）を発注し、二十八年四月、最終的な設計図を完成した。

同年九月、東京製造所で胴体改造、ローターハブ機構やオレオ等が完成、岐阜製造所が分担していたローターブレードも十一月に東京に到着、機体組立は完成した。十二月にラムジェットが完成、早速実験段階に入った。

その後、後述のような経営状態の悪化によって開発資金に詰まりながらも改造に努力し、二十九年四月、運輸省技術研究所内で完成機の繋留回転試験を実施した。

ところが、このテスト中、繋留金具のフックがはずれて機体が横転し、ブレード三枚、機体尾部が破損、搭乗員二名は横転した機体からようやく脱出するという事故が起こった。このため、既に受けていた仮注文は取り消され、社内的にも研究試作の継続が不可能になった。

こうして当社の『ヘリプレーン』開発計画は、中止せざるをえなかったのである。

ヘリプレーン構想のカタログだったのか、ポスターのようなものだったのかは不明だが、こんな写真が残されていた。いわば萱場社長が見た夢の細目である。資金さえ続けば成功する可能性は充分にあった。現代にも通用するコンセプトの航空機であり、現にアメリカでは似たような開発計画が進められていた。もしこれが実際に飛んでいたら、コンピューター技術などを付加しつつ、日本独自の航空分野が開拓されていたかもしれない。

ヘリプレーンの模型。具体的なイメージを持って将来の夢を見るというのはひとつの才能であって、場合によっては羨望の対象ともなる。しかし、夢を見る男の悲しみは知られることがほとんどない。この模型は単なる夢想ではなく、多くの裏付けを積み上げた造型である。本機の実験は機体の性能ではなく、設備の欠陥によって失敗し、道を塞がれてしまった。空飛ぶ自家用車とでも言えそうなこの模型は、夢見る男の悲しみを伝えているように思われる。

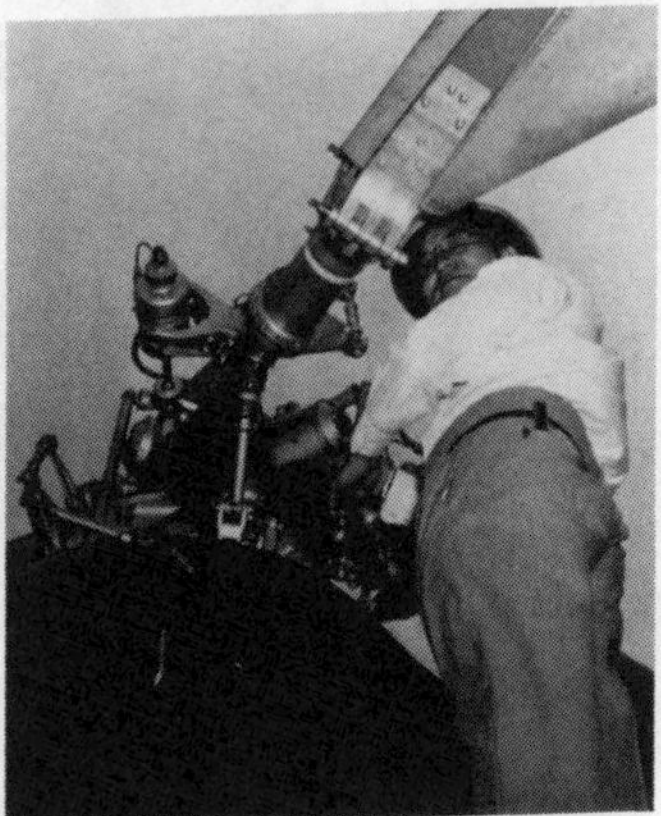

ヘリプレーンのローター近くに立つ萱場資郎氏。写真からも開発スケールの大きさが想像できる。

設計に当たっては山本峰雄群馬大学教授を顧問とし、社内のスタッフで設計チームが構成され、技術的内容も〈カ号〉の時よりずっと分厚いものとなっております。さらに萱場社長はヘリコプター事情を視察するなどのためにアメリカに渡り、ヘリプレーンの評価を依頼するなどして、計画の目的が航空マーケットに適合しているかどうか確認もしております。ヘリプレーン二型はアメリカ人技術者をドキンとさせる程のものでした。この話もいろいろ面白いのですが、長くなりすぎるので割愛しなければなりません。ただ、〈ケレットＫＤ－１〉の主任設計者であったディック・プレウィットと奇運の対面をしたことを付け加えておきます。

ヘリプレーン計画が中止された頃の日本は、朝鮮動乱特需で一息つけたものの、まだ三度の食事に事欠く家も多く、闇市経済が罷《まか》り通っていた時代です。

そんな時に開発という夢で、新しい発展を計ろうとした萱場社長は、心底からの発明家でした。私財をはたいて損失を償った後は会長職に退き、小さな会長室で著作やアイディアを練ることで過ごしていたということです。昭和四十九年（一九七四年）五月十二日、永眠しました。

ヘリプレーンと時を同じくして、ヘリコプターを作りたいという熱気も当然のこととしてありました。萩原久雄氏が取り組んだラムジェットローターの開発物語は、面白すぎて忘れ去られるには惜しい話です。読売新聞がバックアップした〈Y－1〉の話なども面白そうです。開発に携わった刈谷氏にお話を伺ったことがあります。エンジンは〈神風〉を使ったとのことでした。「それは終戦時に全部破壊されてしまったはずですが……」

〈カ号〉に関わった人々の集い。写真上は平成4年のもので、前列左より、新見達也、千賀四郎、山中茂、中村進、後列左より、田中勇次、向海男、菊谷之光、松野博、倉田勝平、西堀善次の各氏。写真下は平成6年の撮影。左から松野、小原五郎、向の各氏。困難だった時代を語り合う雰囲気が伝わってくる。

「隠して持っている人がいたのです。全部バラバラに分解して」

筆者は大笑いしてしまいました。こういう話も「日本ヘリコプター物語」として遺されるべきではないでしょうか。堅苦しいだけが歴史ではありません。

昭和二十七年（一九五二年）七月に航空機製造事業法が公布となり、待ちかねていた人々は一斉に製作や研究に取り組みましたが、回転翼機の分野は一機も実用化まで至りませんでした。七年間のブランクは大きくて、特許の壁に阻まれたり、日本の経済は弱々しく資金が続かなかったのです。

奇運の系譜は途絶えてしまったのでしょうか。

航空機理論はもはや現代では究め尽くされた学問であると伺いました。筆者には理解を越えた世界ですが、日本は日本なりの航空機として夢想するぐらいはできそうです。それはいつも頭の上でローターが回っている姿として現われます。あれほどに運の強かったオートジャイロですから、もしかするとまだどこかで長い休暇をとっていて、そのうちにヒョッコリと誰かの胸に宿るものなのかもしれません。

〈カ号観測機〉開発に関わった人たちは、今ではその人数も少なくなりましたが、毎年一回、懐旧の会合を続けておられます。

戸田のお殿様は、後に印旛沼の方へ引き籠もられ、年賀状によってわずかに消息が繋がっておりましたが、それもいつか絶えてしまい、今ではもう分からずじまいとなってしまいました。

小原五郎氏は平成十二年四月二十九日、老衰のため亡くなられました。生前のご希望により、身近な人々による簡素な葬儀であったそうです。

筆者が〈カ号〉の資料が揃わず苦しんでいる時、カヤバOB会の吉川氏が小原家訪問の労をとってくれました。小原邸は町田市のはずれ、起伏の大きい丘陵地帯の高みにあり、その年の十二月の初め頃二人でお訪ねして、トシ夫人に会うことができたのです。

思い出話を伺ううちに小原氏の相貌がようやく想像できるようになりました。怒ることの少ない穏やかな人で、家にあっても居住まいが崩れることはなかったといいます。何となく息の緩やかな、落ちついた人柄を感じました。

何か資料のようなものがあれば見せていただきたいと申し入れをしてあったのですが、心ない人に持ち去られたとかで、一枚の図面と数葉の写真だけが遺品として残されておりました。

図面はいわゆるアンモニア焼と呼ばれる乾式のもので、耐光性が低いため、ところどころが見えなくなっております。タイトルは「オ五型構造図」と推測読みができ、小原氏のメモ書きが微《かす》かに残っておりました。打ち合わせの時に原紙の上に走り書きしたものらしく、図面の日付から昭和二十年一月頃に書かれたと思われます。

「オ五型」という名称は他の資料に一度も現われた事がなく、また別な推理を立てることもできますが、また別の機会ということにいたしましょう。

昭和五十四年に退職してからは、一日のほとんどを南に面した四畳半の部屋で馬とか仏像の本を見て過ごされたということでした。見せていただくと飾りらしい飾りもなく、サッシ戸を通して空と下に広がる住宅群が見えるばかりです。年に一度、〈カ号〉の集いに出かけるだけで、それさえも寡黙で、夫人はその内容を知りません。

およそ二〇年間、この部屋に端然と一人身を置いたのは世間から引き籠もるという意味はなさそうで、ただ単に次の居場所をここと定め、星霜の過ぎるにまかせたのだと思われます。その間彼の脳裏に去来したものを推し量ることはできませんが、それがもし意思の力であるとしたら、このように武士《さむらい》のような生き方をした人がいたということに驚くほかありません。〈カ号観測機〉の設計者はこのような人でした。

あとがき

　オートジャイロは、遠くで飛んでいる時は「プルルル……」、近い場合は「パタパタパタ……」という音がしたそうです。

　オートローテーション効果による風切音で、ヘリコプターのような轟音ではありませんでした。そこにエンジン音が加わるわけですが、小型機並の馬力でしたから〈セスナ－182〉程度のもので、騒音問題とはあまり縁のない機体であったことは確かです。今日、その軽快な風切音を聞くことができないのは、時の流れとはいえ残念なことです。

　筆者が製作した二四分の一スケールの〈カ号一型観測機〉は、完成までに三ヵ月を要しました。資料集めに苦労しただけのことはあると本人は自負しております。模型が仕上がったあとの楽しみは、コックピット回りがどのように見えるかをシミュレーションできることです。

　主翼構造がないために、見晴らしの良さは他機種に例がなく、上空もローター回転によりほとんど気にならず見通せたはずです。前方もエンジン換装により機首が絞り込まれ、原型機とは比べるべくもない視界が確保され、後方も尾翼はあるものの障害の少ない配置となっていて、観測機という目的に限ってみれば、最良の機体であったことは同意できます。

本格的なオートジャイロを製作したのは世界で七ヵ国しかありません。スペイン、イギリス、アメリカ、フランス、ドイツ、ロシア、そして日本です。

日本における経緯はどうあれ、製作するとなればそれ相応の基盤がなければ不可能なことで、私たちはそれを充分誇りに思って良いのです。たとえコピーであったとしても、実行できる知性と技術、そして工業水準を持っていたからこそ、奇跡の系譜を継承できたのであり、〈カ号〉はそのシンボルともいえます。

〈カ号観測機〉が奇運の翼であるならば、この物語もその縁に繋がっているようで、今振り返ってみても随分と不思議な気がします。できすぎたテレビドラマのような偶然が積み重なっているようでもあり、思いもかけない人々の手厚いご協力があって、どうやら書き上げることができました。

飛行原理がやや特殊な航空機であったために、なまじいに理論を説明するよりはシェルバ氏からの系譜で語ろうと企《たくら》んだので、バランスの悪い長文になってしまい、深く我が身の非力を感じております。

スペインからアメリカまでの系譜を中心に、航空史家の藤田俊夫氏に原稿のチェックをお願いしました。かなりマイナーな機種であるために資料が少なくて、怪しげな部分があれば、文責は筆者にあります。

模型屋のジンクスとして「良い資料は完成後に出現する」というものがありまして、この時、博識な藤田氏よりシェルバ氏の自伝、しかも日本語訳があることを教えられました。慌てて国会図書館へ駆け込んで一読し、もう少し視点を変えるべきであったようにも思いつつ、幸運にも来世でシェルバ氏よりお叱りを受けるところはとりあえずないようなので、わずかな小文を追加しただけに止めました。

本書の目的は〈カ号〉の一貫した実像を描き出したいということでした。実際に取りかかってみると、そこには六〇年以上の時間の経過があり、開発動機や事情については確実な記録や証言を得ることは不可能となっておりました。止むなく、ある部分は状況証拠を頼りに推理で繋ぐ無茶をしておりますが、一貫した〈カ号〉像を得たいと思うあまりのことで、これも文責は筆者にあります。

この物語が今まで本格的に語られることがなかったのは、回転翼という特殊性によるものではなく、陸軍技術本部という航空行政の本流から外れた組織によって開発されたためであります。さらに開発や運営に携わった小原五郎氏をはじめ多くの方々は、ほとんど発言することもなくお亡くなりになってしまい、それも〈カ号〉の沈黙を深くいたしました。

筆者は過ぎ去った歳月を数え、もはや関係者であった方々の証言は得られないものと勝手に思い込んでおりました。しかし、人の世というものは思い込みで量られるほど単純なものではありません。不思議な偶然を積み重ねて、ついに松野博元陸軍技術大尉にお会いできた時は、そのお元気な佇まいに驚きました。目も耳もしっかりしておられ、会話に不自由することもなく、記憶力の確かなところは筆者など遠く及びません。当時の記録を大切に保管しておられたことも特筆に値するもので、本書は随分これに支えられました。後で知ったのですが、戦後は陸上自衛隊陸将補にまで進まれた方です。

証言者で最高齢の山中茂氏は、段ボール箱一杯の資料を保管されていたのですが、不心得な詐取に会い記録のほとんどを失ってしまいました。九十歳を過ぎた氏が筆者のために必死に思い出そうとする姿は痛々しいほどで、何度も質問を中止したほどです。

向海男氏には、お忙しい会長職の合間を縫って、老津飛行場や仙台工場の様子を聞かせていただき、いろいろな疑問点を解くことができました。

当事者であった方々の肉声を聞くことができたのは望外の幸運です。本書のあちこちをかなりの広がりを持って書き進められたのは、これらの方々のお陰であり、感謝に耐えません。

〈カ号〉の原型である〈ケレットKD－1A〉を調べるに当たっては、模型仲間のホフマンさん、アンドリュウ・デュアー君、広島の最上暁雄氏の尽力でパーフェクトな資料が揃い、〈カ号〉を理解する上で非常に助かっております。また、航空ジャーナリスト協会の諸先輩方からは、物理数学劣等生のために数々のご教授をいただきました。

東大の鈴木真二教授には、理論解説のお手間をとらせ多大のご協力をいただきました事も申し添えておかねばなりません。

〈カ号〉の時代相を鮮明にするため、〈三式指揮連絡機〉にバイプレーヤーを努めてもらっております。設計主務者であった益浦幸二氏の資料に関しては、かかみがはら航空宇宙博物館の横山晋太郎氏に大変お世話になりました。また、船舶本部に関する資料は豊橋市の藤江直彦氏の協力を得ております。

貴重な写真を提供していただいた松田恒久氏には、カヤバ社友会吉川伸夫氏との奇縁を作っていただきました。吉川氏はまったくの偶然から〈カ号〉関係者だった方々を見つけ出した人で、取材にも付き合っていただき、大変なご苦労をかけました。

模型製作者が文章に手を染めるなど、身の程を知るべきで、筆者の頭脳回路はあちこちがショートして、もはや使いものになりません。残った回路を掻き集めてようやく書いているような有様です。他にもお礼申し上げなければならない人や、いろいろ書き漏らしたことがあるような気がするのですが、このあたりが限界でありましょう。足らざる点は深くお詫び申し上げます。

自分は何を書いたのだろうと思いつつ、それは空転するばかりで確かなまとまりができぬままに、筆を置くべき時が来てしまいました。

二〇〇二年三月

玉手榮治

〈追記〉本書の刊行が迫って〈カ号〉の写真が少なくて困っていた頃、故西堀善次氏がまとめられたアルバムを和夫人よりお貸しいただきました。これにより紙面が豊かになるとともに、今まで撮影状況や時期のはっきりしなかった写真がある程度特定できたことは、本書にとって幸いでした。厚く御礼申し上げます。

付録　1

ヤンクス航空博物館所蔵〈カ号観測機〉資料

掲載のヤンクス航空博物館所蔵資料について

戦後、進駐軍により日本軍の航空機と関係資料は接収されて、その多くはアメリカに渡った。いろいろと調査を受けた後、かなりの物が分散し、あまり知られることもなく各地の航空博物館や関係団体などに収蔵されているという。〈カ号〉はアメリカ機のコピーであったために興味の対象とはならず、萱場製作所は機体概要を説明する資料の提出に止まった。したがって、その資料もアメリカのどこかに眠っているはずだが、筆者にとっては雲をつかむような話で、それを目にしたいとは思いつつも不可能なことと諦めていた。

ところがまったくの偶然から、航空ジャーリスト協会副会長の藤原洋氏がその資料コピーを目撃され、東大阪市の河内國豊氏が所蔵されていることをご連絡いただいた。早速電話を入れ当方の事情をお話しすると、河内氏は快く全資料を貸して下さったのである。

拝見してみると、萱場製作所より提出された資料そのもののようである。製作図の類はほとんど無く（終戦時に焼却してしまったものと思われる）簡単な三面図や構造説明図があるばかりであるが、整備教育用に使った図版や伝導装置取扱説明書、仙台工場が製作した記録写真などがゾロゾロと出てきた。

河内氏は日本刀の刀匠であり、小型オートジャイロ（ホームビルト機）を所有され、そのパイロットとしても著名な方と伺っている。

氏は渡米の折り、バスに乗り合わせた見知らぬ人に案内されヤンクス航空博物館（Yanks Air Museum）に立ち寄ったのだという。彼が日本人のオートジャイロパイロットであることを知った館員は、博物館所蔵の資料をコピーして渡してくれたとのことである。英会話が苦手な氏としては、どのような成り行きでこうなったのか良く分からないと言われるが、博物館側の好意であったことは紛れもないと思われる。

なにやら随分不思議な話で、考え込んでしまった。しかし、そのお陰で筆者はその資料をさらにコピーさせていただくことができたのである。知るかぎりでは今まで全く公刊されていないものばかりなので、今後の研究者のためにも私蔵すべきではないし、〈カ号〉の実像を知るための参考ともなると考えられるので、紙数の増加を省みず掲載することとした。

あまりメカに興味を持たれない読者のことも考えて、本文中では説明を差し控えた部分も多い。「丸メカニック」シリーズのような訳にはいかないが、それに準ずるつもりでできるかぎりの解説を試みた。

ただし、なにぶんにも半端でない量があり、丁寧に解説などを加えてゆけばそれだけで一冊の本になりそうな物である。加えて複写事情が良くなかったために記録写真は不鮮明で、図版にも辛うじて解読できるものや、全く読めないものもある。したがって重要と思われるものを精選するという形にせざるを得なかったことについては、ご了解いただきたい。
ご協力いただいた河内國豊氏、さらにはどのような奇運に繋がるものか分からぬままに、資料を提出していただいたヤンクス航空博物館の方々に、深い感謝を捧げるものである。

玉手榮治

アメリカ軍提出のため英訳が付けられたもっとも鮮明な構造図で概要がよく分かる。日付は昭和20年1月18日となっている。注目すべきは左下にあるメモ書きである。何かの打ち合わせの時のものらしく、原紙の上に直接書かれている。萱場製作所は〈カ号〉を5つのタイプに分類していたようで、このメモに従えばこの図面は練習機仕様ということになる。かすれていて完全には読みとれないので本文ではこのことに触れなかった。

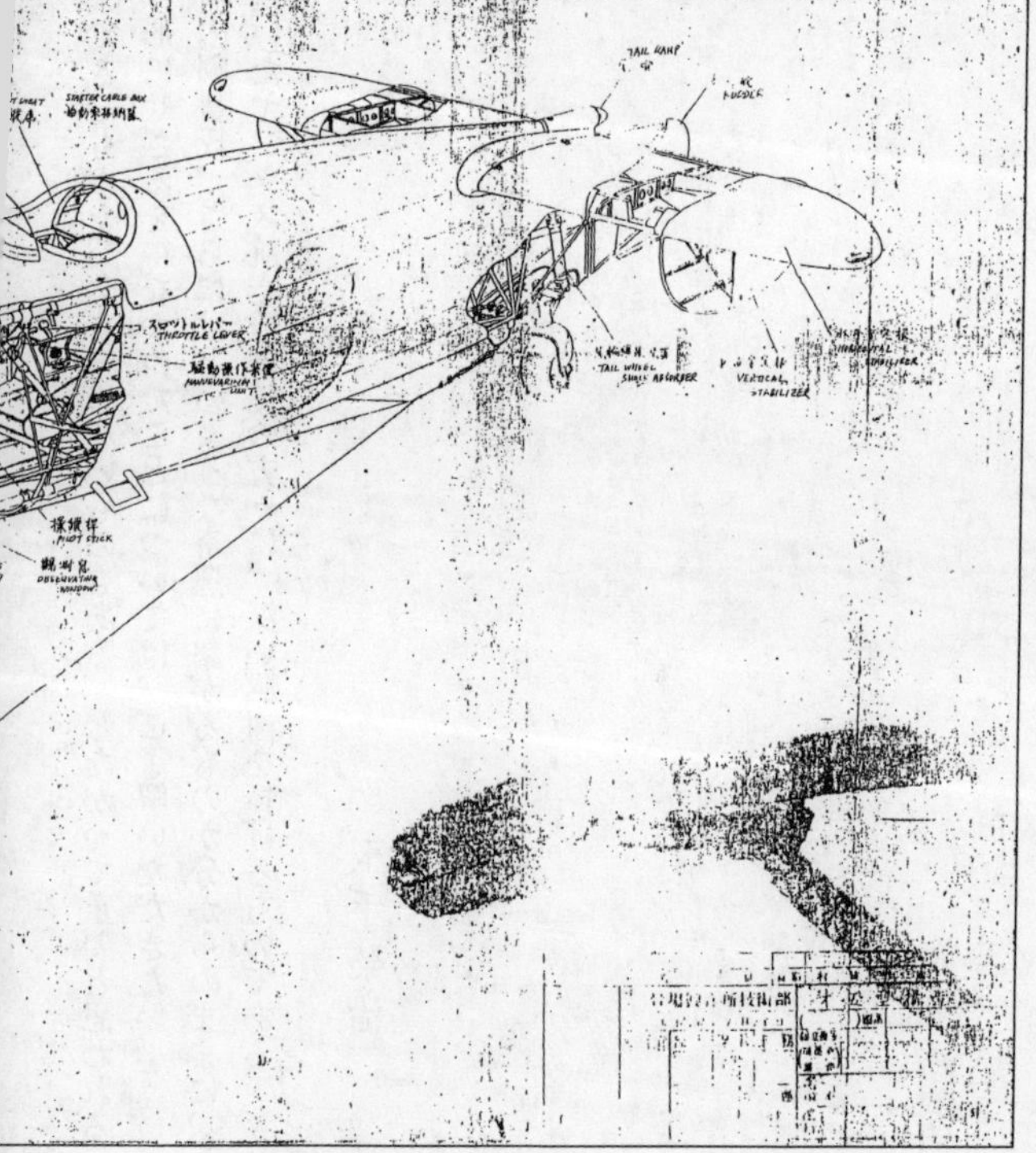

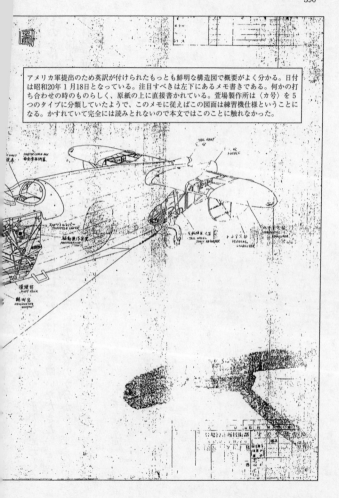

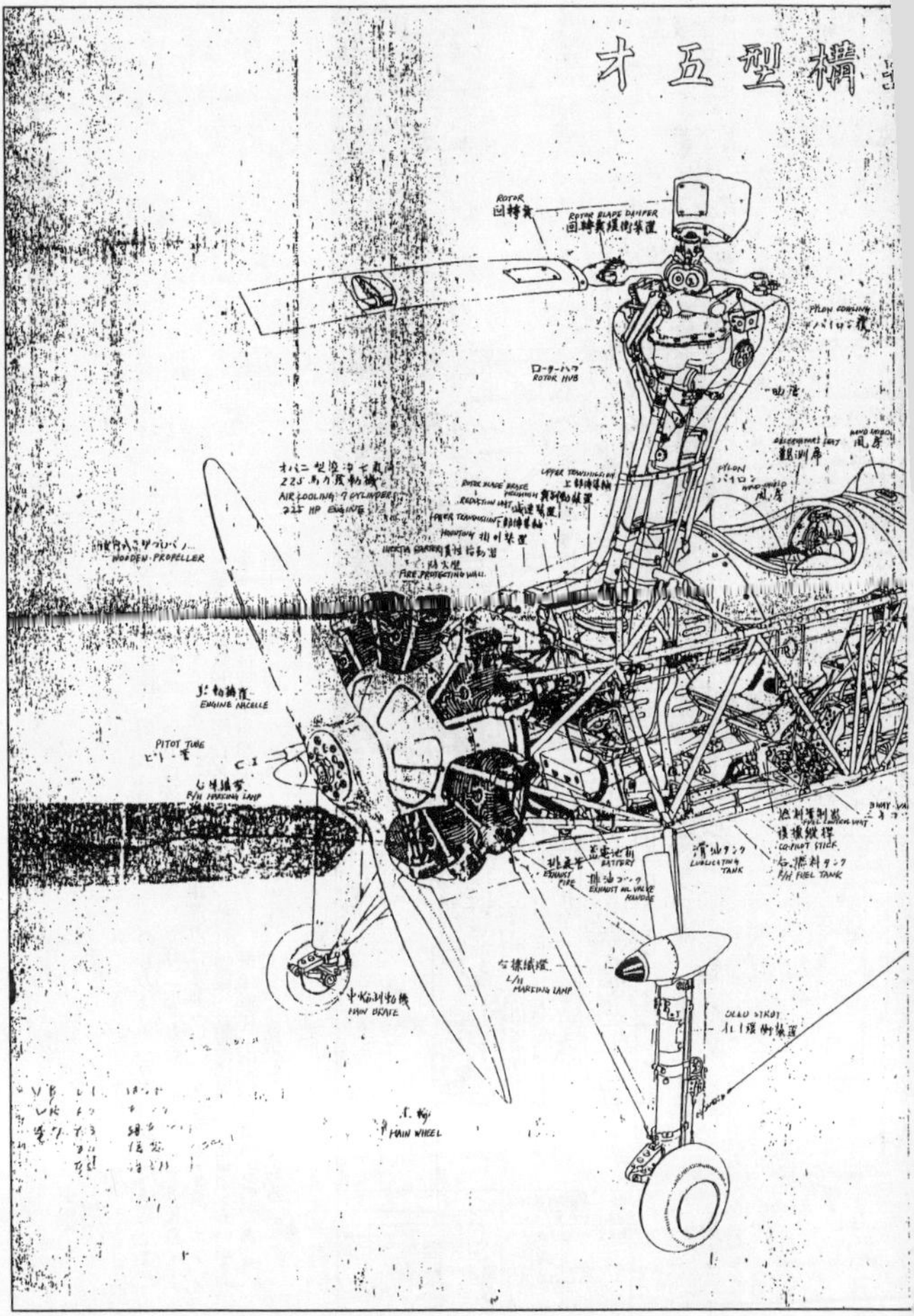
オ五型構
ROTOR
ROTOR BLADE DAMPER
ROTOR HUB
PYLON
WOODEN PROPELLER
225 HP ENGINE
FIRE PROTECTING WALL
ENGINE NACELLE
PITOT TUBE
BATTERY
LUBRICATING TANK
CO-PILOT STICK
EXHAUST PIPE
MARKING LAMP
MAIN BRAKE
MAIN WHEEL

〈カ号二型〉三面図

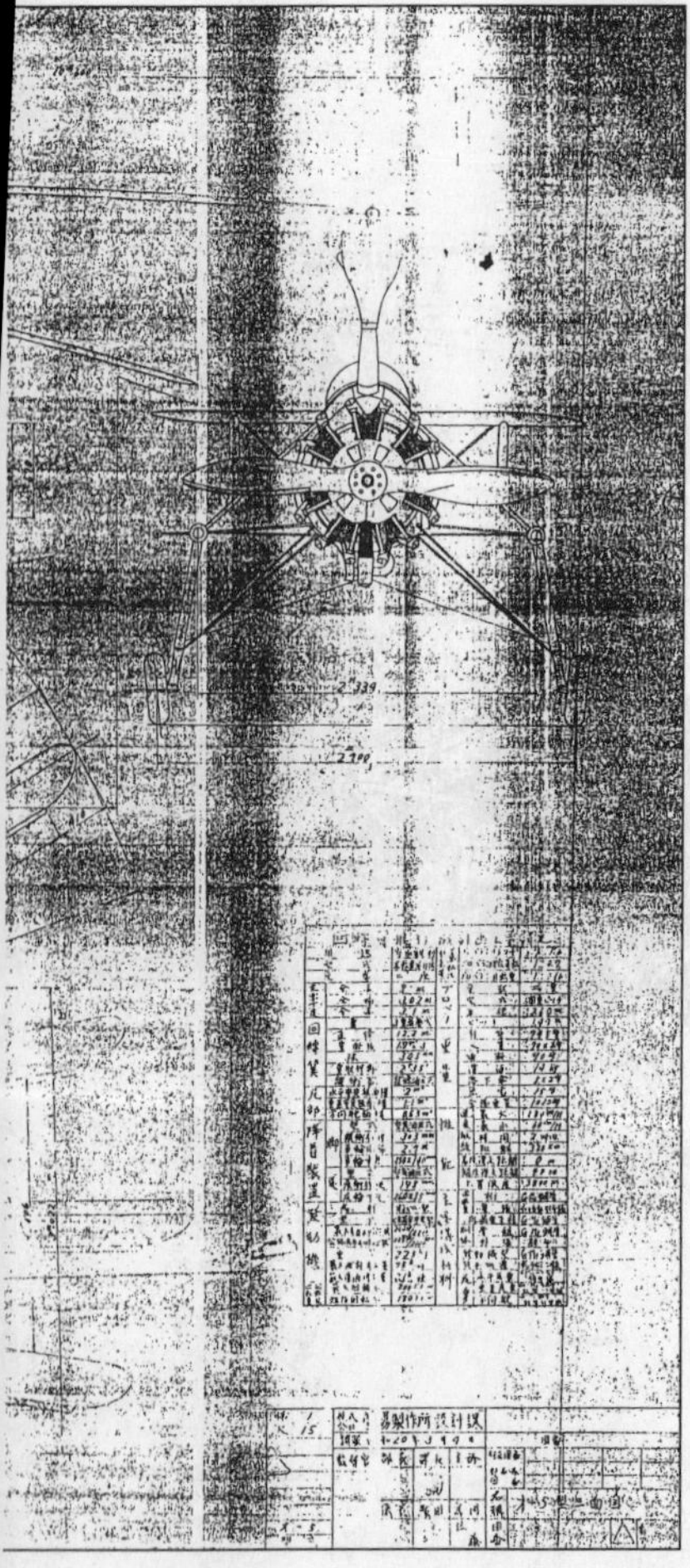

〈カ号〉の外観図に関して信頼できる唯一のものは、この図面以外には見たことがない。一型については皆無である。〈カ号二型〉となって〈ケレットKD－1A〉とそっくりになってしまった。相違点は木製プロペラであること、エンジン補機の排熱孔、燃料タンクの外見、尾灯増設、垂直尾翼の面積増ぐらいであろうか。日付は昭和20年3月4日とあり、機体形状が定形化頃のものである。右下の性能諸元はつぶれて読めないが次ページに英訳したものがある。

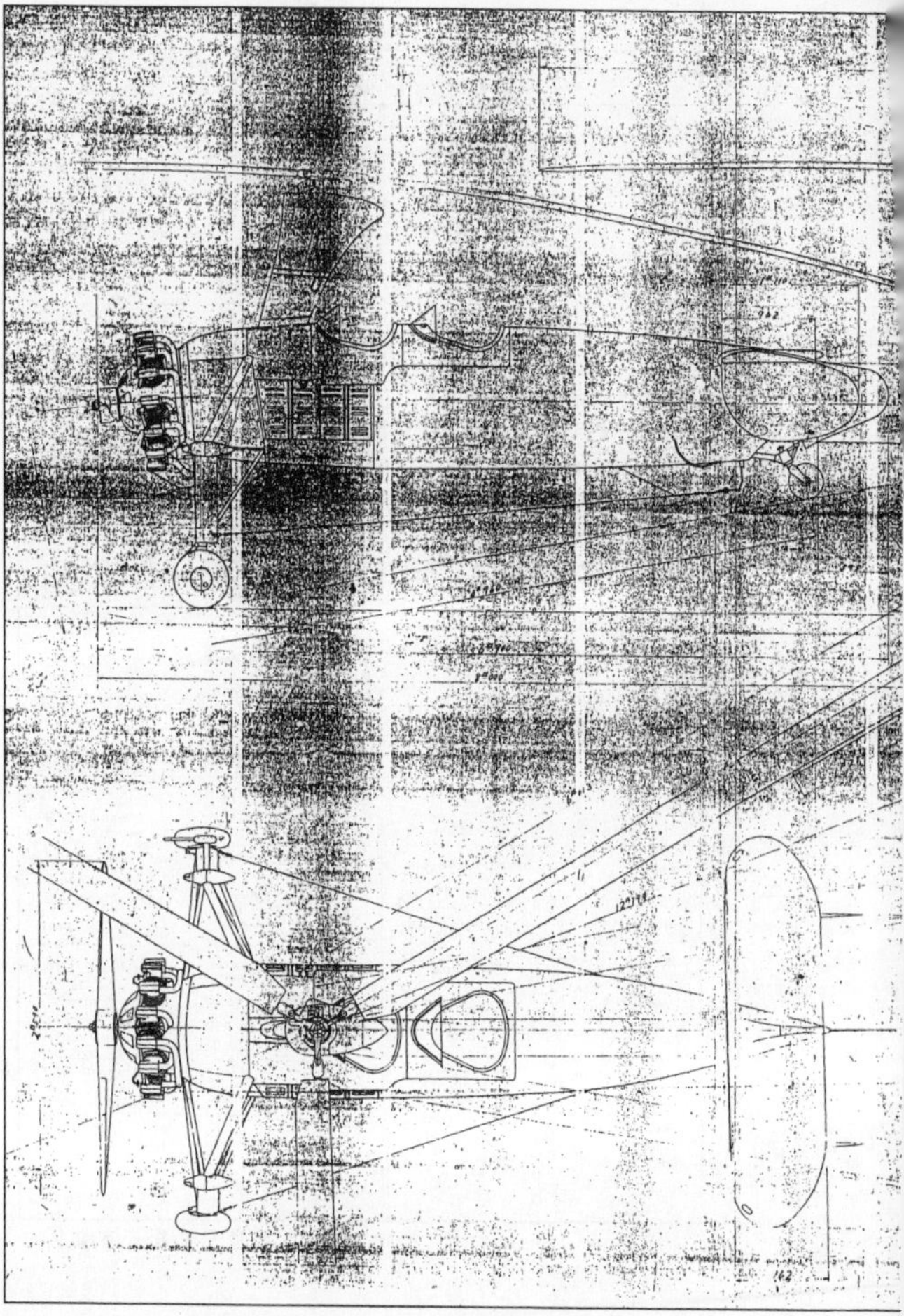

カヤバ	MAIN PARTICULARS	整理番号	
		昭和	年 月 日

Section	Item	Value
	PURPOSE	OBSERVATION
	TYPE	AUTOGIRO
	NO. OF SEAT	2
DIMENSION	LENGTH	8 m
	WIDTH	3.02 m
	HEIGHT	3.1 m
ROTOR BLADE	ROTOR	3ROTOR FOLDING
	DIA	12.2 m
	ROTOR AREA	$1.7 m^2 \times 3$
	CORD LENGTH	305 mm
	ATTACHING ANGLE OF ROTOR	2°35′
	TYPE OF DAMPER	SPRING AND HYDRAULIC
TAIL	AREA OF HORIZONTAL STAB.	$2 m^2$
	AREA OF VERTICAL STAB.	$1.1 m^2$
	AREA OF RUDDER	$0.53 m^2$
LANDING GEAR UNITS — MAIN	TYPE	HYDRO-PNEUMATIC
	OLEO STROKE	303 mm
	WHEEL DISTANCE	2.9 m
	WHEEL SIZE	450 × 140 mm
LANDING GEAR UNITS — TAIL	TYPE	HYDRO-PNEUMATIC
	OLEO STROKE	178 mm
	WHEEL SIZE	260 × 85 mm
ENGINE	NAME	MODEL O-HA-NI
	TYPE	7 CYLINDERS AIR COOL STAR TYPE
	MAX. HORCEPOWER & RPM	240 HP/2200 RPM
	RATING HORSEPOWER & RPM	225 HP/2000 RPM
	WEIGHT	225 kg
	MAX. FUEL CONSUMPTION	75 ℓ/HR
	MAX. LUBLICATING OIL CONSUMPTION	2.1 ℓ/HR
ROTOR	MAX. RPM	200 RPM
	TAKE-OFF RPM	180 RPM

Section	Item	Value
REDUCTION RATIO	PROPELLER : CLUTCH	1 : 1.6
	〃 : TRANSMISSION SHAFT	1 : 0.7
	〃 : ROTATING BLADE	1 : 0.16
PROPELLER	TYPE	CONSTANT PITCH TWO BLADE
	DIA	2.60 m
	PITCH DIA	1.49 m
WEIGHT	WEIGHT	745 kg
	CREW WT.	70 × 2 kg
	FUEL WT.	90 kg
	LUBLICATING OIL WT	14 kg
	PARACHUTE WT	8 × 2 kg
	WIRELESS TELEGRAPHY WT	15 kg
	TOTAL WT	1020 kg
PERFORMANCE — SPEED	MAX	180 km/h
	MIN	60 km/h
PERFORMANCE — RANGE	HOUR	2 HOURS
	DISTANCE	320 km
PERFORMANCE	LANDING DISTANCE	0 m
	TAKE-OFF DISTANCE	70 m
	MAX. CEILING HEIGHT	3500 m
MAIN MATERIAL — BLADE	BEAM	Cr-Mo STEEL PIPE
	BLADE FOIL	VENEER BOARD & DOPED CLOTH
MAIN MATERIAL	ROTOR BLADE STRUT	Cr-Mo STEEL PIPE
MAIN MATERIAL — BODY	FRAME	Cr-Mo ST. PIPE
	APPEARANCE	DOOPED CLOTH
MAIN MATERIAL	ENGINE RACK	Cr-Mo ST. PIPE
	ENGINE COWLING	AL. ALLOY SHEET
	HORIZONTAL TAIL	SPROOTH BEAM & DOOPED CLOTH
	VERTICAL TAIL	Cr-Mo STEEL PIPE & CLOTH
	RUDDER	SAME AS. VERTICAL

承認
照査
担当
製作

49-1 12,000(K)

萱場工業株式会社

〈構造図版〉

図－１～６は〈カ号一型〉のもので整備教育の教材に使用された。山中茂氏の記憶によると、千賀四郎大尉が早稲田の勤労学生を指導しながら描かせたという。原図はトレーシングペーパーに描かれ、乾式複写によって配付されたもので印刷物ではない。対象者が少人数だったため、その必要がなかったのであろう。解説文らしきものは最初から無かったようで、全て口頭によったと思われる。

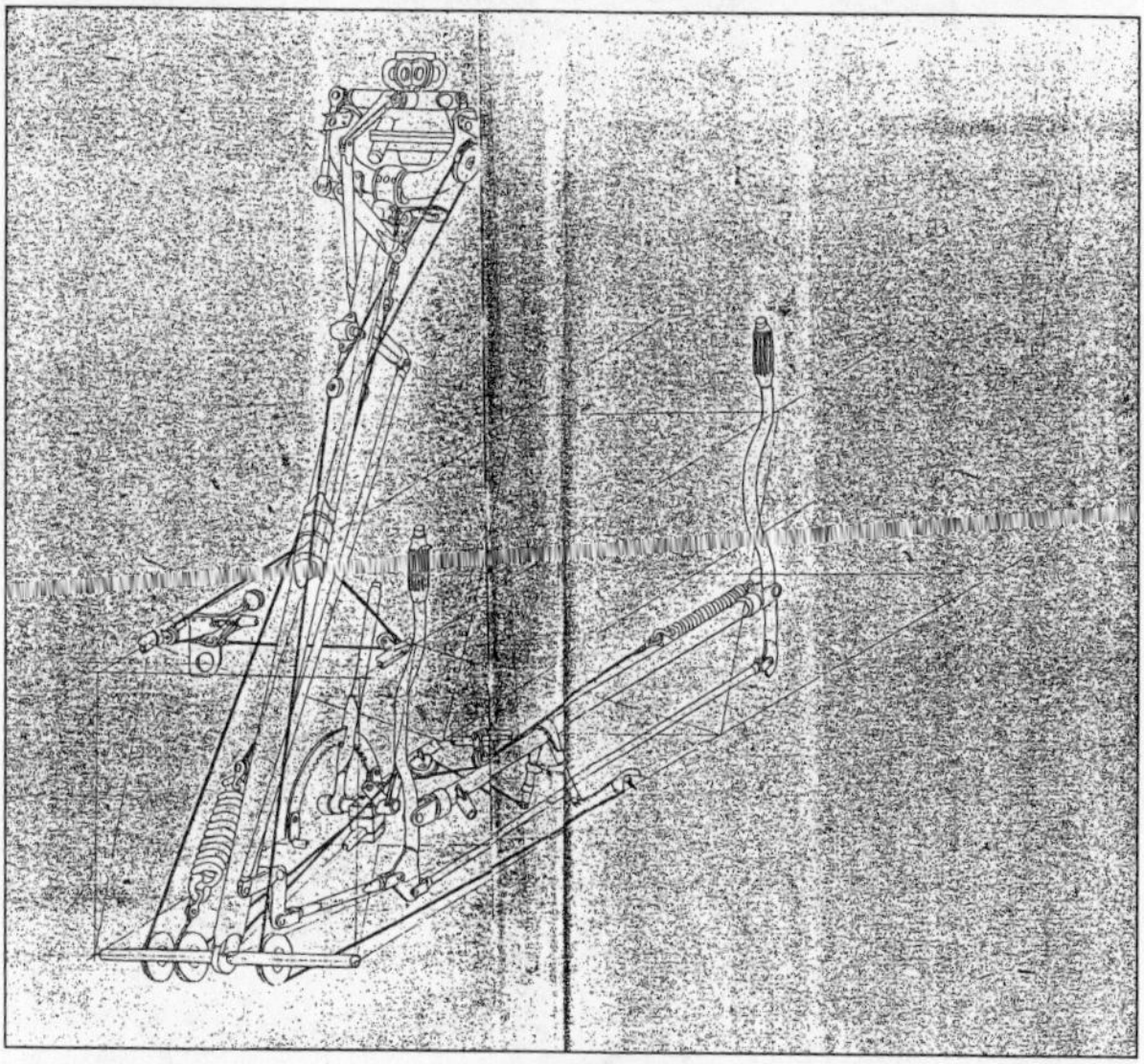

図－１　操縦系統図

縦方向は槓桿、横方向はワイヤーにより制御する構造であることが分かる。前席右側床のノッチ付きハンドルは昇降修正装置、その前上方のノブ状のものは方向修正装置と呼ばれるもので、固定翼機におけるトリムタブのようなものである。

性能諸元

（右ページ）

これは〈カ号二型〉のものである。詳細に見てゆくと老津飛行場における〈オ五〇四〇号〉の性能試験結果と若干違う点がある。別資料が存在したのかどうか不明である。今までに発表されなかった項目もあり、参考価値は充分にある。本文中、記録以外に性能諸元を書かなかったのは、確実な資料が無かったからである。

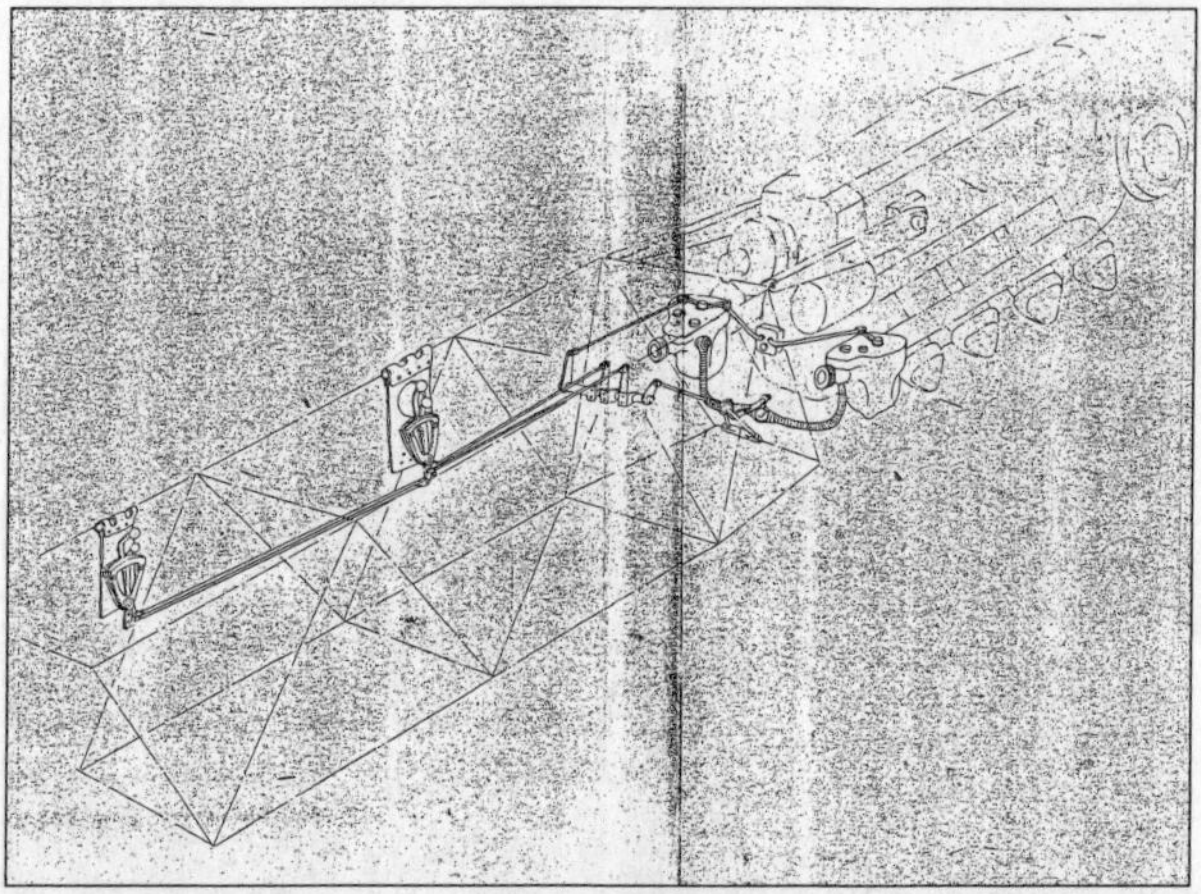

図－2　スロットル系統図

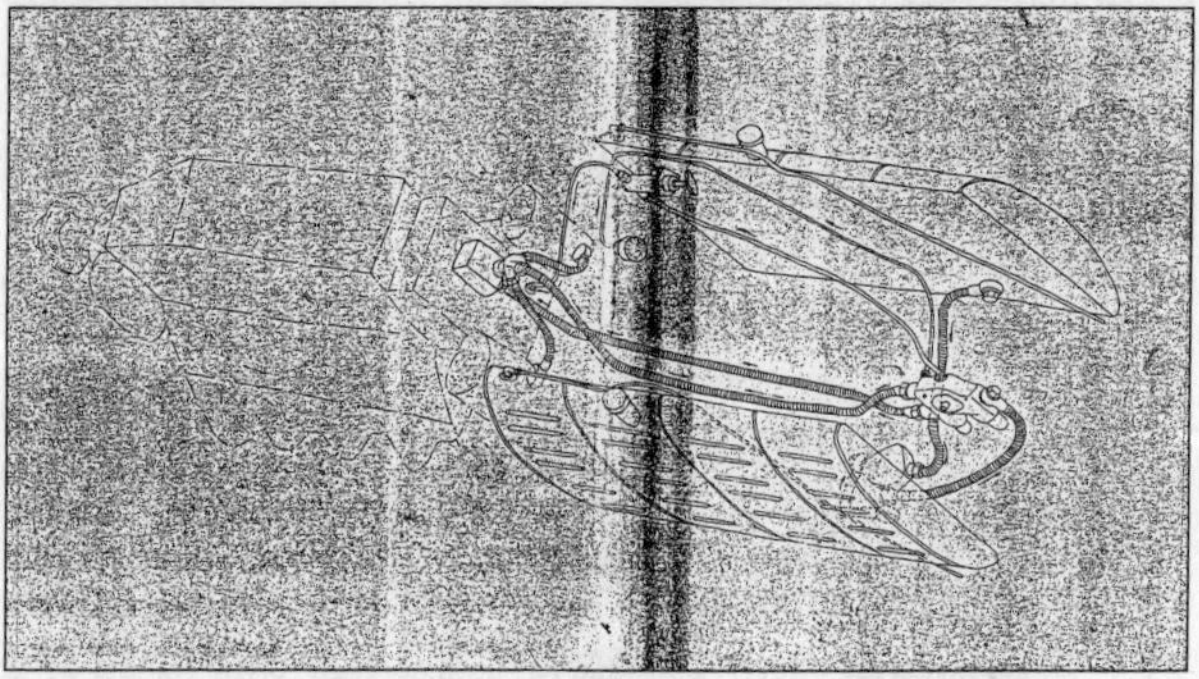

図－3　燃料系統図

＊図－2～4は一般航空機の構造と特に変わったところは無い。

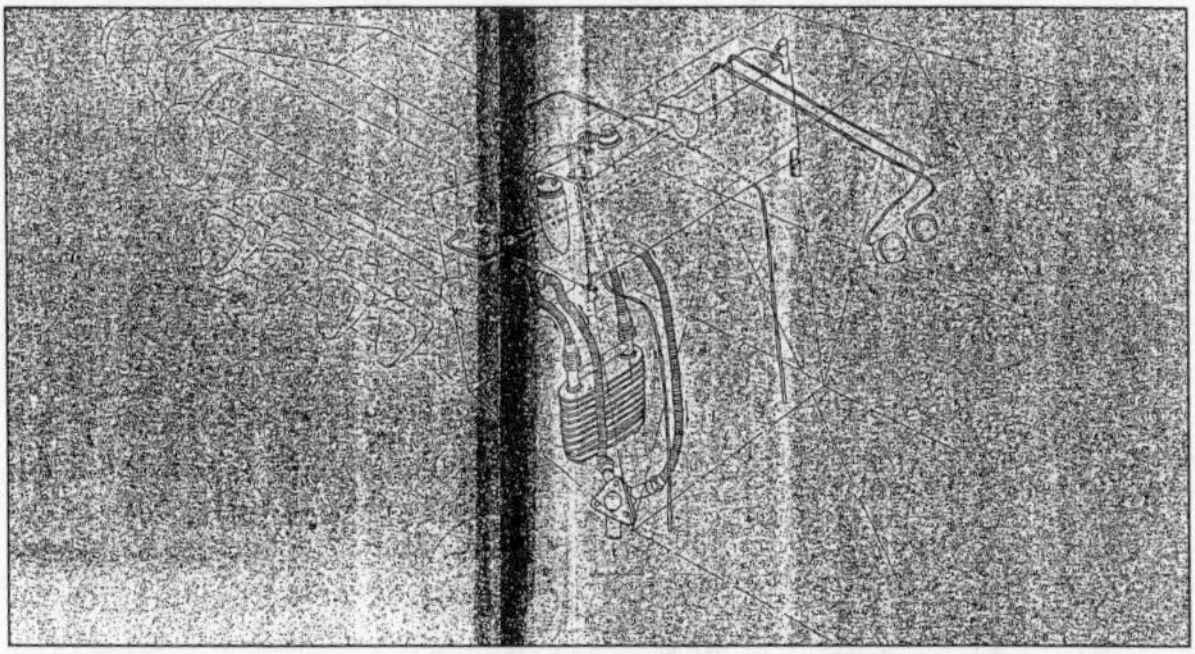

図－4　滑油系統図

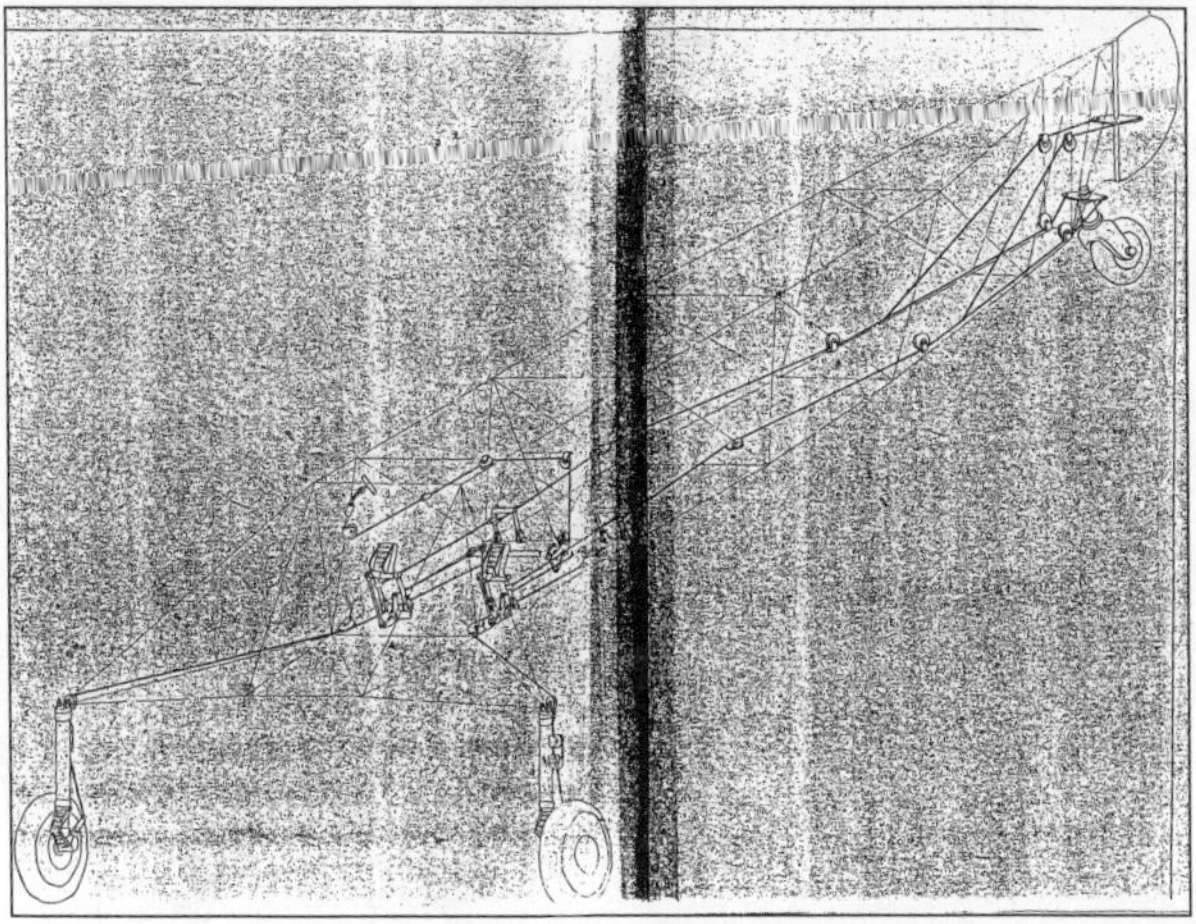

図－5　方向操舵およびブレーキ系統図

特別な構造ではないが主脚ブレーキを有し、方向操が尾輪と連動している事により、地上における取りまわしは軽快であった。

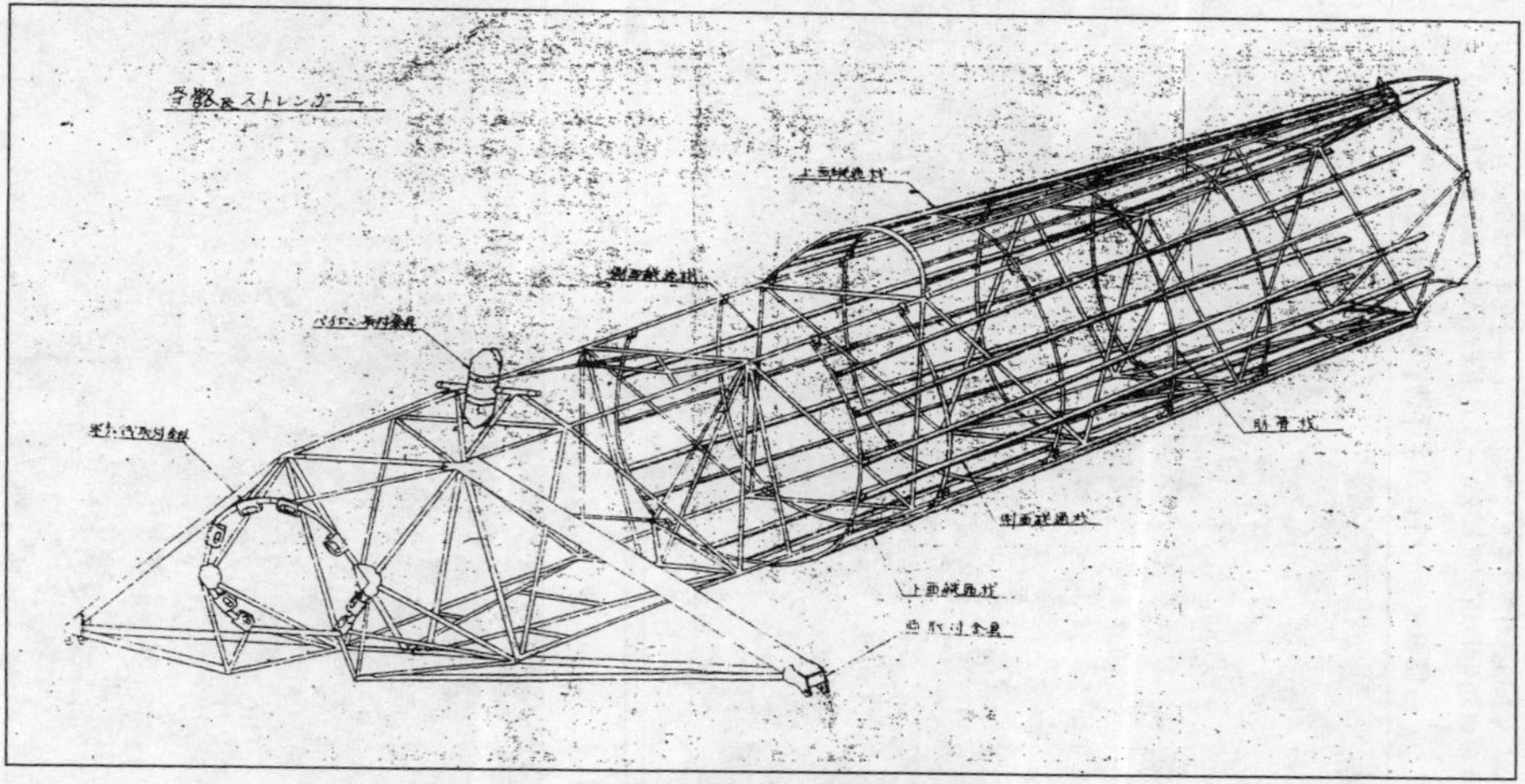

図－6〈カ号二型〉骨格構造図

〈カ号〉一型、二型ともエンジンマウント部を除けば基本構造に変化はない。全てスチール製であった。

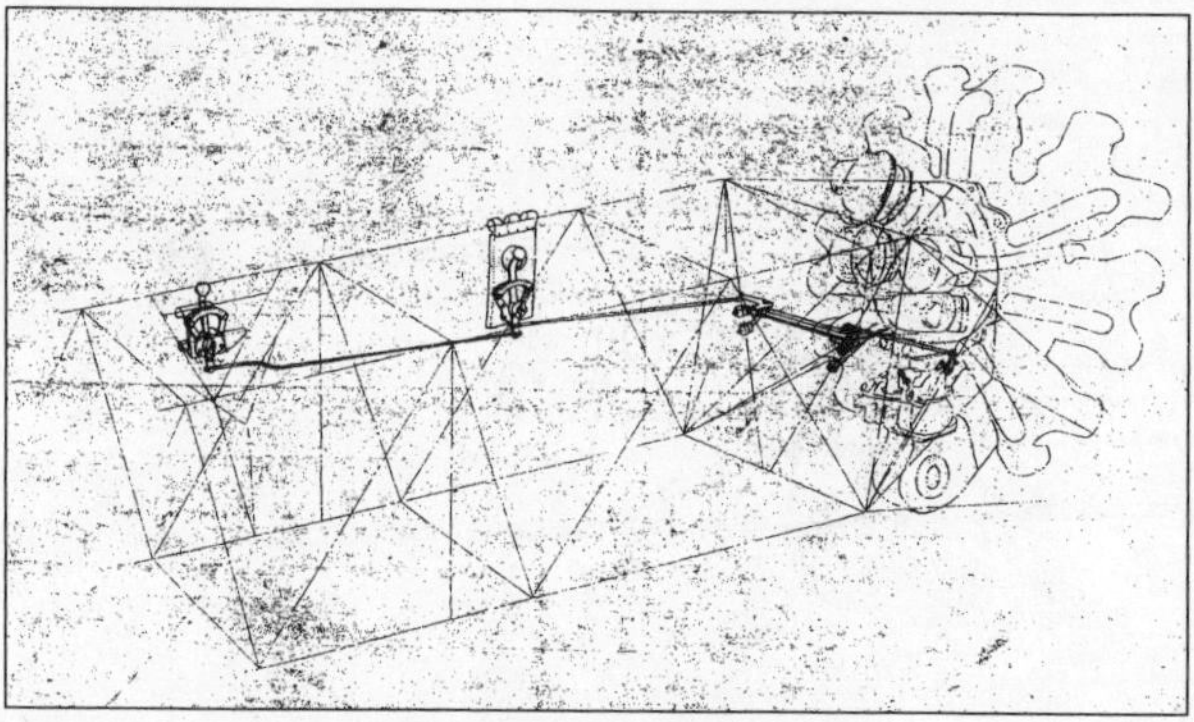

図－7　スロットル系統図

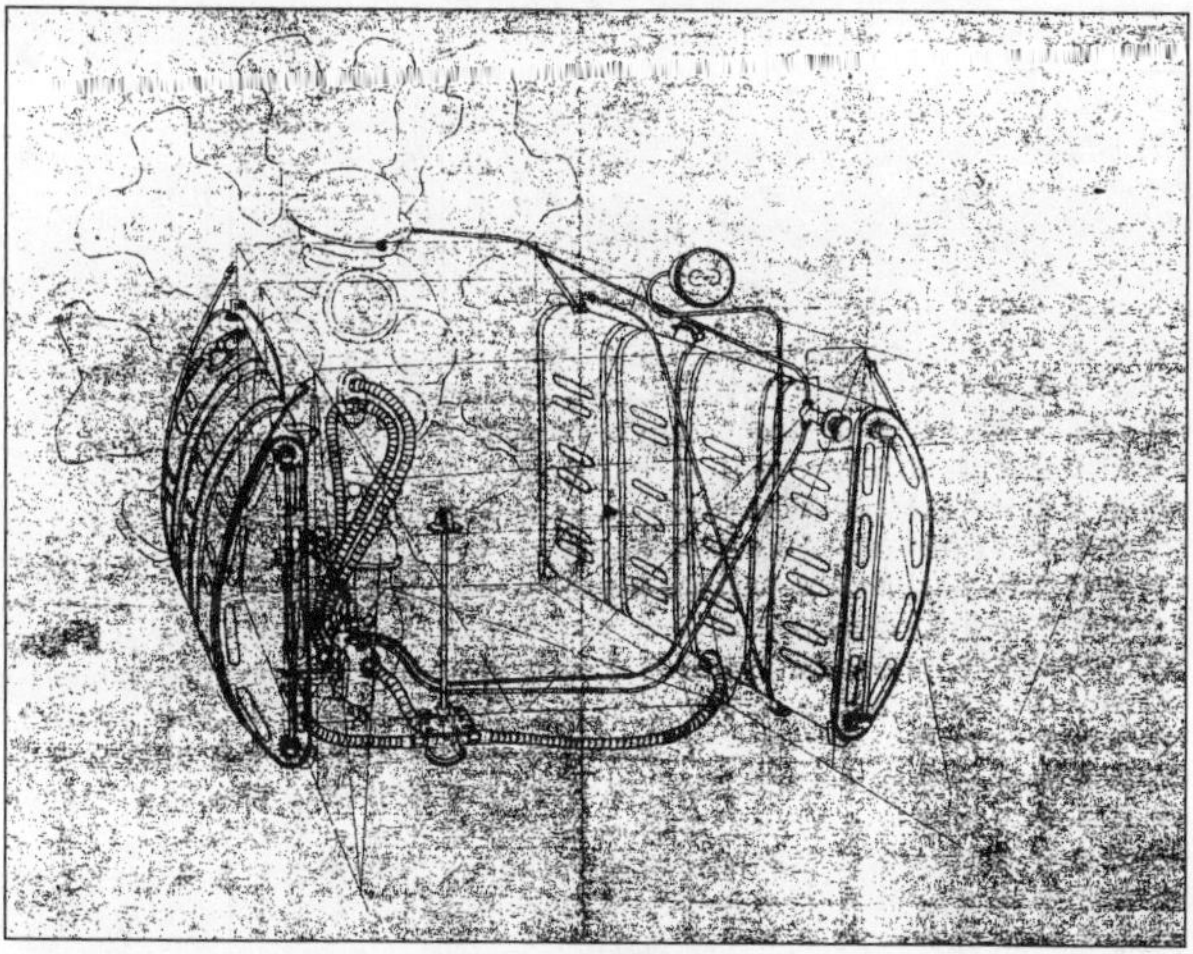

図－8　燃料系統図

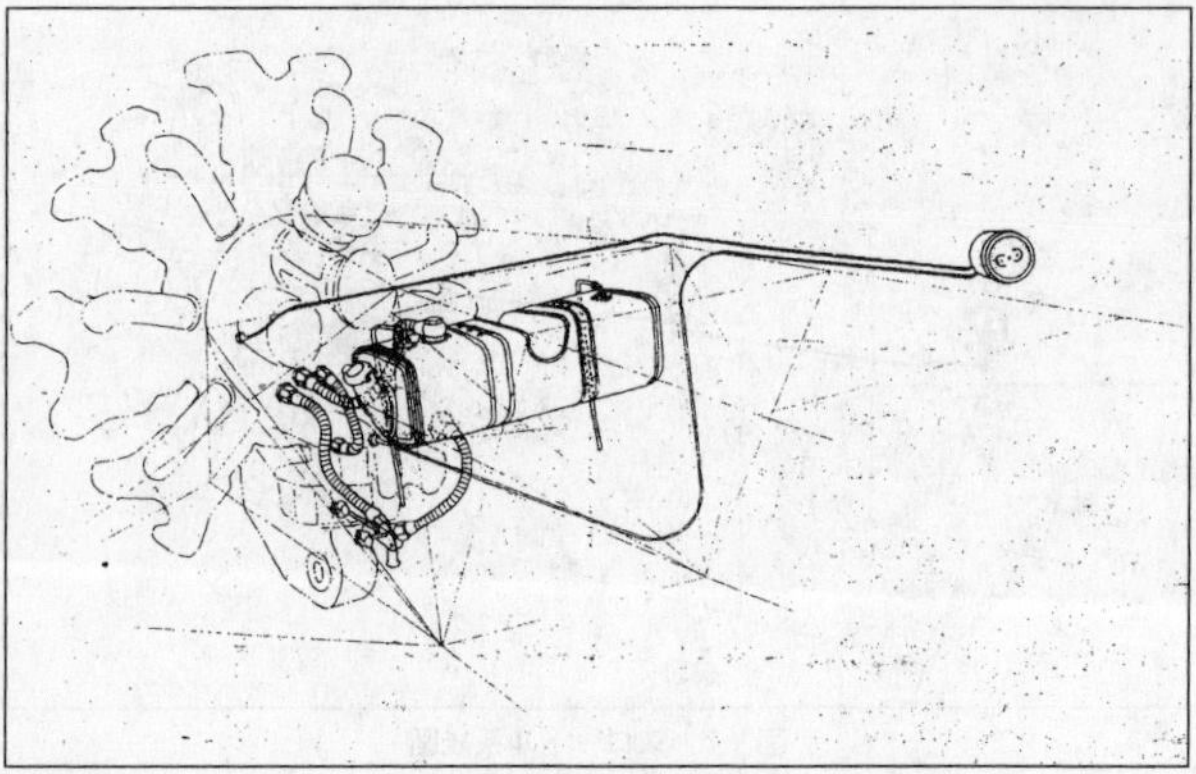

図－9　滑油系統図

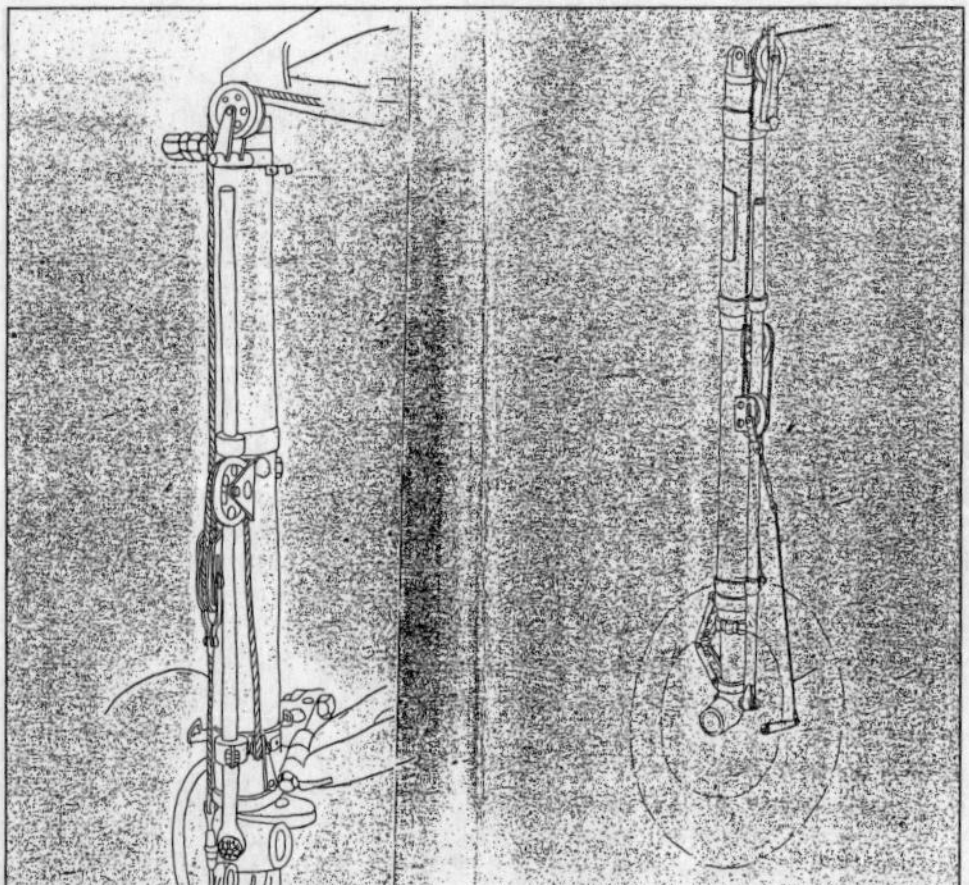

図－10　主脚構造図

ブレーキが油圧式でないのは高速走行を必要としないためである。ただし原型機は油圧式であった。

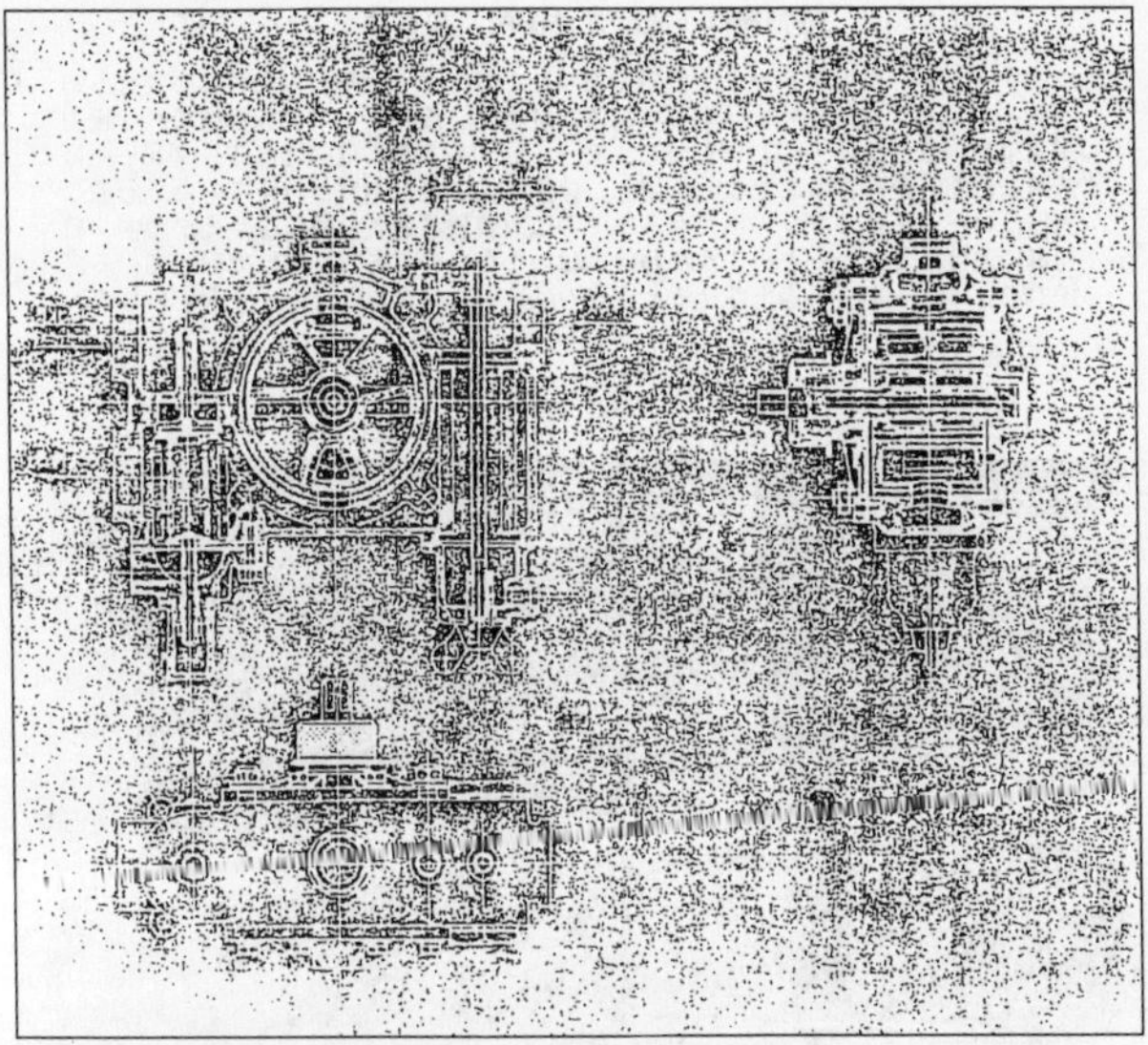

図－11　燃料管制器

このような図面も存在するが、コピー機が二世代程前のものだったらしく原寸資料でも読み取りは難しい。この図などはマシなほうで、まったく判別できないものもある。しかし、幻と言われた機体の図面であってみれば、筆者などは有り難いことだと思うし、ついつい時を忘れて読みふけってしまう。原図は鮮明なものであったろうし、見ているうちに教える側と教わる側の眼差しなどが想像されてしまうのである。原資料というものは貴重なものである。

図－12 駆動操作装置 注油箇所 ローターブレーキ部

ローターブレーキも欠かせない機構であった。ローターは飛行のために必要なものであって、それ以外の時には不要である。駐機中、風によって自転を始めれば揚力が発生し、転倒するかもしれないし、第一、周囲の人間に危険である。ブレーキは低回転になった時だましだまし使用し、停止寸前に全部引けと教えていた。急激な操作はローターからブレーキに至るまでの伝導装置に過重な負荷を与えかねず、自動車における急ブレーキのようなわけにはいかないのである。慣性で回っている直径 12.2m のローターを停止させるというのはそのようなことなのかと教えられる。

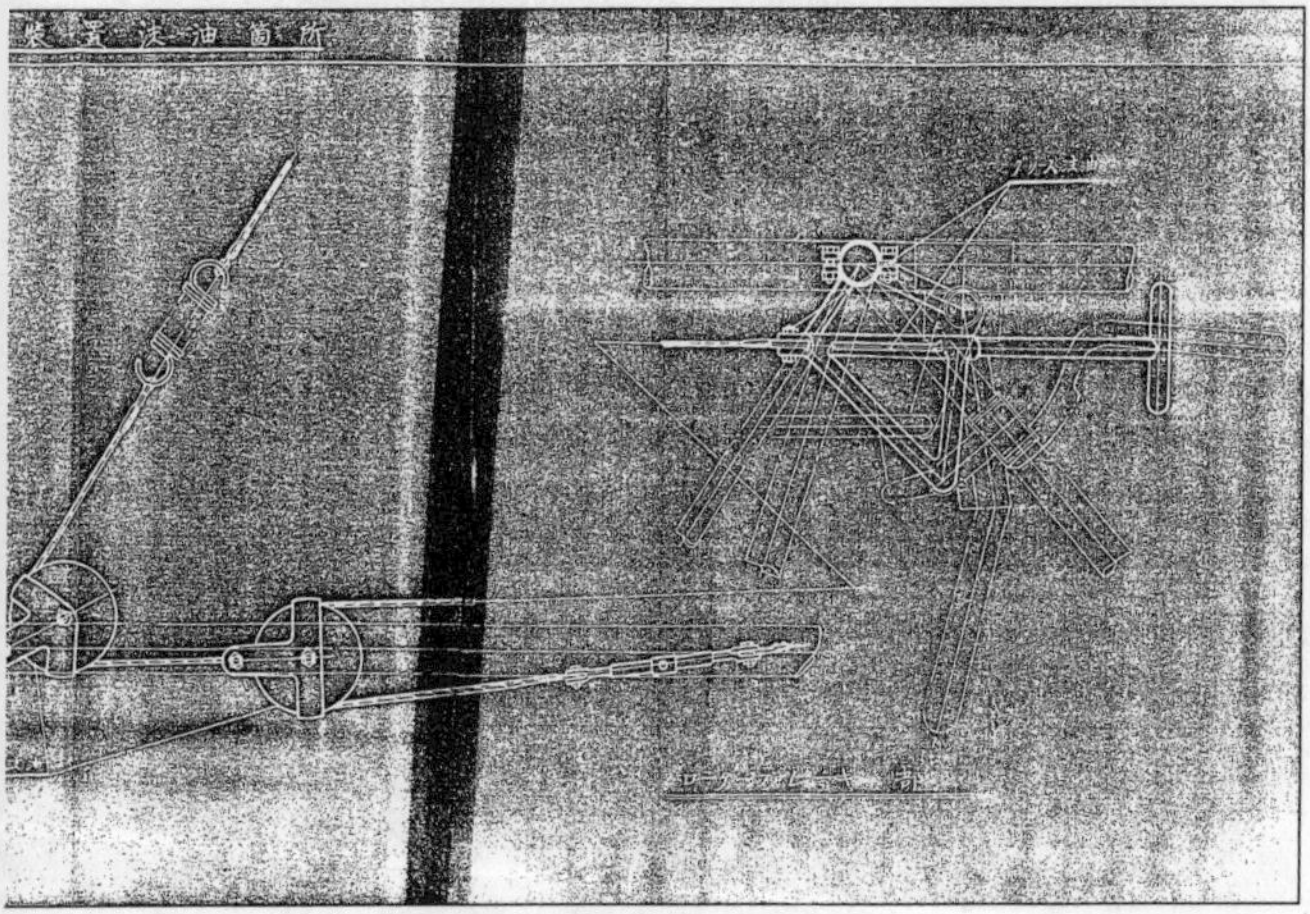

図－13　駆動操作装置　注油箇所　クラッチ部

ローターに予備回転を与えるためのオートジャイロ特有の操作機構である。部品写真と見比べながら眺めても、なかなか機能が飲み込めない。この部分は整備生徒だけではなく、操縦生徒も厳しく教え込まれたはずである。クラッチレバーを引き上げると駆動装置を介してローターが回転を始めるが、手荒く操作すると下部伝導軸に装着されたシャーピンが折れてしまう。シャーピンは一定以上の力がかかると切断することによって伝導軸を空転させ、伝導装置を保護するためのものである。切断すれば機体カバーを外して再装着しなければならない。したがって操作は慎重を要し、この機構の理解は必修のものであった。余談ながら、シャーピンの材質解明には三木、児玉両教授も大変苦労されたとのことである。

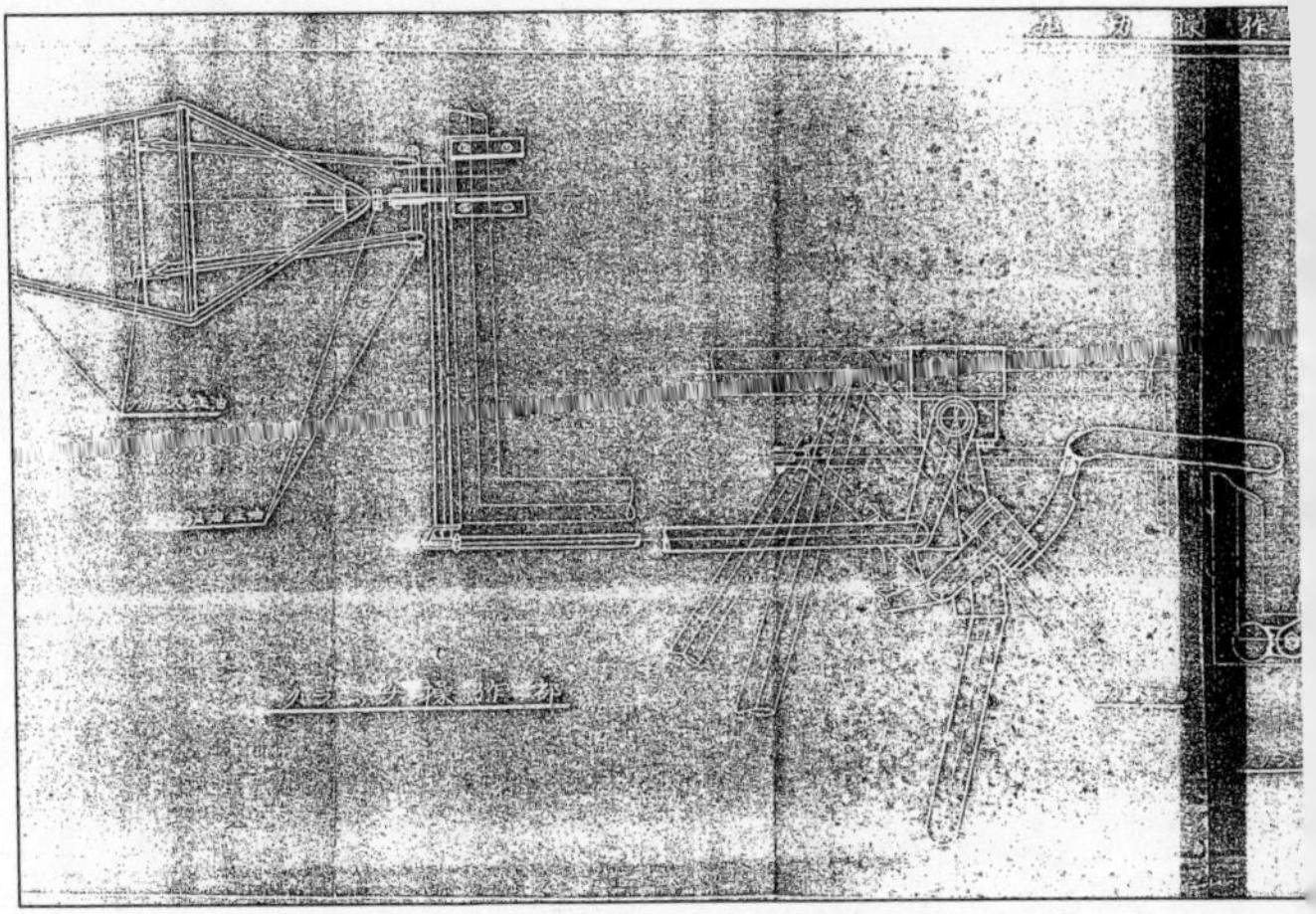

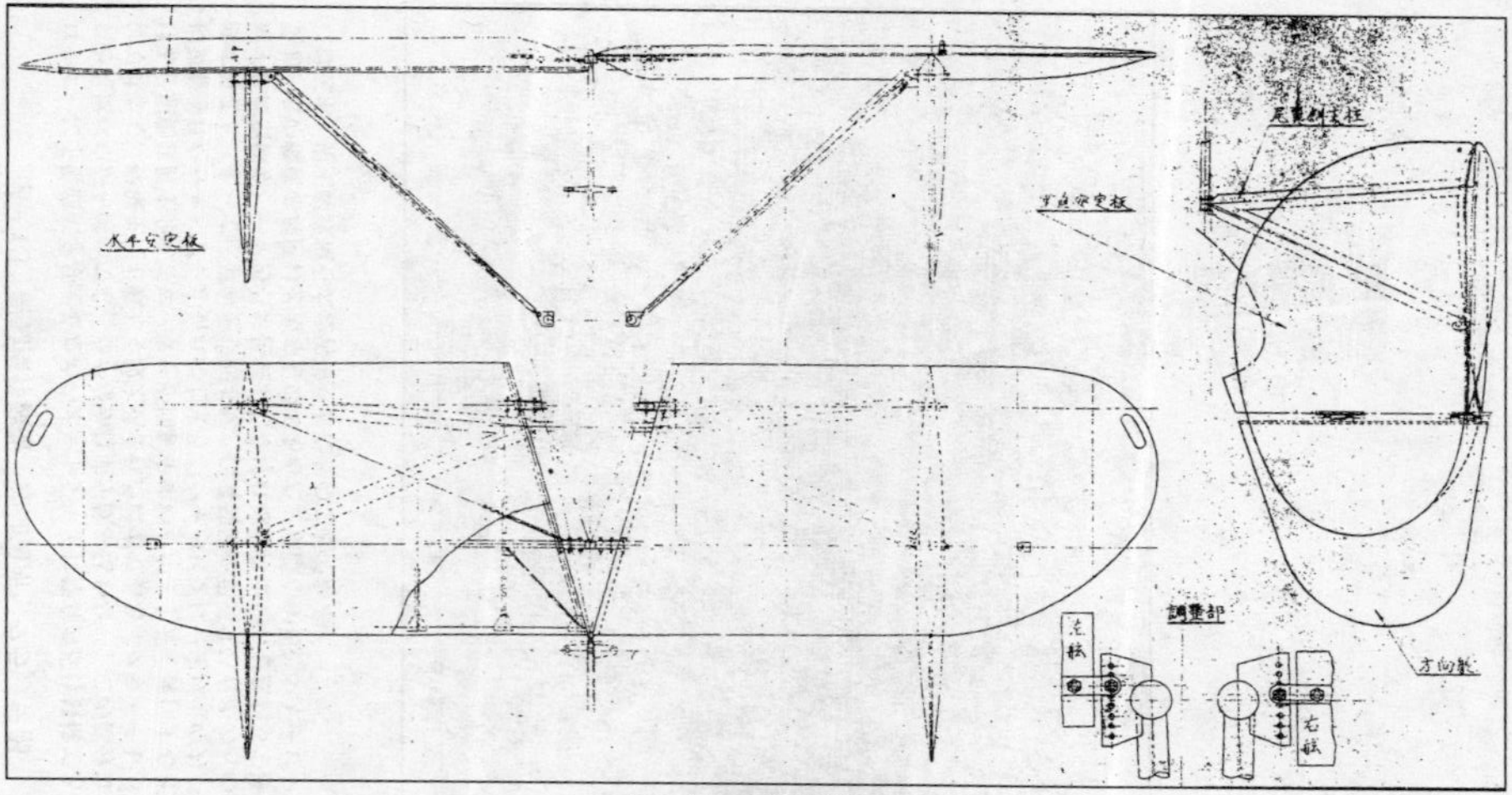

図－14　尾翼構造図

わずかに残されていた図面らしい図面である。右水平尾翼の翼型が裏返しになっていることが、これにより分かる。うるさいことを言うと、そのために垂直尾翼（図面では垂直安定板となっている）上部の形が左右では若干の違いがある。軽量化に努めながら水平尾翼構造が密なのはローターの吹き下ろしの中に位置するからである。したがって支柱を使用することも抵抗感がなかったにちがいない。ローターを折りたたんで後方へ収納する際の受け金具取付位置も描き込まれている。尾翼取付角度が調整可能であったことは、この図によりはじめて知った。

骨格組立

組立進行中の写真は細部撮影したものも含めて50カットほどあるが、治具らしいものはひとつも見つからなかった。ちょっと不思議な感じがする。

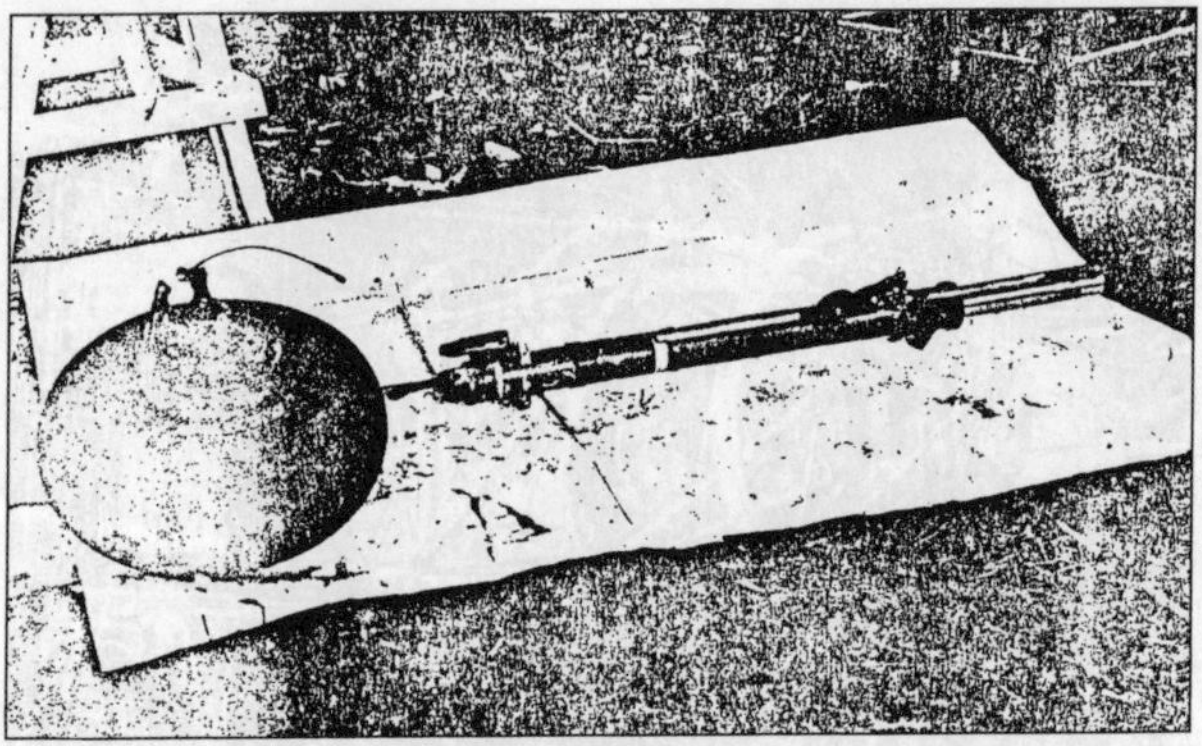

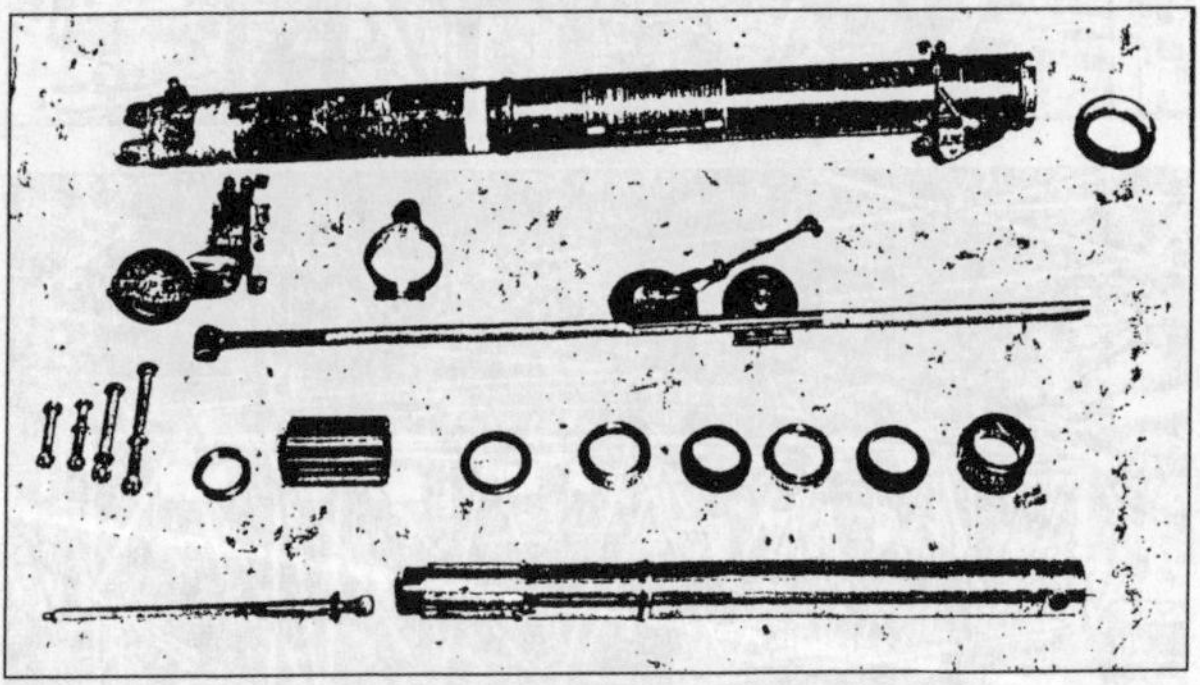

主脚

脚の全体構成は〈ケレットKD－1A〉と同様だが、オレオなどは萱場オリジナルである。萱場製作所は昭和13年、オレオの標準規格を提案して陸海軍のみならず航空各社にもそれを認めさせた経緯があった。それまでは未熟な設計を含む機種ごとの試作が持ち込まれ、生産現場が混乱をきわめていたのである。脚に関しては日本航空機産業の足を引っ張るようなことは終戦までほとんどなかった。萱場の大きな功績といっていい。〈カ号〉のオレオは標準規格ではない。緩衝行程が303ミリもあったからである。重戦闘機クラスで180ミリ、爆撃機でも200ミリぐらいであったから、その大きさが分かる。オートジャイロのSTOL性をこの一事から察することができる。

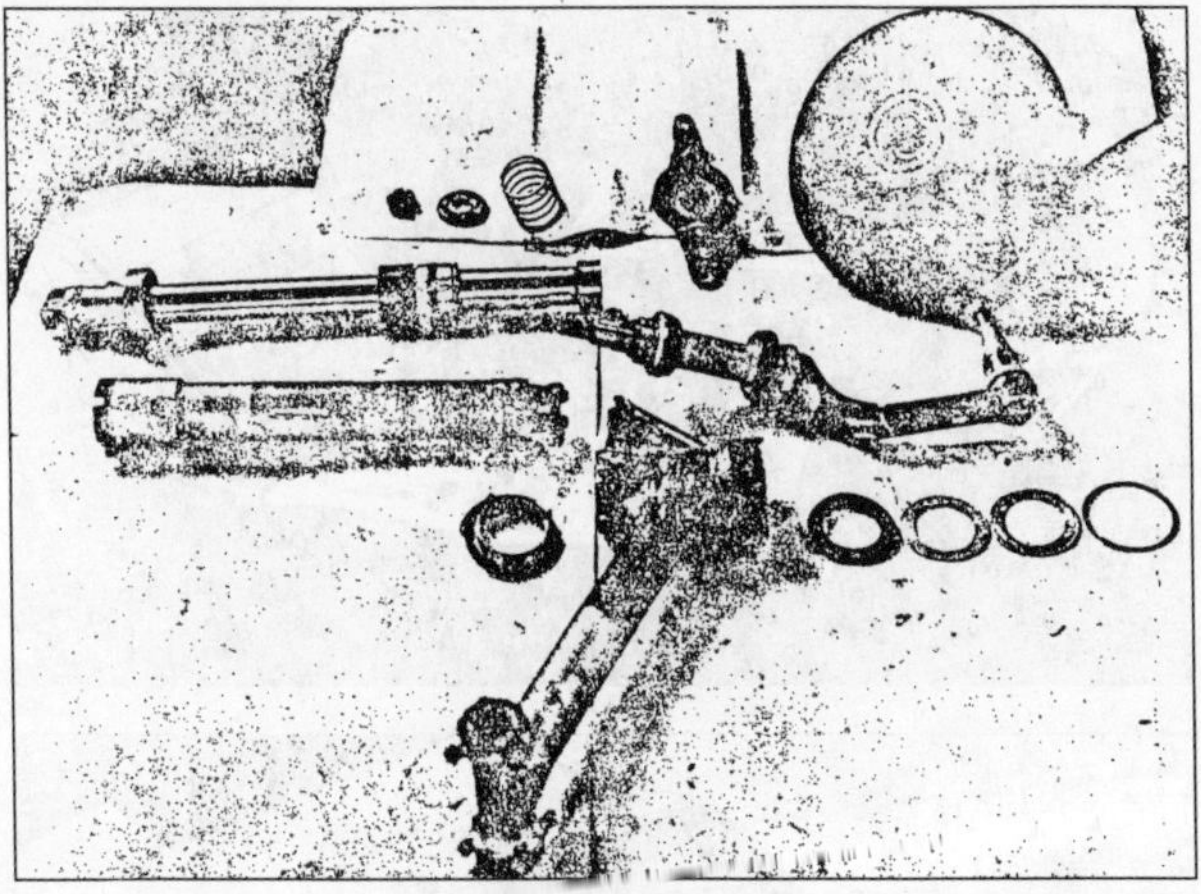

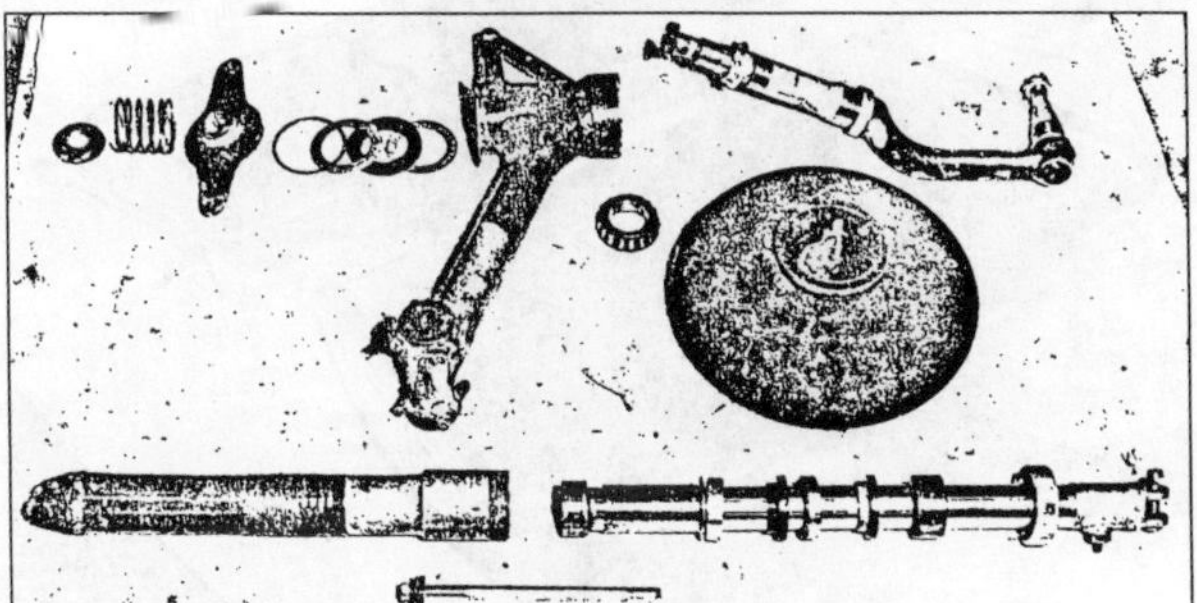

尾輪構成部品

尾輪の緩衝行程でさえ178ミリもあって、戦闘機の主脚なみである。あきつ丸における着艦試験の際、無理な操作でも降りられたのはこの脚構造にも助けられている。戦地で運用しても荒地には最も強い機種となったはずである。オレオ用パッキンも萱場の苦心の開発であり、材料検査なども厳しい会社であった。航空機用脚生産のほとんどが萱場に集中したのは、技術的に対抗できる会社が他になかったからである。

燃料タンク

尾翼、駆動装置、燃料タンクが脈絡なく写っている。タンク内は井桁状の干渉構造が作り込められていると向海男氏より教わった。どのような航空機でも燃料タンクは重心点近くに配置されるが、燃料の移動干渉に意を用いることは翼内タンクを除けばあまりない。これはオートジャイロが重心点移動に敏感だからである。

操縦席

高さ調節器の一部が見える。

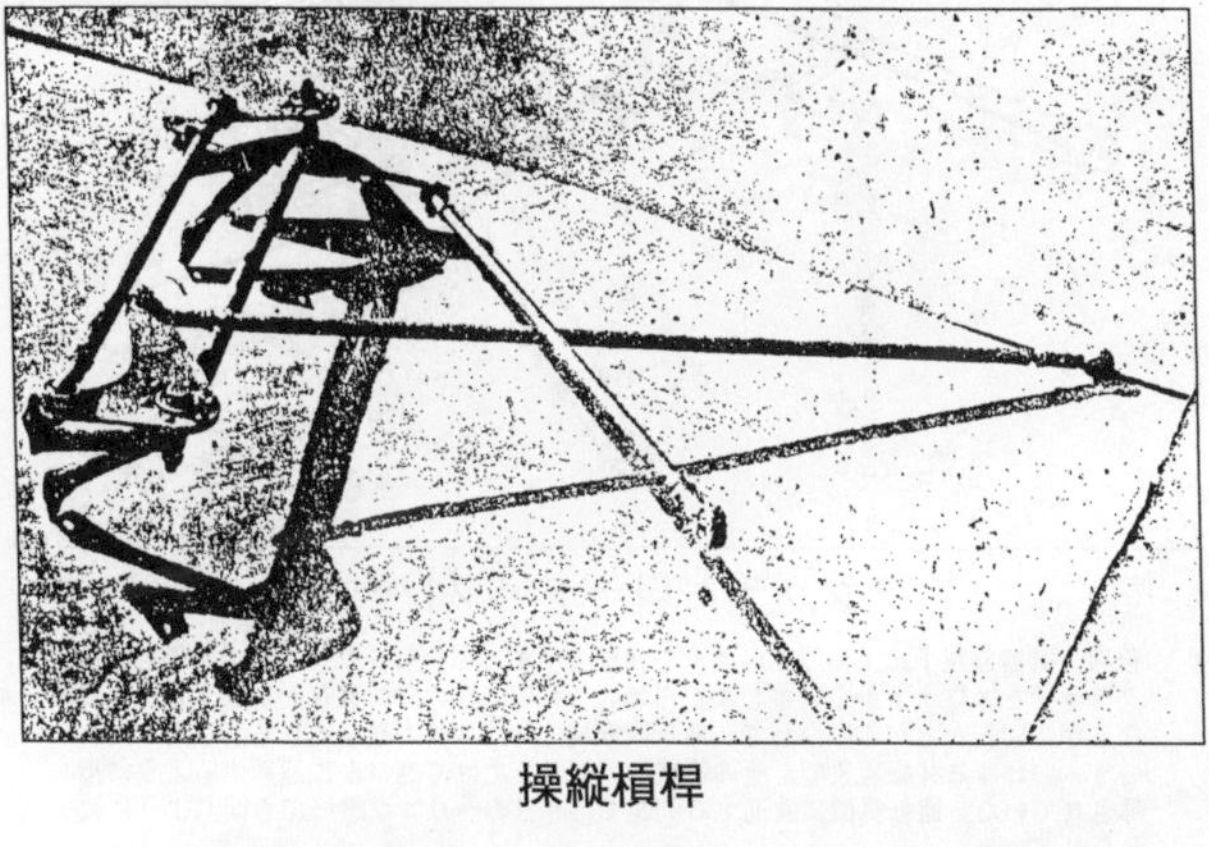

操縦槓桿

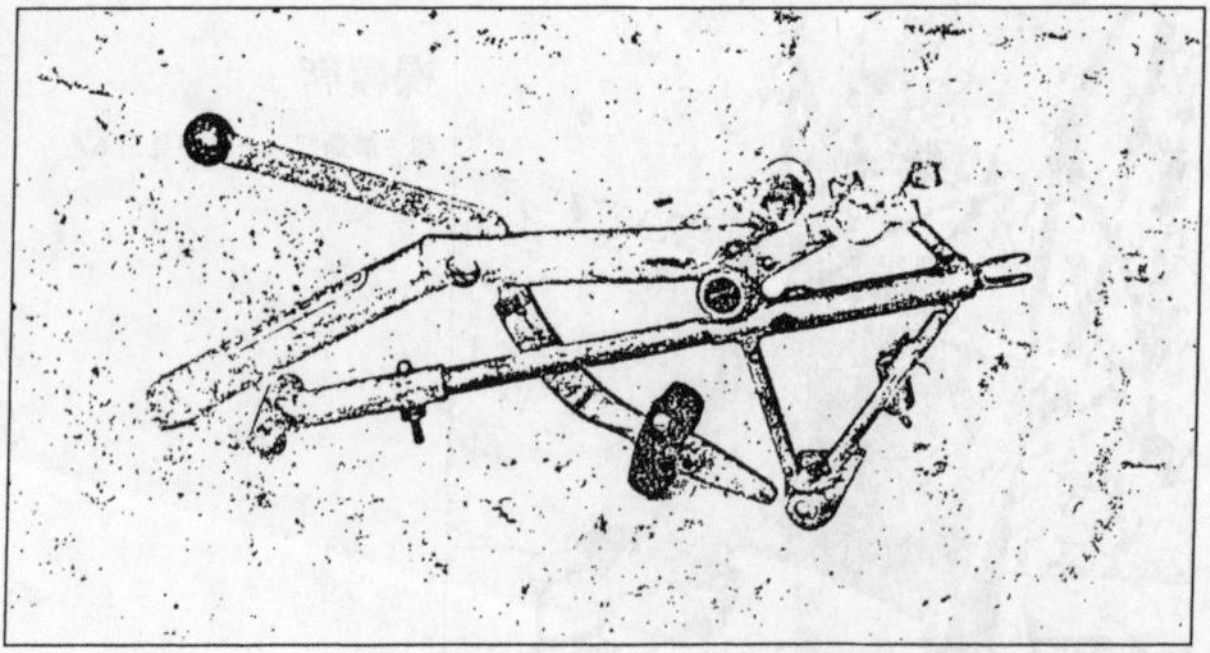

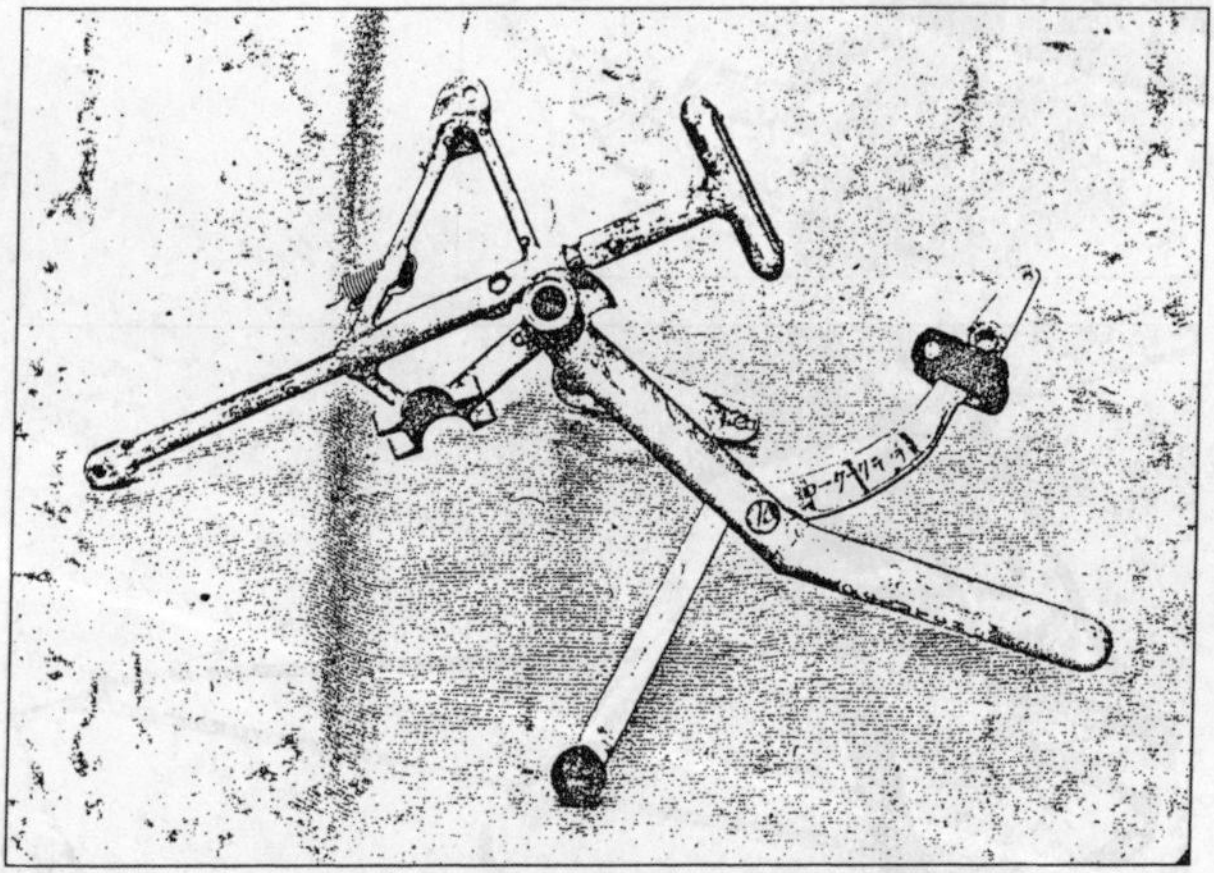

クラッチとローターブレーキ

後席、計器盤左下に上の写真のような状態で納まっている。ローターの予備回転はクラッチとスロットルを調整しながら始められる。その時、機体が振動するようになるが、回転が上がるにつれて、ある回転域で特に振動の激しくなる所があったという。いわゆる共振現象で、その領域は回転数を上げて速やかに通過するように指導されていた。回転翼機に共通する問題で、今日のヘリコプターでも同じように教えられている。

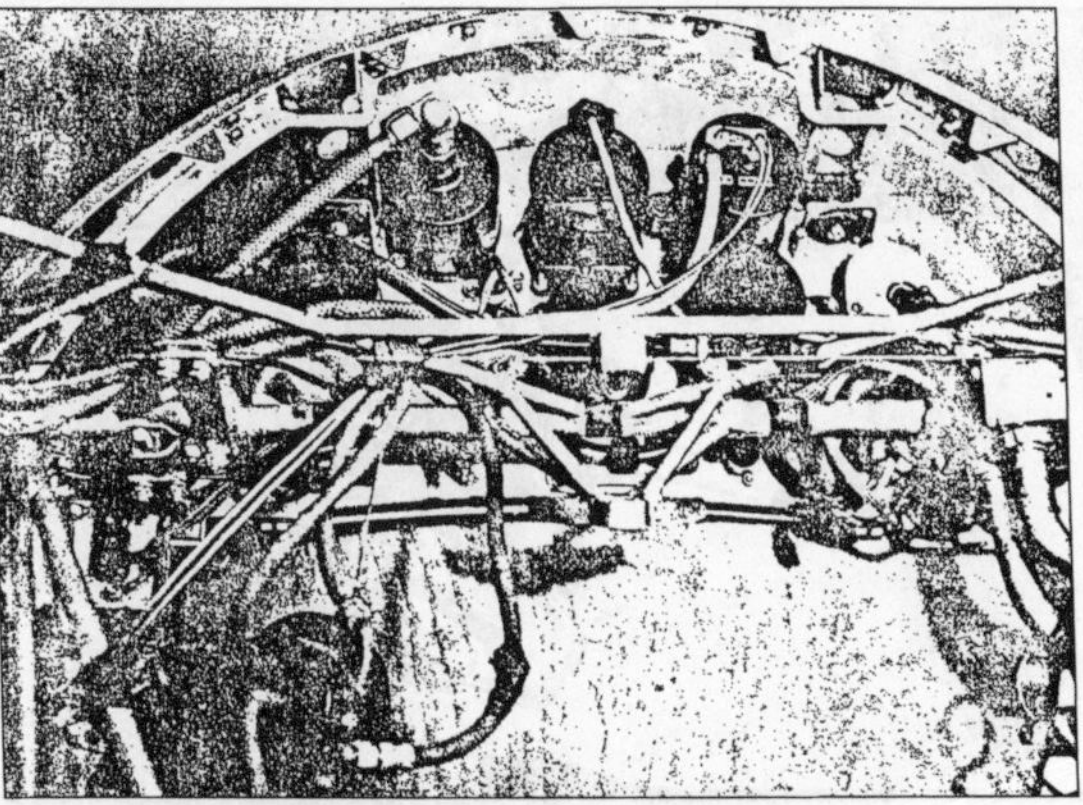

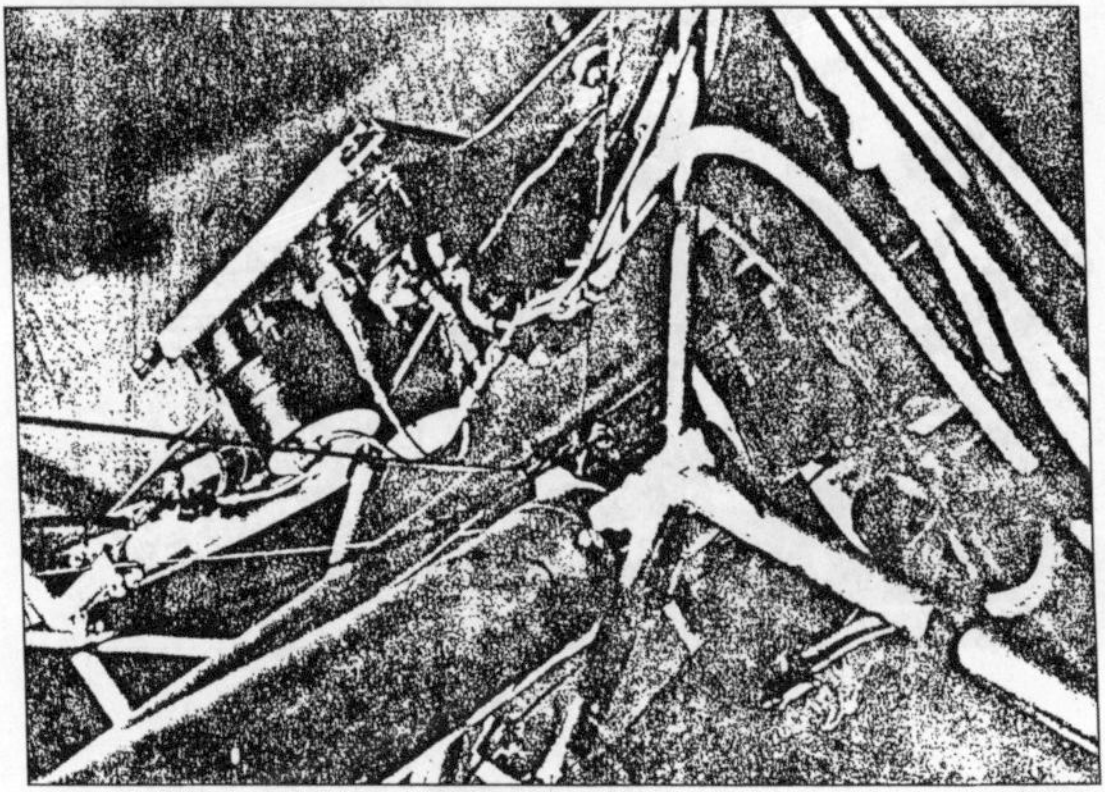

計器盤裏側

不思議なことに〈カ号〉計器盤の写真はこの資料の中には見当たらない。この写真から想像するのみである。上は操縦員席、下は偵察員席のものと思われ、この機体は観測機仕様である。なお、間違いとは言い切れないが下の写真は天地が逆のような気がする。

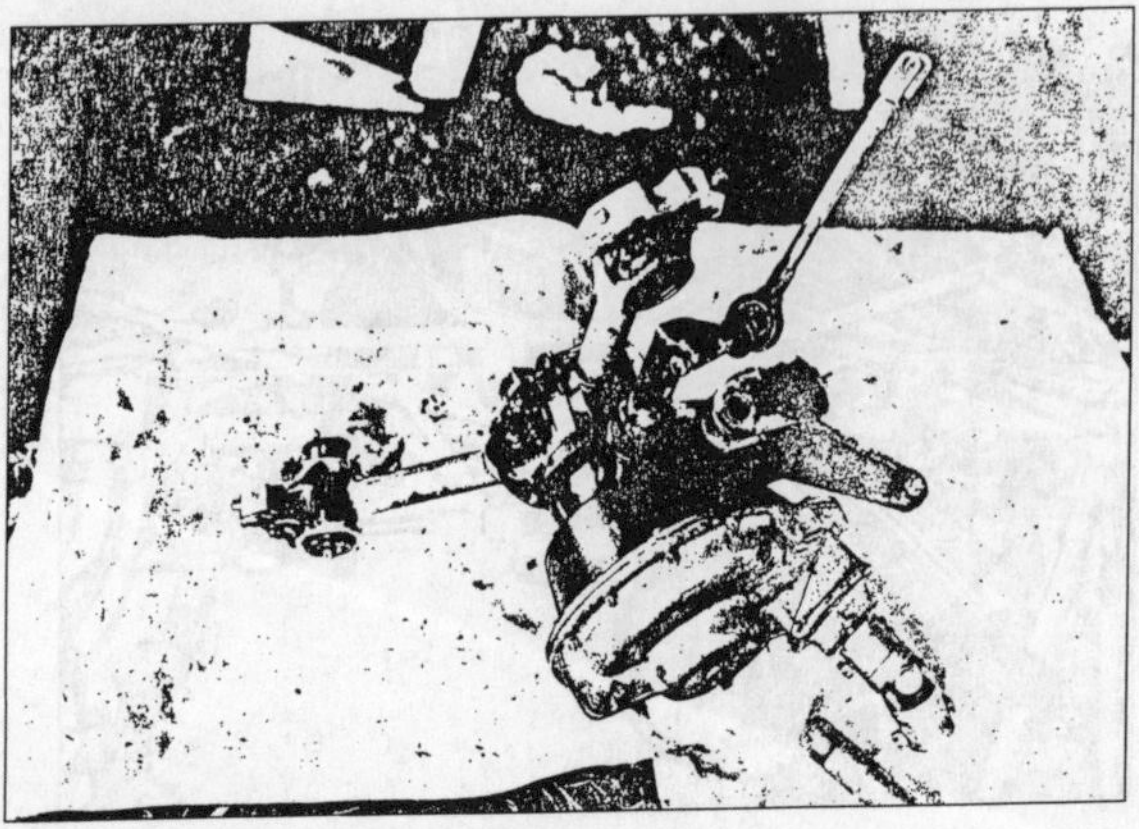

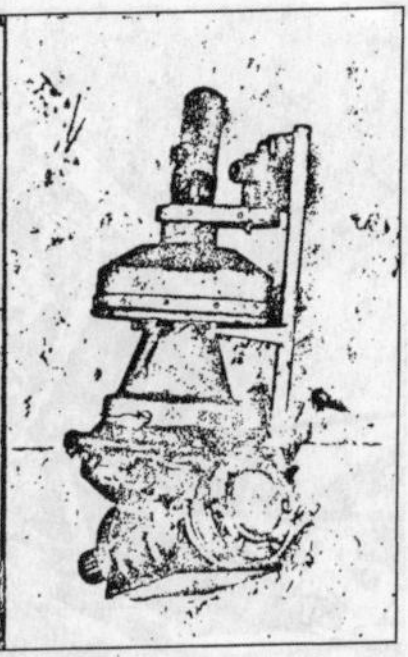

ローターハブと駆動装置

珍しいことにローター取付アームの先に、ラグヒンジの一部が取り付けられて写っている。フラッピングヒンジが上下方向であるのに対してラグヒンジは水平方向のものである。ローターには前進側と後退側があることは前に説明したが、水平面でも受ける抵抗に差が発生するので、それを吸収するためのヒンジである。円弧状になっている部分にボッチのようなものが二つ見える。これはローターブレードが必要以上に動かないようにするストッパーで、これをドライバーで押し込んで右に回すとその位置で固定する。ストッパーを越えて動かせるようになるので、ローターの後方収納が簡単にできる。

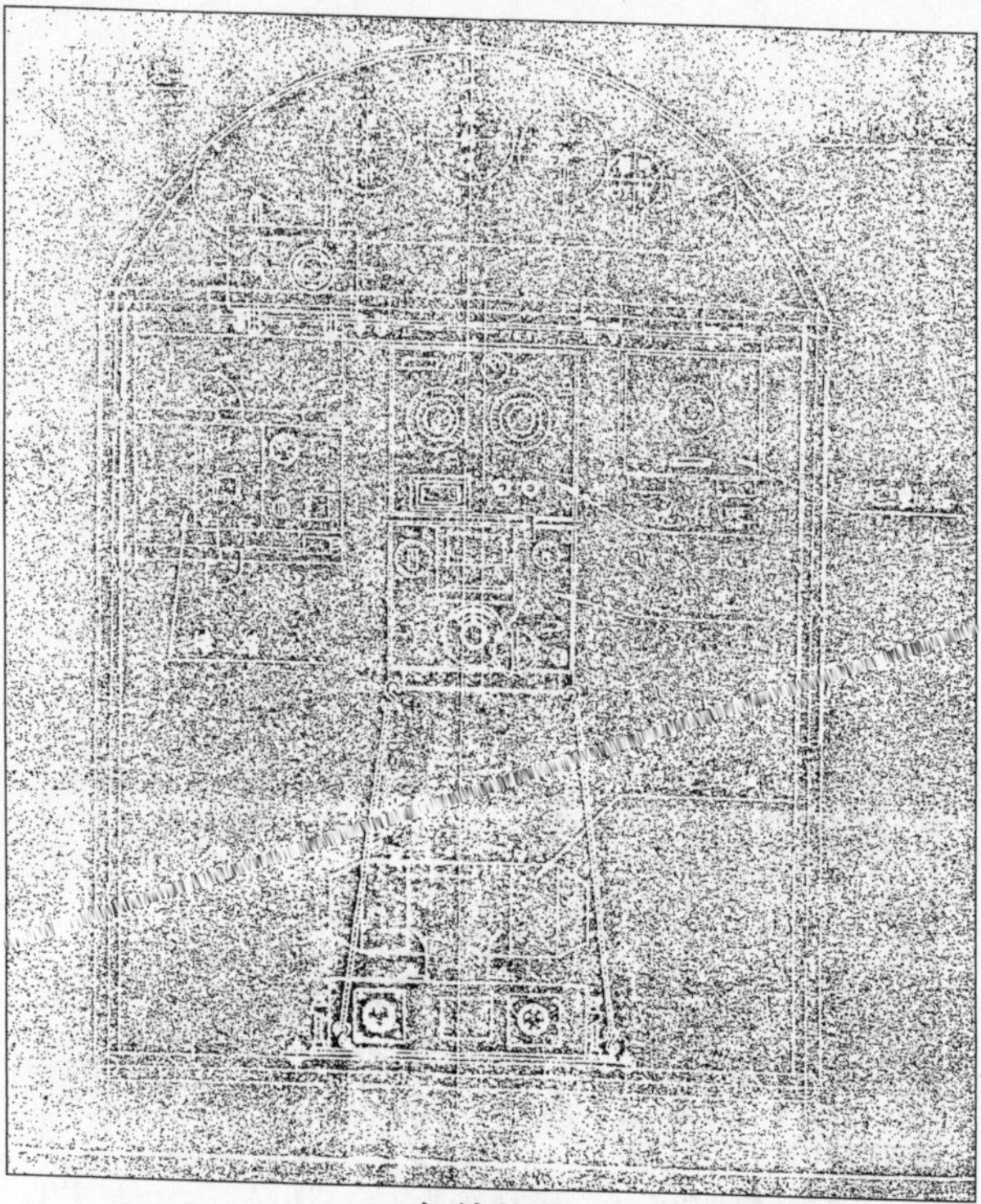

無線装置

文字はほとんど読めない。心眼を凝らして見れば観測手席無線機配置図であることが分かるだろう。断言はできないが九九式三型もしくは飛三号と呼ばれたものではなかろうか。計器盤下中央から送信機、受信機で、床上にあるのは直流変圧器である。途中台形に見える部分はワイヤー状のものに見え、防振装置のようなものだろうか。右手の文字はわずかに起動器と読める。あとは当て推量だが、計器盤左下は装荷線輪（電波の減衰を防ぐもの）、さらにその下は接続函と思われる。もともと観測機として導入したものだから無線装置は欠かせないもののはずだが、まるで手掛かりが無かった。このように不鮮明なものでも実に貴重な一枚である。

モックアップ

モックアップ写真は全部で5枚あった。口絵に掲載した以外の3枚もここに掲げて検証を試みたい。これらが〈カ号一型〉をベースにキャノピーの是非を研究していた頃のものであるのは間違いなく、本文中、萱場の打合事項覚書にあった風防の記述は、これを指していると考えて読めば納得できる。防寒対策や全天候型としたかったのであろう。〈カ号〉はかなり印象の違う姿で登場する可能性もあったのである。キャノピーが不採用になったのは重量増加を嫌ったのと、それに伴う重心点移動への対策が心配なこと、さらにはローターに使用した接着剤に不安があったためではなかろうか。実施部隊では雨中でも飛行したらしいが、切羽詰まった戦地なればこそのことで本来の姿とは言いがたい。ケレット社も〈KD－1B〉に至ってキャノピー付きとなった。くらべてみると日米の違いが表われていて面白い。〈KD－1B〉が実用一点張りなのに対して、〈カ号〉のそれは神経質と思われるほど空力的配慮が払われている。撮影は昭和16年中で、場所は本文中に秘密工場とした所と考えられる。

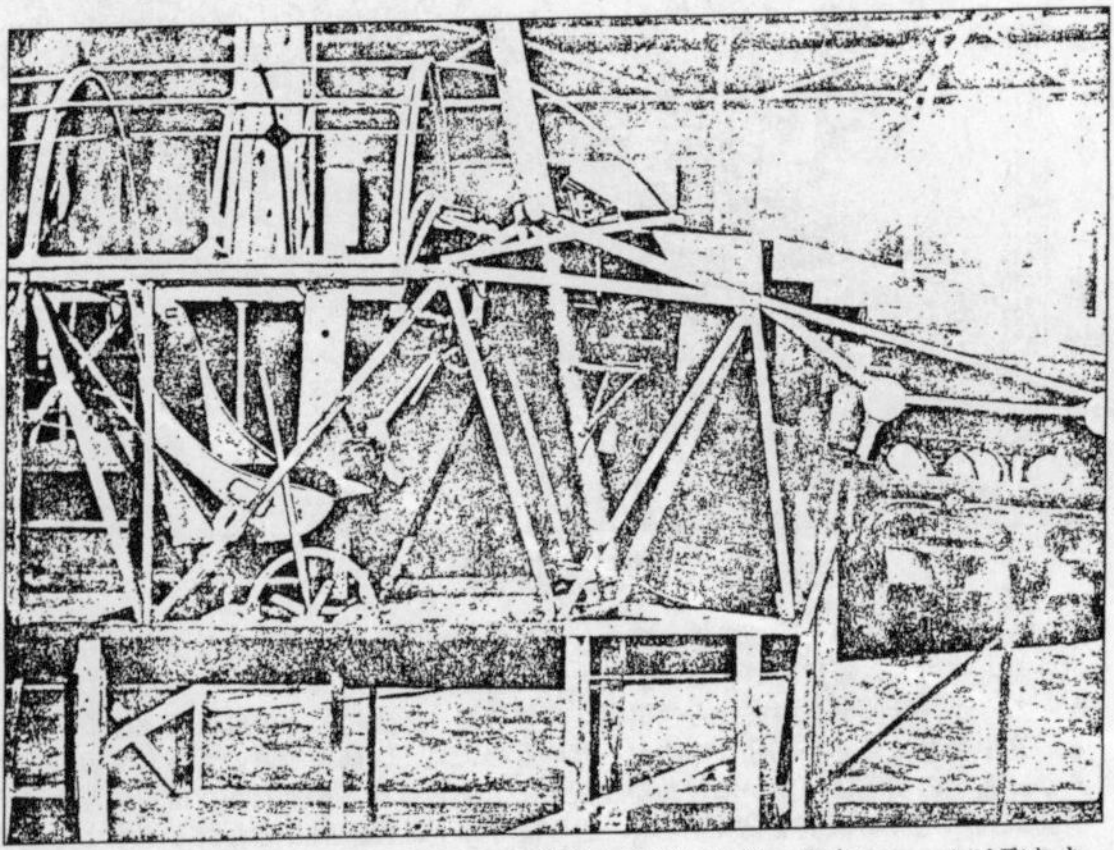

正面キャノピーからローターパイロンが突出する形になり、中央フレームは取りあえず左に寄せている。実現した場合は何とかするつもりだったのだろう。口絵も含めてこの写真が貴重なのはエンジン取付概要が分かることで、冷却不良で悩んだのも無理はない。

木型審査であることは、支持台を見ても分かる。ハードポイントとは言いがたい位置や、羽布部分は、このように支えることはできない。

側面整形材を生産記録写真とくらべてみれば、モックアップであることが分かる。後部席あたりに無線機の容積を擬した箱状の物が見える。無電装置と書いてあるようだ。定位置ではないので、たまたま置かれていたのであろう。

カ号観測機二型

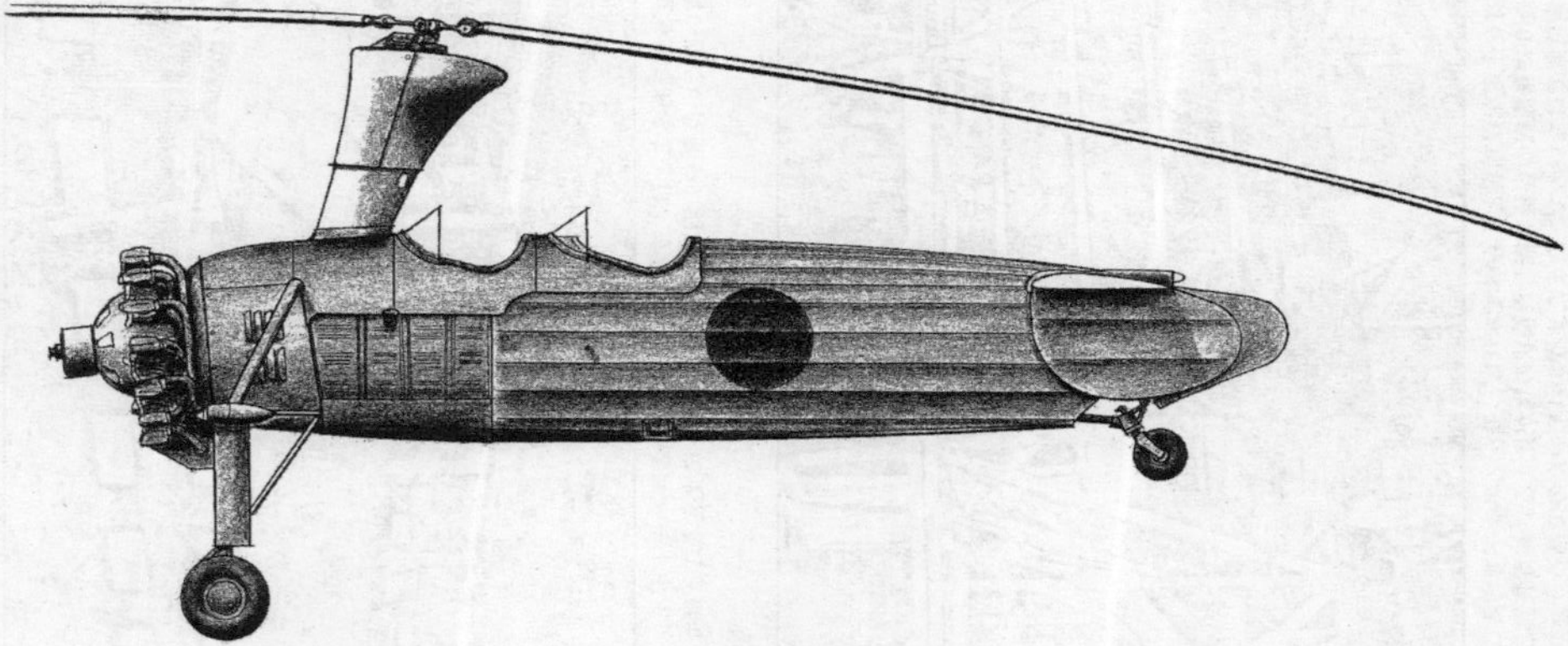

作画・玉手榮治

付録　2

〈カ号観測機一型〉模型製作ノート

玉手榮治

〈カ号観測機一型〉製作ノート

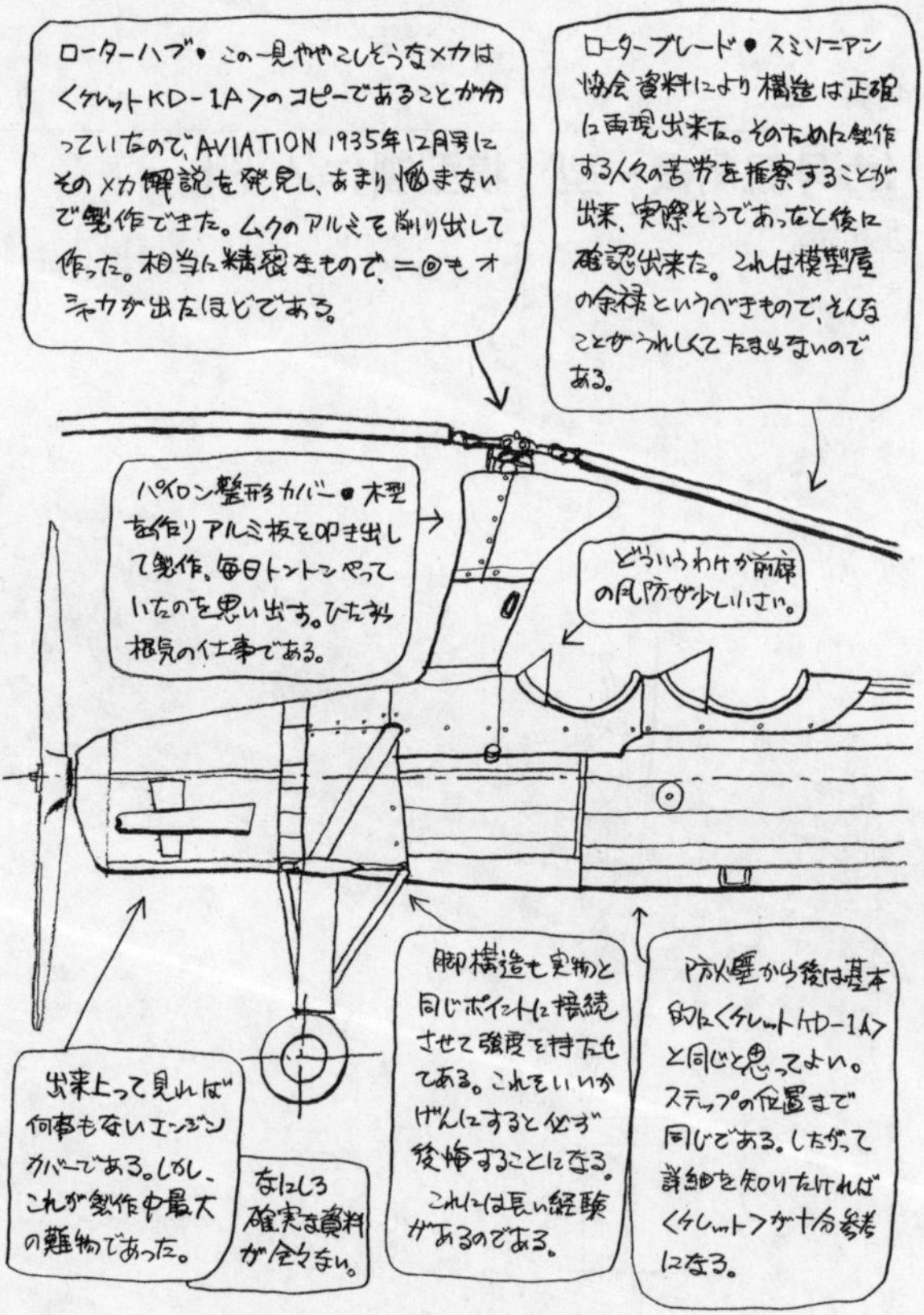
ローターハブ● この一見ややこしそうなメカは〈ケレットKD−1A〉のコピーであることが分っていたので、AVIATION 1935年12月号にそのメカ解説を発見し、あまり悩まないで製作できた。ムクのアルミを削り出して作った。相当に精密なもので、二回もオシャカが出たほどである。

ローターブレード● スミソニアン協会資料により構造は正確に再現出来た。そのために製作する人々の苦労を推察することが出来、実際そうであったと後に確認出来た。これは模型屋の余禄というべきもので、そんなことがうれしくてたまらないのである。

パイロン整形カバー● 木型を作りアルミ板を叩き出して製作。毎日トントンやっていたのを思い出す。ひたすら根気の仕事である。

どういうわけか前席の風防が少し小さい。

出来上って見れば何事もないエンジンカバーである。しかし、これが製作中最大の難物であった。

なにしろ確実な資料が全々ない。

脚構造も実物と同じポイントに接続させて強度を持たせてある。これをいいかげんにすると必ず後悔することになる。

これには長い経験があるのである。

防火壁から後は基本的に〈ケレットKD−1A〉と同じと思ってよい。ステップの位置まで同じである。したがって詳細を知りたければ〈ケレット〉が十分参考になる。

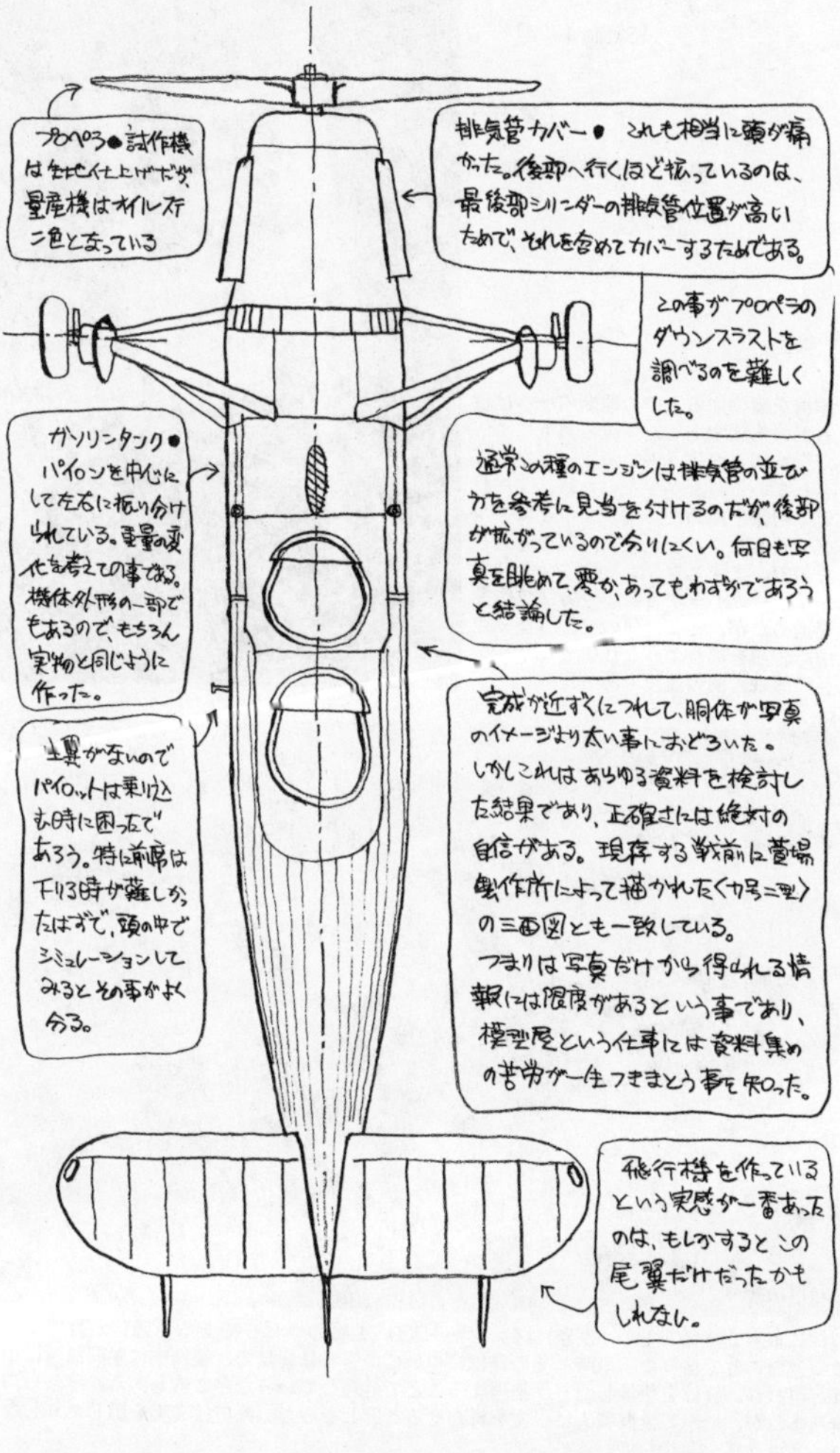
プロペラ●試作機は生地仕上げだが、量産機はオイルステン色となっている
排気管カバー● これも相当に頭が痛かった。後部へ行くほど拡っているのは、最後部シリンダーの排気管位置が高いためで、それを含めてカバーするためである。

この事がプロペラのダウンスラストを調べるのを難しくした。

ガソリンタンク● パイロンを中心にして左右に振り分けられている。重量の変化を考えての事である。機体外形の一部でもあるので、もちろん実物と同じように作った。

通常この種のエンジンは排気管の並び方を参考に見当を付けるのだが、後部が拡がっているので分りにくい。何日も写真を眺めて、零か、あってもわずかであろうと結論した。

主翼がないのでパイロットは乗り込む時に困ったであろう。特に前席は下りる時が難しかったはずで、頭の中でシミュレーションしてみるとその事がよく分る。

完成が近ずくにつれて、胴体が写真のイメージより太い事におどろいた。しかしこれはあらゆる資料を検討した結果であり、正確さには絶対の自信がある。現存する戦前に萱場製作所によって描かれた〈カ号二型〉の三面図とも一致している。

つまりは写真だけから得られる情報には限度があるという事であり、模型屋という仕事には資料集めの苦労が一生つきまとう事を知った。

飛行機を作っているという実感が一番あったのは、もしかするとこの尾翼だけだったかもしれない。

カ号観測機一型

〔Scale 1/24〕

製作　玉手榮治

〈協力・広島市交通科学館〉

本機を製作する上での難問の一つは機首部の形状であった。見る角度によって全然印象が違うのである。しかも残されている写真が少ないため、寸法設定は困難を極めた。幸いなことにアルグス・エンジンの正確な図面を発見したので、まずエンジンを作り、それをタイトにカバーするという方法で作業を進めたが、それは何の支えもなく空中で竹籠を編むような仕事となり、まさに悪戦苦闘の連続であった。

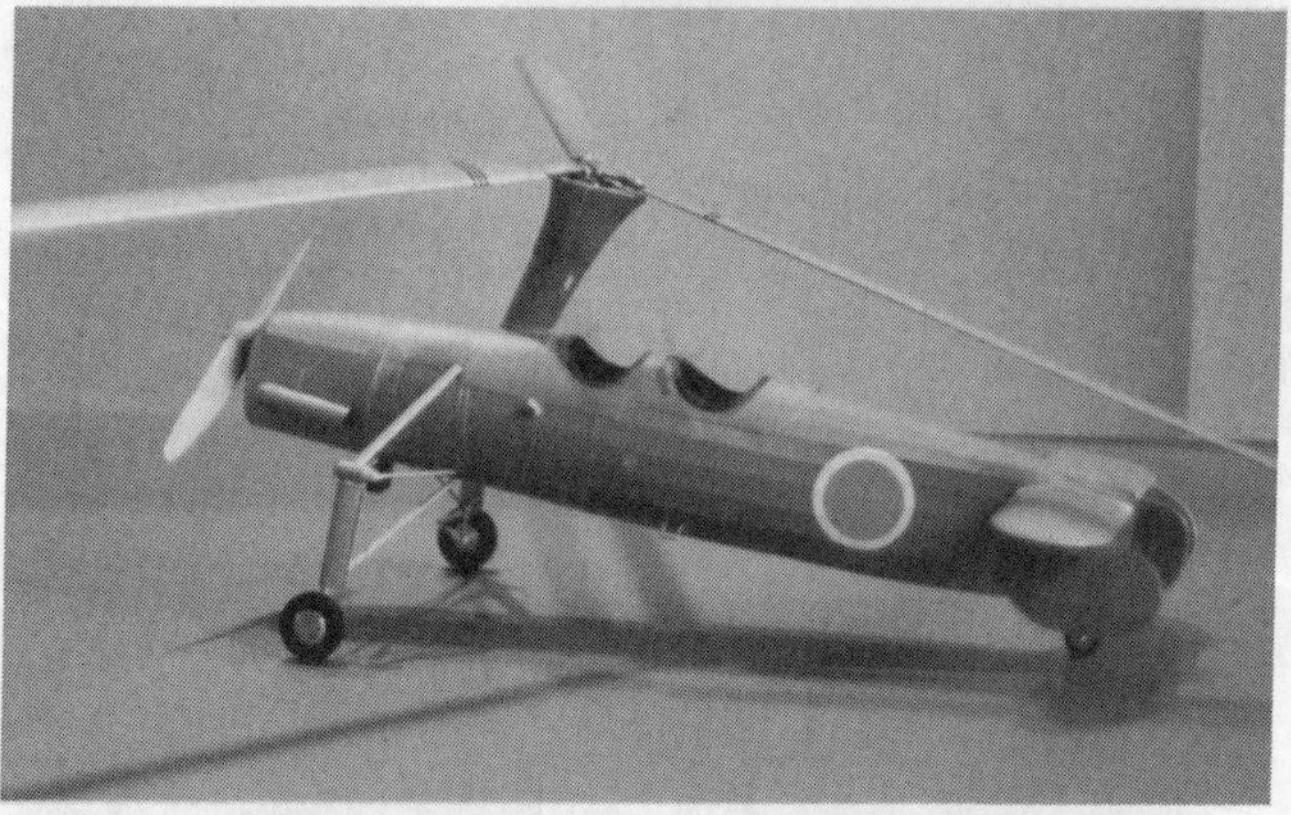

製作に取りかかる前に、〈カ号〉は〈ケレットKD－1A〉のコピーであると確信が持てたのは幸運なことであった。当時、その経緯についての資料は皆無で、製作中に疑問箇所は山ほど現われ、経緯を想像したり、推理することで処理していったところもある。それらの積み重ねが、やがて模型職人に一文を書かせることとなった。歴史は真実を隠したりしない、という感を深くしている。

こういう姿を明け方にシルエットで見たりすると、まるで実機と対面しているような、少し妙な気分になる。これだけは模型職人の特権で、充分にその時間を楽しませてもらっている。ここに至るまでには膨大な資料を積み上げてきたわけだが、むしろそのことよりも、この機体を作った人々に思いが行き、時空を越えて対話できそうな錯覚を感じたりする。これも職人の特権だろうか。

脚構造は、今日の視点から見ればオーバースペックだとみなされるだろう。しかし、実によく整理されて行き届いた設計である。模型職人としては、ご婦人方の脚よりもずっと美しく見えるのだが。

機体の特徴はコックピットに表われる。友人が見つけてくれた〈ケレット KD－1A〉の復元機写真と、スミソニアン資料を突き合わせることで正確な再現が可能となった。〈カ号〉は側面から見るとスリムな印象があるが、中央部は意外なほど太い。寸法記入のある軸組図を入手していたために、正確な再現ができた。

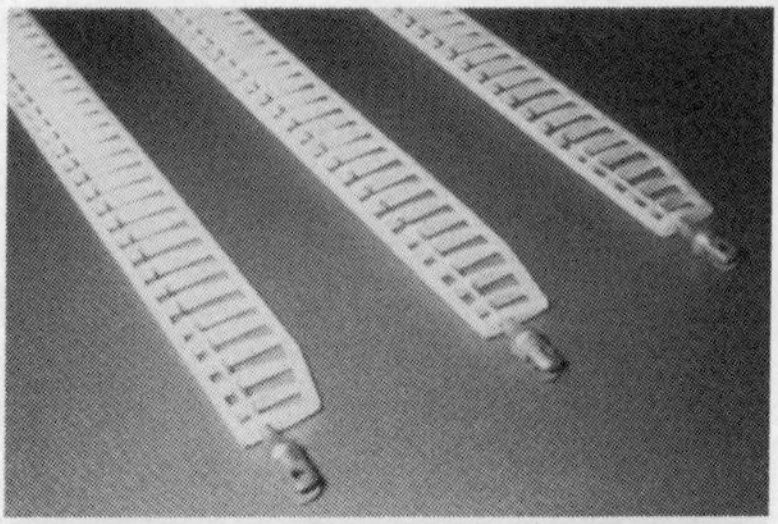

製作途中の3枚のローター。ゲッチンゲン606という翼断面は作りにくく、同一に仕上げるにはそれなりに苦労する。24分の1の模型であっても、実際に作ってみると均一に製作する難しさは、いやでも実感させられる。

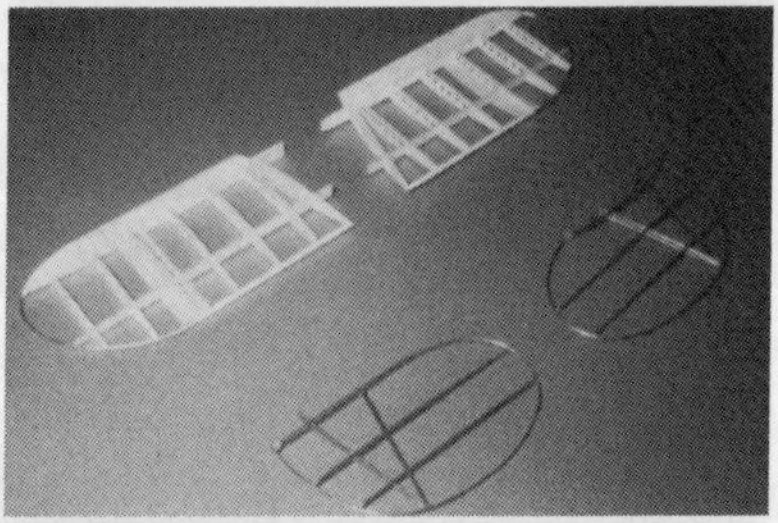

垂直尾翼の構造など製作時には資料がなかった。だから、設計者になったつもりで製図して作っていった。自慢するわけではないのだが、完成後に発見した資料を見たら、まったく同形であった。ついつい口許がゆるんでしまったとしても許されるべきであろう。

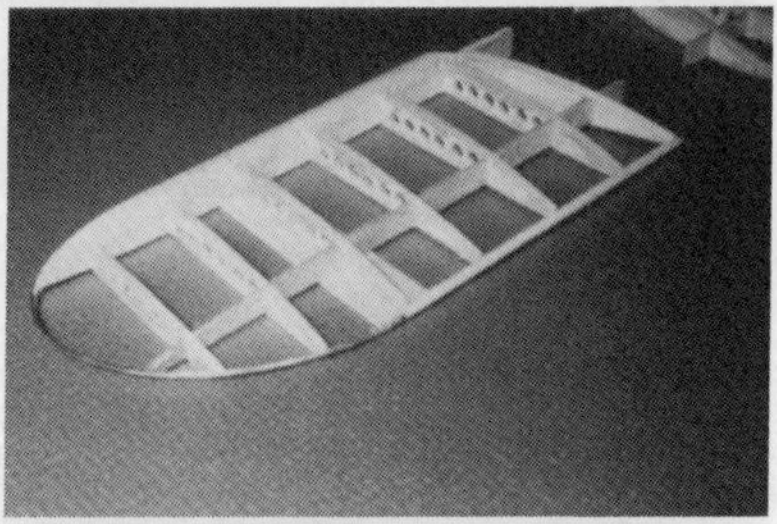

左右の尾翼のキャンバーが逆になっているというのは、意外に作り難いものであった。これなども羽布を貼ってしまえば内部は見えなくなるのだが、本人は実機の現場工員になったつもりで作っているため、仕方がないことなのである。

ここまで来れば一段落である。これから本格的な肉付けとなるが、後からでは不可能な工程もあり、製作順序を組み立てておかねばならない。最も注意を要する時で、過去の失敗の経験を思い出しながら、じっくりと計画を練るのである。普通の人には辛気な仕事でも職人にとっては充実した時なのだ。

ちょっと目がチカチカしそうな写真だが、実機の精密な再現になっている。羽布を貼ってしまえばもちろん見えなくなってしまうのだが、これにより設計意図や製作過程が見えてくるのであって、まったく無駄というわけでもない。おかげで羽布の張り具合など、充分に自信がある。

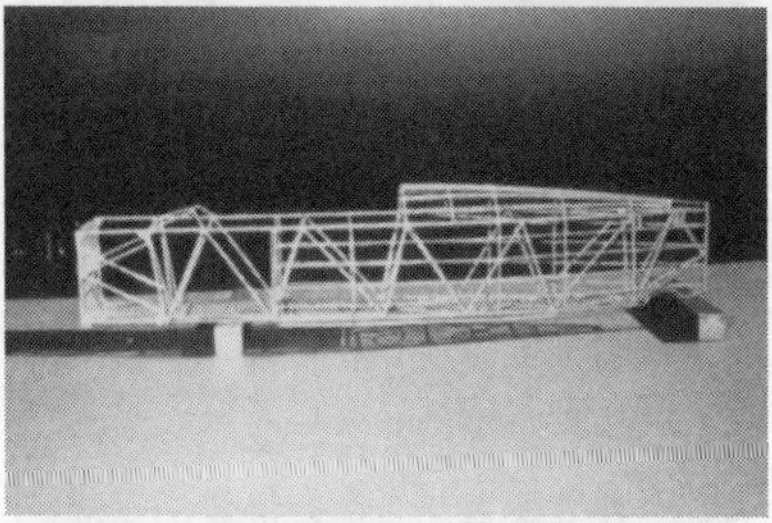

実機製作中の写真と比べられても少しも困らない。このように組み上がってしまえば何事もない作業に見えても、寸法精度を問われる部分だから、息をつめながらの数日がかかっている。本人としては、溶接検査を受ける時のような心境である。

操縦席の内側というのは通常の資料ではほとんど分からない。スミソニアン協会の200カットにおよぶ資料があっても、作業を進めるに当たっては相当の時間を要した。今この写真を見ていると、進まぬ謎解きのように悶々としていた当時を思い出す。

この状態では広々として見える。実際に作業を進行させていくと、オートジャイロは重心の関係から座席をできる限り前へつめようとしていたことが分かる。座席を取り付け、装置類を割り込ませる頃には、ギチギチと物の詰まった空間となる。実機の場合にも作業手順では苦労したはずである。

主要参考・引用文献＊日本航空史辞典　1910～1945（モデルアート社）＊日本ヒコーキ大図鑑　下（講談社）＊日本航空学術史　1910～1945（丸善）＊日本昭和航空史（新聞報道通信機編、モデルアート社）＊日本陸軍機　キ番号カタログ（文林堂）＊日本陸軍機写真集（エアワールド）＊日本陸軍便覧（米陸軍省編、光人社）＊戦史叢書　第87巻——陸軍航空兵器の開発・生産・補給（朝雲新聞）＊設計者の証言　下巻（酣燈社）＊日本航空機総集　第7巻　立川編（出版共同社）＊空のよもやま物語（わちさんぺい著、光人社）＊昭和の日本航空意外史（鈴木五郎著、グリーンアロー出版社）＊カヤバ工業五十年史（カヤバ工業）＊神鋼造機三十年史・資料編（神鋼造機）＊独創開発の歩み（萱場資郎著、カヤバ工業）＊あいちの航空史（中日新聞本社）＊美貌なれ昭和（深田祐介著、文春文庫）＊日本陸軍兵科連隊（新人物往来社）＊陸軍兵器発達史（木俣滋郎著、光人社）＊大砲入門（佐山二郎著、光人社）＊一下級将校の見た帝国陸軍（山本七平著、文春文庫）＊ルソン戦記（河合武郎著、光人社）＊関東軍（山中隆志著、講談社選書メチエ）＊ノモンハンの夏（半藤一利著、文藝春秋）＊明日の航空機——オートジャイロの原理と其の作り方（C・J・D・シェルバ著／山田徹訳、文教科学協会）＊船舶砲兵、続船舶砲兵（駒宮真七郎著、出版共同社）＊海上護衛戦（大井篤著、朝日ソノラマ）＊航空用語辞典（酣燈社）＊CIERVA AUTOGIROS The Development of Rotary-wing Flight (PETER. W. BOOKS. Smithsonian Institution Press Marketing Department)＊AUTOGIRO The story of "the windmill Plane" (GEORGE TOWNSON)＊／〈雑誌〉＊航空情報別冊——太平洋戦争　日本陸軍機（酣燈社）＊航空技術　1968・4～連載四回分、1982・5（日本航空整備協会）＊／〈会報〉＊颪天ニュース（Puten News）No.13（航空ジャーナリスト協会）＊神鋼造機技報　Vol. 8（2000）（神鋼造機）＊／〈映像〉＊新版日本軍用機集　陸軍編（日本映画新社）＊／〈その他〉＊スミソニアン協会フォトグラフィックサービス提供　マイクロフィルム4巻、〈ケレットYG－1〉外形写真2点

文庫版刊行に寄せて

本書は単行本初版が平成十四年（二〇〇二年）に発刊されたものです。現在読み返してみると、その間一八年という歳月が流れており、当時は十分理解出来ると思われた内容も、今の若い世代に馴染むだろうかと心配になる所も多いのですが、まずは通読していただけたなら幸いです。

初版が発売されてから、発言を控えておられた方々からも、不明としか書けなかった出来事や誤りを指摘していただきました。それ等を最小限ながら、加筆訂正して改訂版となったのです。

ともかくこれで、謎の多かった〈カ号観測機〉の物語はより真正な姿をお伝え出来たはずで、私はようやく役目を果たし終えたような気がしています。今は時々オートジャイロ模型を飛ばしながら、ありし日の不思議な翼を偲ぶ他ありません。

令和二年（二〇二〇年）一月

玉手榮治

単行本　平成十四年七月　光人社刊
文庫化に当たり、大幅な加筆・修正を行なった。

NF文庫

陸軍カ号観測機

二〇二〇年三月二十二日 第一刷発行
著 者 玉手榮治
発行者 皆川豪志
発行所 株式会社 潮書房光人新社
〒100-8077 東京都千代田区大手町一-七-二
電話/〇三-六二八一-九八九一(代)
印刷・製本 凸版印刷株式会社
定価はカバーに表示してあります
乱丁・落丁のものはお取りかえ致します。本文は中性紙を使用

ISBN978-4-7698-3159-4 C0195
http://www.kojinsha.co.jp

NF文庫

刊行のことば

第二次世界大戦の戦火が熄《や》んで五〇年——その間、小社は夥しい数の戦争の記録を渉猟し、発掘し、常に公正なる立場を貫いて書誌とし、大方の絶讃を博して今日に及ぶが、その源は、散華された世代への熱き思い入れであり、同時に、その記録を誌して平和の礎とし、後世に伝えんとするにある。

小社の出版物は、戦記、伝記、文学、エッセイ、写真集、その他、すでに一、〇〇〇点を越え、加えて戦後五〇年になんなんとするを契機として、「光人社NF（ノンフィクション）文庫」を創刊して、読者諸賢の熱烈要望におこたえする次第である。人生のバイブルとして、心弱きときの活性の糧《かて》として、散華の世代からの感動の肉声に、あなたもぜひ、耳を傾けて下さい。

＊潮書房光人新社が贈る勇気と感動を伝える人生のバイブル＊

ＮＦ文庫

どの民族が戦争に強いのか？
三野正洋

戦争・兵器・民族の徹底解剖

各国軍隊の戦いぶりや兵器の質を詳細なデータと多彩なエピソードで分析し、隠された国や民族の特質・文化を浮き彫りにする。

三号輸送艦帰投せず
松永市郎

苛酷な任務についた知られざる優秀艦

制空権なき最前線の友軍に兵員弾薬食料などを緊急搬送する輸送艦。米軍侵攻後のフィリピン戦の実態と戦後までの活躍を紹介。

戦前日本の「戦争論」
北村賢志

「来るべき戦争」はどう論じられていたか

太平洋戦争前夜の一九三〇年代前半、多数刊行された近未来のシナリオ。軍人・軍事評論家は何を主張、国民は何を求めたのか。

幻のジェット軍用機
大内建二

新しいエンジンに賭けた試作機の航跡

誕生間もないジェットエンジンの欠陥を克服し、新しい航空機に挑んだ各国の努力と苦悩の機体六〇を紹介する。図版写真多数。

わかりやすいベトナム戦争
三野正洋

アメリカを揺るがせた15年戦争の全貌

インドシナの地で繰り広げられた、東西冷戦時代最大規模の戦い――二度の現地取材と豊富な資料で検証するベトナム戦史研究。

気象は戦争にどのような影響を与えたか
熊谷　直

雨、霧、風などの気象現象を予測、巧みに利用した者が戦いに勝つ――気象が戦闘を制する情勢判断の重要性を指摘、分析する。

＊潮書房光人新社が贈る勇気と感動を伝える人生のバイブル＊

NF文庫

大空のサムライ　正・続
坂井三郎
出撃すること二百余回——みごと己れ自身に勝ち抜いた日本のエース・坂井が描き上げた零戦と空戦に青春を賭けた強者の記録。

紫電改の六機　若き撃墜王と列機の生涯
碇　義朗
本土防空の尖兵となって散った若者たちを描いたベストセラー。新鋭機を駆って戦い抜いた三四三空の六人の空の男たちの物語。

連合艦隊の栄光　太平洋海戦史
伊藤正徳
第一級ジャーナリストが晩年八年間の歳月を費やし、残り火の全てを燃焼させて執筆した白眉の〝伊藤戦史〟の掉尾を飾る感動作。

英霊の絶叫　玉砕島アンガウル戦記
舩坂　弘
全員決死隊となり、玉砕の覚悟をもって本島を死守せよ——周囲わずか四キロの島に展開された壮絶なる戦い。序・三島由紀夫。

『雪風ハ沈マズ』　強運駆逐艦 栄光の生涯
豊田　穣
直木賞作家が描く迫真の海戦記！　艦長と乗員が織りなす絶対の信頼と苦難に耐え抜いて勝ち続けた不沈艦の奇蹟の戦いを綴る。

沖縄　日米最後の戦闘
米国陸軍省編
外間正四郎訳
悲劇の戦場、90日間の戦いのすべて——米国陸軍省が内外の資料を網羅して築きあげた沖縄戦史の決定版。図版・写真多数収載。